中等职业教育机电类专业改革创新示范教材

数控铣削加工与实训一体化教程

主　编　翟建强
副主编　毛宇东　刘
参　编　谢宜路　胡蓉
主　审　陈定定　童燕波

机械工业出版社

本书是按照国家首批中等职业教育改革示范校建设的要求，并结合数控专业建设和数控技术应用专业中职人才培养方案，精心挑选和设计了华中数控机床编程操作的实训教学案例，以项目教学、任务呈现的形式编排的。其内容由浅入深，每个项目任务包含了任务描述（图样）、毛坯及工量刃具准备、工艺卡片制订、任务评价、知识链接、任务解析、知识拓展和想想练练等环节。所选内容都具有一定的针对性。

本书可作为中等职业教育学校数控技术应用专业、模具制造技术专业的教学用书，同时也可作为社会机构数控培训教学的参考资料。

图书在版编目（CIP）数据

数控铣削加工与实训一体化教程/翟建强主编．—北京：机械工业出版社，2013.7(2023.1重印)

中等职业教育机电类专业改革创新示范教材

ISBN 978-7-111-42881-7

Ⅰ.①数…　Ⅱ.①翟…　Ⅲ.①数控机床—铣削—中等专业学校—教材

Ⅳ.①TG547

中国版本图书馆CIP数据核字（2013）第127575号

机械工业出版社（北京市百万庄大街22号　邮政编码100037）

策划编辑：汪光灿　责任编辑：汪光灿　王莉娜

版式设计：常天培　责任校对：张晓蓉

封面设计：张　静　责任印制：常天培

固安县铭成印刷有限公司印刷

2023年1月第1版第7次印刷

184mm×260mm·17印张·420千字

标准书号：ISBN 978-7-111-42881-7

定价：48.00元

电话服务　　　　　　　　网络服务

客服电话：010-88361066　机　工　官　网：www.cmpbook.com

010-88379833　机　工　官　博：weibo.com/cmp1952

010-68326294　金　　书　　网：www.golden-book.com

　机工教育服务网：www.cmpedu.com

中等职业教育机电类专业改革创新示范教材
编写委员会

主　任　卢鹏程

副主任　陈定定　童燕波

编　委（按姓氏笔画排序）

王爱国　毛宇东　尹　燕　卢　东　田文君

刘　军　刘国柱　沈　健　齐荣波　杜丙科

李建波　陈旭彬　陈海华　林将毅　胡蓉蓉

姚志刚　姚　迪　袁莹莹　顾伟明　徐　吴

徐　敏　曹克胜　商建方　董启迪　童燕波

谢宜路　翟建强

序

数字化工厂作为新型制造技术与系统是制造业迎接未来挑战的有效手段。数字化工厂根据市场需求，通过数字化设计、数字化工艺系统与数字化制造装备、车间的数字化仿真与制造执行系统等的集成来实现整个工厂的数字化。数字化工厂将会成为越来越多制造企业的选择。

本套书是中等职业教育基于数字化工厂人才培养模式的工作过程系统化、行动导向课程教材。它以企业需求为基本依据，以就业为导向，以提高学生全面素质为基础，以能力为本位，并根据数字化生产职业岗位能力要求，结合职业资格技能标准及学生职业生涯发展需要设置课程和教学环节。采用理论和实践一体化的编写模式，符合职业教育的发展趋势，具有先进性。本套书采用了新的课程标准，在内容上突出了课程体系的实用性和针对性，提高了课程设置上的科学性，充分反映了企业对技能型人才的需求。

本套书将传统的学校实训工场改造成虚拟企业生产车间，建立现代先进制造业需求的数字化教学和实训环境，充分实现课堂与实习地点的一体化，在数字化工厂工作过程系统化教学中，使学生首先对数字化制造的内容和工作环境等有感性的认识，获得与工作岗位和工作过程相关的知识，然后再开始学习专业知识。

宁波市鄞州职业教育中心学校是首批国家示范校建设单位，数控技术应用专业是其重点建设的专业之一。他们在专业建设与专业教学改革方面进行了有益探索和深入实践，取得了丰硕的成果，提出了基于数字化工厂的人才培养模式，按典型工作任务实践项目化教学；按照工作过程系统化的思路，围绕数字化制造的核心职业能力，提炼出若干典型工作任务，精心设计实训项目。从教学项目入手，把现代化的企业生产流程引入实训教学，真实模拟现代企业的生产经营场景。按照产品的真实生产过程组织教学流程：分析产品特点、进行三维造型、形成二维图样、编制生产工艺、生成加工代码、组织零件加工、实施产品组装，实现适应数字化生产需要的人才培养。

本套书共有六册，充分展现了数字化工厂的职业岗位，突出了课堂与实习地点的一体化，学习过程与工作过程的一致性。该套书的出版必定有益于中等职业教育的专业课程建设和技能培训。

浙江大学机械工程学系　教授

浙江大学工程训练中心　主任

傅建中

2012. 6. 18

前　言

随着机电一体化技术的迅猛发展，数控机床的应用已日趋普及。在现代机械制造业中，正在广泛采用数控技术。数控铣床的出现，使得机械加工精度和效率得到了极大的提高。它特别适合于加工普通铣床无法铣削的复杂型面零件，尤其是模具。随着国内数控铣床的普及，社会急需大批熟练掌握现代数控铣床编程、操作和维修技术的技能型人才。因此，为了满足当前的迫切需要，结合中等职业学校学生自身条件，并适应中职示范校数控技术应用专业建设和课改需要，编写了本书。

本书共分为八个项目，每个项目又包含多个任务，内容紧密联系职业技能鉴定和生产实践要求，由浅入深，简明扼要，图文并茂，通俗易懂。其中带“*”为选学内容。

本书采用项目化教学模式，通过“任务驱动、过程指导”的形式，注重数控铣削编程加工技术在实践应用环节中的训练，可作为中等职业学校的数控技术与应用专业数控铣工操作技能培养方向参考用书，也可供数控铣削操作工自学使用。

本书由翟建强任主编，毛宇东、刘军任副主编，参加编写的有谢宜路、胡蓉蓉、王爱国、徐敏。本书在编写的过程中，得到了学校领导及其他老师的支持与帮助，在此深表感谢。

由于编者水平有限，书中难免存在疏漏之处，敬请读者批评指正。

编　者

目　录

项目一　认知数控铣床

项目目标

通过本项目的学习，能正确识别机床型号和加工机床的类别；能识别数控铣床的组成部分及其功能；能正确判断铣床的加工范围。通过操作数控机床，完成对数控操作面板的了解和对数控操作过程的熟悉，培养学生 7S 职业素养和道德规范。

项目任务

1. 能描述数控铣床标记代号的含义及机床分类。
2. 能理解数控铣床的基本结构和工作原理，能描述数控铣床的加工范围和特点。
3. 培养学生养成日常维护数控铣床的习惯以及 7S 日常管理规范。
4. 初步引导学生动手操作数控铣床，能够进行加工前期的各项准备工作，包括工件、刀具的正确装夹，对刀的操作及铣削简单平面等。

任务一　了解数控铣床

任务描述

本任务主要通过图片展示、理论讲解和数控机床实物教学，使学生了解数控机床的铭牌与分类、结构与工作原理及其加工范围与特点。

任务实施

1）创建小组活动，将学生分成若干小组，每组由小组成员和小组长组成。

2）通过课本、多媒体课件和视频等教学手段，以学生为主体，教师引导，首先让学生在感性上认识和掌握本任务内容。

3）发放学习任务书，以小组为单位完成练习，以巩固所学知识。

任务评价

学生工作任务评价表见表 1-1。

表 1-1　学生工作任务评价表

序　号	评价内容	标准答案	评价结果	
			配　分	得　分
1	数控机床的组成	I/O、数控装置、伺服检测、机床本体	4	
2	数控机床的加工方式	自动、单段、手动、增量、回零	3	

（续）

序　号	评价内容	标准答案	评价结果	
			配　分	得　分
3	加工中心与数控铣床的区别	刀库和自动换刀装置	3	
合计			10	

知识链接

一、数控铣床的铭牌与分类

1. 数控铣床的铭牌

数控铣床的铭牌以机床的通用特性代号表示。根据 GB/T 15375—2008《金属切削机床型号编制方法》的规定，在类代号之后加字母 K、H 表示其铭牌。其中 K 表示数控（读控），H 表示加工中心（自动换刀读换）。如 CK6130 表示数控车床，XK5025 表示数控铣床，XH714 表示铣削类加工中心。J 用于表示经济型，如 CJK6153 表示经济型数控车床。如 XK716A 的含义如下：

X　K　7　1　6　A

- A——重大改进序号
- 6——参数代号（工件台面最大宽度 600mm）
- 1——机床系代号（立式铣床床系）
- 7——机床组代号（落地及卧式车床组）
- K——机床结构特性代号（数控）
- X——机床类别代号（铣床类）

2. 数控铣床的分类

按主轴位置不同，数控铣床分为立式数控铣床和卧式数控铣床，如图 1-1 所示。

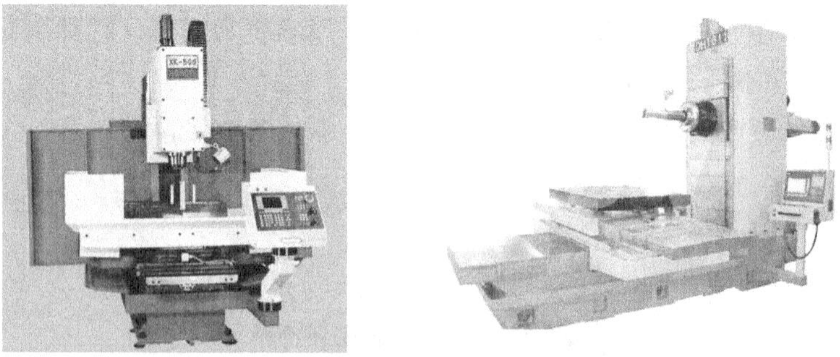

a)　　　　b)

图 1-1　数控铣床

a）立式数控铣床　b）卧式数控铣床

按联动轴数不同，数控铣床分为两轴半数控铣床、3 轴联动数控铣床和 4 轴联动数控铣床。

按数控装置的功能水平不同，数控铣床分为低档数控机床（经济型数控）、中档数控机床和高档数控机床。

注：数控铣床与加工中心的区别：加工中心是带有刀库和自动换刀装置（ATC）的数控铣床，如图 1-2 所示。

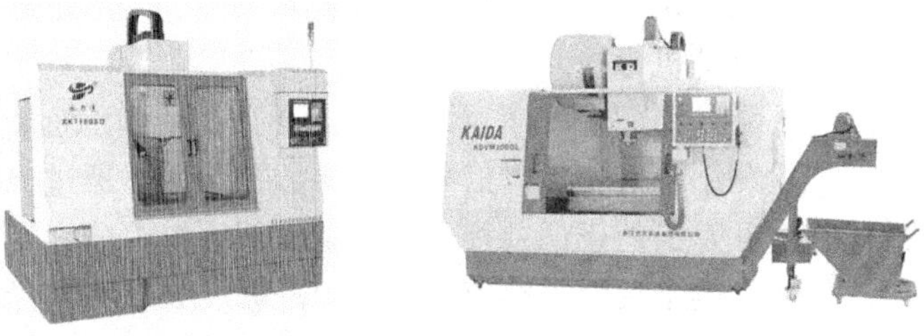

a)　　　　b)

图 1-2　数控铣床与加工中心的区别

a）数控铣床　b）加工中心

二、数控铣床的结构与工作原理

1. 数控铣床的构成

现代计算机数控铣床由程序、输入输出装置、计算机数控装置、可编程控制器、主轴控制单元及速度控制单元等部分组成，如图 1-3 所示。

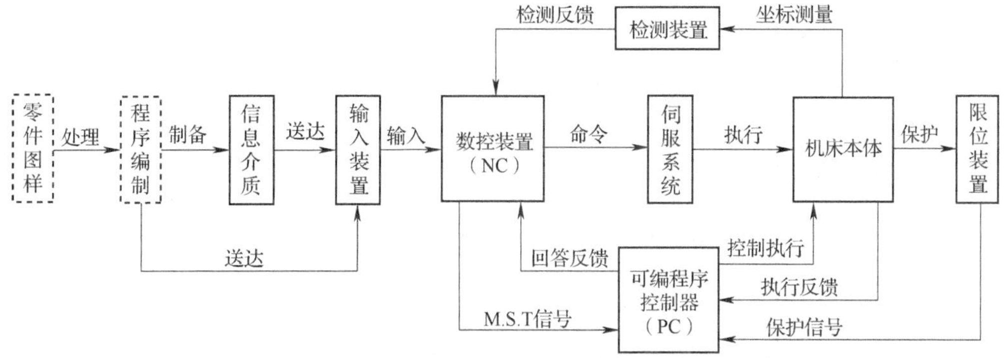

图 1-3　数控铣床的组成

在数控铣床上加工零件时，首先根据零件图样上的零件形状、尺寸和技术要求，确定加工工艺，然后编制出加工程序。程序必须存储在某种介质上，如纸带、磁带或磁盘等。

（1）输入输出装置　存储介质上记载的加工信息需要输入装置输送给机床数控系统，机床内存中的零件加工程序可以通过输出装置传送到存储介质上。输入输出装置是机床与外部设备的接口，目前的输入输出装置主要有纸带阅读机、软盘驱动器、RS232C 串行通信口和 MDI 方式等。

（2）数控装置　数控装置是数控铣床的核心，它接受输入装置送来的数字化信息，经过数控装置的控制软件和逻辑电路进行译码、运算和逻辑处理后，将各种指令输出给伺服系统，使设备按规定的动作执行。

数控装置一般有专用数控装置（NC）和通用数控装置（CNC）两种类型。

（3）伺服系统　伺服系统包括伺服驱动电动机、各种伺服驱动元件和执行机构等，它是数控系统的执行部分。它的作用是把来自数控装置的脉冲信号转换成机床移动部件的运动。每一个脉冲信号使机床移动部件产生的位移量称为脉冲当量（也称为最小设定单位）。常用的脉冲当量为0.001mm/脉冲。每个进给运动的执行部件都有相应的伺服驱动系统，整个机床的性能主要取决于伺服系统。常用的伺服驱动元件有步进电动机、直流伺服电动机、交流伺服电动机和电液伺服电动机等。

（4）检测反馈装置　检测反馈装置的作用是对机床的实际运动速度、方向、位移量以及加工状态加以检测，把检测结果转化为电信号反馈给数控装置，通过比较，计算出实际位置与指令位置之间的偏差，并发出纠正误差指令。测量反馈系统可分为半闭环和闭环两种系统。在半闭环系统中，位置检测主要使用感应同步器、磁栅、光栅和激光测距仪等。

（5）机床本体　机床本体是加工运动的实际机械部件，主要包括主运动部件，进给运动部件（如工作台和刀架）和支承部件（如床身和立柱等），还有冷却、润滑和转位部件，如夹紧和换刀机械手等辅助装置。

2. 数控铣床的工作原理

在数控铣床上，工件加工的全过程是由数字指令控制的，在加工前要用指定的数字代码按照工件图样编制出程序，制成控制介质，输入到数控铣床中，使之按指令自动加工工件，如图1-4所示。

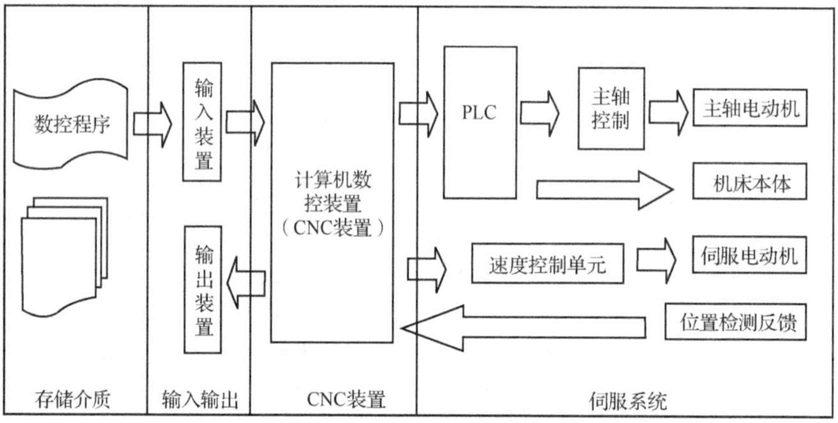

图1-4　数控铣床的工作原理

在数控铣床上加工零件，要经过以下步骤。

（1）准备阶段　根据零件的图样，确定有关加工数据（刀具轨迹坐标点、加工的切削用量和刀具尺寸信息等），根据工艺方案、夹具选用、刀具类型选择等确定其他有关辅助信息。

（2）编程阶段　根据加工工艺信息，用机床数控系统能识别的语言编写数控加工程序（程序就是对加工工艺过程的描述），并填写程序单。

（3）准备信息载体　根据已编好的程序单，将程序存放在信息载体（穿孔带、磁带和磁盘等）上，信息载体上存储着加工零件所需要的全部信息。目前，随着计算机网络技术的发展，可直接由计算机通过网络与机床数控系统进行通信。

（4）加工阶段　当执行程序时，机床 NC 系统将程序译码、寄存和运算，向机床伺服机构发出运动指令，以驱动机床的各运动部件，自动完成工件的加工。

三、数控铣床的特点

与传统铣床相比，数控铣床具有下述显著特点。

（1）自动化程度高　数控铣床上的零件加工是在程序的控制下自动完成的。在零件加工过程中，操作者只需完成装卸工件、装刀对刀、操作键盘、启动加工、加工过程监视和工件质量检验等工作，因此劳动强度低，劳动条件明显改善。数控铣床是柔性自动化加工设备，是制造装备数字化的主角，是计算机辅助制造（Computer Aided Manufacturing，CAM）、柔性制造系统（Flexible Manufacturing System，FMS）、计算机集成制造系统（Computer Integrated Manufacturing System，CIMS）等柔性自动化制造系统的重要底层设备。

（2）加工精度高　数控铣床的控制分辨率高，机床本体的强度、刚度、耐振性、低速运动平稳性、精度、热稳定性等性能均很好，具有各种误差补偿功能，机械传动链很短，且采用闭环或半闭环反馈控制，因此本身即具有较高的加工精度。因为数控铣床的加工过程自动完成，排除了人为因素的影响，因此加工零件的尺寸一致性好，合格率高，质量稳定。

（3）生产率高　一方面，数控铣床主运动速度和进给运动速度范围大且无级调速，快速空行程速度高，结构刚性好，驱动功率大，可选择最佳切削用量或进行高速高强力切削，与传统铣床相比，切削时间明显缩短。另一方面，数控铣床加工可免去划线、手工换刀、停机测量和多次装夹等加工准备和辅助时间，从而明显提高了数控铣床的生产率。此外，有些数控铣床采用了双工作台结构，使工件的装卸辅助时间与机床的切削时间重合，进一步提高了生产率。

（4）对工件的适应性强　数控铣床具有坐标控制功能，配有完善的刀具系统，可通过数控编程加工各种形状复杂的零件。数控铣床主运动速度和进给运动速度范围大且无级调速，可适应多种难加工材料零件的加工。数控铣床属柔性自动化通用机床，在不需对机床和工件进行较大调整的情况下，即可适应各种批量的零件加工。

（5）有利于生产管理信息化　数控铣床按数控加工程序自动进行加工，可以精确计算加工工时，预测生产周期，所用工装简单，采用刀具已标准化，因此有利于生产管理的信息化。现代数控铣床正向智能化、开放化、网络化方向发展，可将工艺参数自动生成、刀具破损监控、刀具智能管理、故障诊断专家系统、远程故障诊断与维修等功能集成到数控系统中，并可在计算机网络和数据库技术支持下将多台数控铣床集成为柔性的自动化制造系统，为企业制造信息化奠定底层基础。

常见的数控铣床加工的零件如图 1-5 所示。

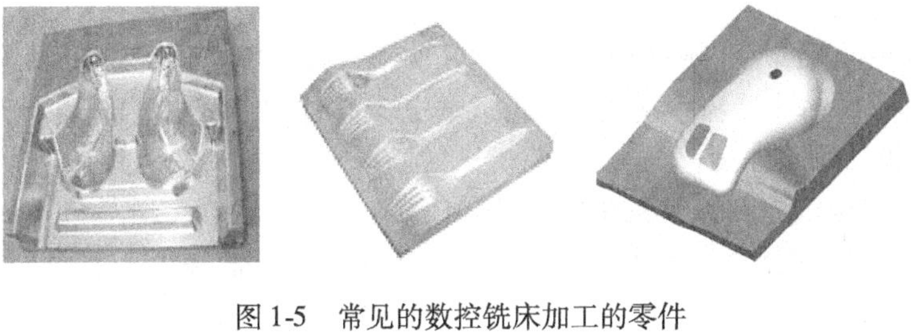

图 1-5　常见的数控铣床加工的零件

任务解析

1. 正确识别机床型号和加工机床的类别

（1）铭牌型号解析

（2）型号分类的归类

2. 识别数控铣床的组成部分及功能

（1）数控铣床的整体结构

（2）数控铣床的功能

3. 正确判断铣床的加工范围

知识拓展

数控机床的发展

随着科学技术的飞速发展，机械产品日趋复杂，社会对机械产品的质量和生产率提出了越来越高的要求。在航空航天、造船、军工和计算机等工业中，零件的精度高、形状复杂、批量小、经常改动、加工困难、生产率低、劳动强度大、质量难以保证。机械加工工艺过程的自动化和智能化是适应上述发展特点的最重要手段。为解决上述问题，一种灵活、通用、高精度、高效率的“柔性”自动化生产设备——数控机床应运而生。

1. 数控机床发展简史

数控机床就是将加工过程所需的各种操作（如主轴变速、松夹工件、进刀和退刀、开车与停车、自动开停切削液等）和步骤以及工件的形状尺寸用数字化的代码表示，通过介质（如穿孔纸带或磁盘等）将数字信息送入数控装置，数控装置再对输入的信息进行处理与运算，发出各种控制信号，控制机床的伺服系统或其他驱动元件，自动加工出所需工件的机床。数控机床的诞生和发展，有效地解决了一系列生产上的矛盾，为单件、小批量精密复杂零件的加工提供了自动化加工手段。

1952 年 3 月，美国帕森斯（Parsons）公司和麻省理工学院（MIT）合作研制成功了世界上第一台三坐标数控铣床，可作直线插补，用于火箭零件的制造。在此之后，其他一些国家，如德国、英国和日本都相继开发、生产及使用数控机床。其中日本发展最快。当今世界著名的数控系统厂家有日本的法那科（FANUC）公司、德国的西门子（SIEMENS）公司、美国的 A-B 公司和意大利的 ABOSZA 公司等。

数控机床最早出现并获得使用的是数控铣床。1960 年以后，点位控制的数控机床得到了迅速发展。点位控制的数控系统比轮廓控制的数控系统简单得多。因此，数控钻床、数控冲床和数控镗床得到了发展。

1959 年，美国 Keaney &Treckre 公司开发成功了具有刀库、刀具交换装置和回转工作台的数控机床，可以在一次装夹中对工件的多个面进行多工序加工，如进行钻孔、铰孔、攻螺纹、镗削和平面铣削等加工。至此，数控机床的新一代类型——加工中心（Machining Center）诞生了，并成为了当今数控机床发展的主流。

1974 年，微处理器直接应用于数控机床，进一步促进了数控机床的普及应用和发展。

20 世纪 80 年代初，出现了以一台（或 2～3 台）加工中心或车削中心为主体、配上工件自动装卸和监控检验装置的所谓柔性制造单元 FMC（Flexible Manufacturing Cell）。FMC 可以集成到 FMS（Flexible Manufacturing System，即柔性制造系统）或更高级的集成制造系统中使用。当前，FMS 正从切削加工向板材冷加工、焊接、装配等领域扩展。FMC 和 FMS 是实现 CIMS（Computer Integrated Manufacturing System，即计算机集成制造系统）的基础。

计算机控制（Computer Numerical Control）简称 CNC。现代数控系统是采用微处理器或专用微机的数控系统，由事先存放在存储器里的系统程序（软件）来实现控制逻辑，实现部分或全部数控功能，并通过接口与外围设备进行连接，称为 CNC 系统，这样的机床一般称为 CNC 机床。

总之，数控机床是数字控制技术与机床相结合的产物。从狭义的方面看，数控一词就是“数控机床”的代名词，从广义的范围来看，数控技术本身在其他行业中有更广泛的应用，称为广义数字控制。数控机床就是将加工过程的各种机床动作由数字化的代码表示，通过某种载体将信息输入数控系统，控制计算机对输入的数据进行处理，来控制机床的伺服系统或其他执行元件，使机床加工出所需要的工件，其过程如图 1-6 所示。

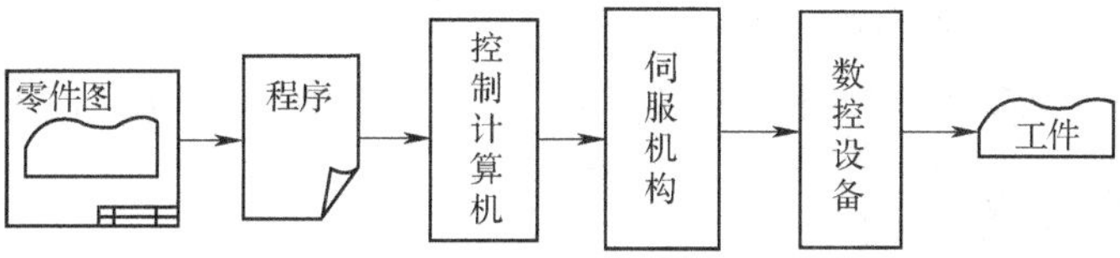

图 1-6　数控机床加工过程图

2. 数控机床的发展趋势

目前，世界各工业发达国家都把机械加工设备的数控化率作为衡量一个国家工业化水平的重要标志，竞相发展数控技术。许多国家通过制定特殊的产业政策，从产业组织结构、设备折旧制度、技术攻关和人才培训等方面引导数控技术的发展。近年来，数控机床的发展特点表现在以下几个方面。

（1）数控系统的硬件走向通用化、模块化和标准化　美国近年来正在开发的 NGC 控制器数控系统是个开放式系统。它可根据不同的功能要求使用 PC 总线或 VHF 总线构成多总线和多 CPU 系统，其基本模块做成通用的、标准的、系列化的产品。数控系统的开发人员可在 NGC 标准规范指导下，采用不同厂家的软、硬件模块，组成不同档次的数控系统，以适应各类机床的 CNC 控制。

（2）利用计算机的软件资源提高数控系统的性能　随着微型计算机的广泛应用，大量的应用软件极大地丰富了以通用微机为基础的系统控制功能，一些新技术（如多媒体技术、容错技术、模糊控制技术和人工智能技术等）逐渐被新一代数控系统采用，主要有以下几项。

1）人工智能图形会话编程，可进行特征造型和工艺数据库基础上的自动编程。

2）引入故障诊断专家系统，实现完善的自诊断和故障监控功能。

3）完善的误差补偿功能，包括空间几何误差补偿、零点误差补偿和夹具位置误差补偿。

4）刀具寿命管理及刀具破损综合检测功能等。

（3）新一代伺服驱动装置上大量采用新技术

1）采用智能化交流伺服驱动装置。

2）采用无刷直流伺服电动机及驱动系统。

3）采用双励磁绕组同步电动机及其控制装置，这种电动机的矢量控制调速系统比交流电动机的调速系统简单得多，其动、静态特性也优于交流调速系统。

想想练练

想一想

1. 数控铣床由哪些部分构成？
2. 要通过数控铣床加工零件，需要经过哪些步骤来完成？

练一练

1. 查阅相关手册，说出下面几种数控机床牌号的含义。

XD40A　　XK714B　　XK716A　　TK6411A

2. 什么是数控铣床？它适用于哪些零件的加工？
3. 根据图 1-7 所示零件外形图，选择什么样的数控铣床才能够加工出此零件？

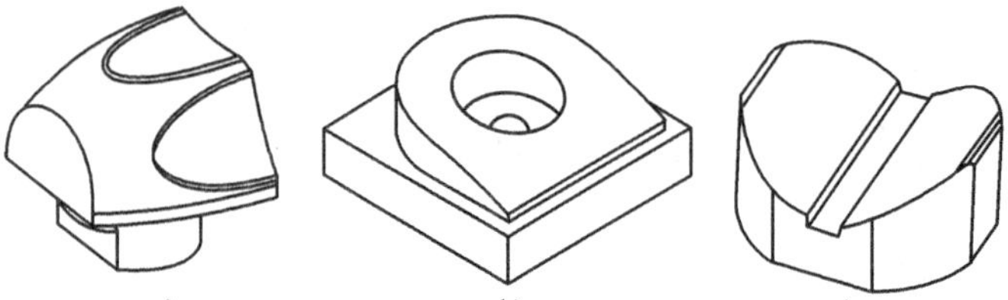

a)　　b)　　c)

图 1-7　零件外形图

任务二　数控铣床的日常维护和“7S”管理

任务描述

通过本任务的学习，能遵守工场管理制度，规范学生的着装仪表，养成良好的实习实训职业习惯；能对机床等设备作日常的维护保养；培养良好的职业素养，提升学生的职业品质。

任务实施

1）创建小组活动，将学生分成若干小组，每组由小组成员和小组长组成。

2）通过课本、多媒体课件和视频等教学手段，以学生为主体，教师引导，首先让学生在感性上认识和了解本任务。

3）以小组为单位，对机床进行日常维护和保养，规范“7S”管理。

任务评价

工作质量评价表见表 1-2。

表 1-2　工作质量评价表

"7S" 检查评分表（数控车间）

检查班级：		负责人：	检查时间：	
项　目	检查内容		配　分	得　分
整理	1.1	定期清除不必要的物品	3	
	1.2	工作场所是否有不用或不需要的私人物品	4	
	1.3	工具箱、工装夹具区是否有无用的工具和工装夹具等	4	
	1.4	现场角落是否有不需要的物品、文件和书本	3	
整顿	2.1	弃料或不良物品的放置是否有规定，并加以管理	4	
	2.2	各类实习相关物品是否按规定放置，通道上是否有物品	3	
	2.3	工、量、夹具等是否易于取用，不用寻找，放置方法正确，标识明确	4	
清扫	3.1	工作台面是否杂乱	4	
	3.2	工作场所、工场教室区课桌椅是否杂乱不整齐	4	
	3.3	是否定期清扫，并点检设施或设备、工具有无问题	3	
	3.4	值日生下班前是否统一打扫	5	
清洁	4.1	以上 3S 是否规范化	4	
	4.2	学生工作服是否干净、整洁	3	
	4.3	工作场所有无卫生死角，是否马上整理清扫	4	
素养	5.1	是否遵守规定，统一穿着工作服	5	
	5.2	是否按照车间实习制度或者实习指导教师要求进行作业	4	
	5.3	工作态度如何？有无迟到、早退、旷工现象	5	
安全	6.1	是否按要求穿戴防护用具	4	
	6.2	严禁戴手套，女生要戴工作帽，工装袖口要扎紧	5	
	6.3	是否按照操作规程及安全生产管理规定进行操作	4	
	6.4	物料存储是否遵循消防安全管理的要求	3	
	6.5	学生是否存在随意打闹、肆意走动和串岗的现象	3	
节约	7.1	每组学生是否能按时完成当天的项目任务	4	
	7.2	是否能有效地节约工作时间，提高工作效率	4	
	7.3	对实习工场生产空间利用是否合理	4	
	7.4	对毛坯、材料的使用是否有浪费现象	3	
总　分			100	

知识链接

"7S" 简介

所谓的 7S 就是"整理"（Seiri）、"整顿"（Seiton）、"清扫"（Seiso）、"清洁"（Seikeetsu）、"素养"（Shitsuke）、"安全"（Safety）、"节约"（Saving）。7S 管理方式保证了公司优雅的生产和办公环境，良好的工作秩序和严明的工作纪律，同时也是提高工作效率，生产高质量、精密化产品，减少浪费，节约物料成本和时间成本的基本要求。

1. “7S” 的作用

改善和提高企业形象，提高生产率，改善零件在库周转率，减少故障，保障品质，保证企业安全生产，降低生产成本，改善员工精神面貌，使组织具有活力，缩短作业周期，确保交货期。

2. “7S” 的效用

亏损为零，不良为零，浪费为零，故障为零，事故为零，投诉为零。

任务解析

1. 开展整理活动的技巧

对象：主要清理实习现场被占用而无效用的空间。

目的：清除零乱根源，腾出空间，防止材料的误用，创造一个清晰的工作实习场地。

整理区域：包括工作台和工具箱等。

实施方法：深刻领悟开展目的，建立共同认识；对工作现场进行全面检查。

2. 开展整顿活动的技巧

对象：主要在减少工作场所任意浪费时间的场所。

目的：定置存放，实现随时方便取用。

决定放置场所：工具箱和实习教室。

实施方法：全体动员，全面检查。

3. 开展清扫活动的技巧

对象：主要在消除工作现场各处所发生的脏污。

目的：

1）保持工作环境的整洁干净。

2）保持整理、整顿成果。

3）稳定设备、设施、环境质量，提高产品或服务质量。

4）防止环境污染。

清扫场所：整个实习车间、机床。

4. 开展清洁活动的技巧

对象：透过整洁美化的工作区与环境，使学生整体精力充沛。

目的：

1）养成持久有效的清洁习惯。

2）维持和巩固整理、整顿、清扫的成果。

清扫场所：整个实习车间、机床。

清洁的实施方法：整理、整顿、清扫是“行为动作”，清洁则是“结果”。落实前 3S 的执行情况。

5. 开展素养活动的技巧

对象：主要在通过持续不断的 4S 活动中，改造性提升道德品质。

目的：

1）养成良好习惯。

2）塑造守纪律的工作场所，使其井然有序。

3）营造团队精神。注重集体的力量和智慧。

实施方法：继续推动前4S活动；建立共同遵守的规章制度；违反规章制度的要及时纠正。

6. 开展安全活动的技巧

对象：主要在通过加强作业人员安全意识教育，对不合安全规定的因素及时进行举报消除。

目的：增强安全意识，预知危险，防患未然。

实施方法：继续推动前5S活动；建立共同的安全意识。

7. 开展节约活动的技巧

对象：减少成本、空间、时间、物料消耗等因素。

目的：养成降低成本的习惯，加强作业人员减少浪费意识的教育。

实施方法：继续推动前6S活动；着重节约习惯的培养。

知识拓展

"7S"管理

1. 7S的具体含义

7S基于日本5S管理方式的一种管理方法。5S即整理、整顿、清扫、清洁、素养，6S在此基础上多了一个安全，7S又多了一个节约。

（1）1S（整理）

1）定义：区分要用和不要用的，不要用的清除掉。

2）目的：把"空间"腾出来活用。

（2）2S（整顿）

1）定义：要用的东西依规定定位、定量摆放整齐，明确标示。

2）目的：不用浪费时间找东西。

（3）3S（清扫）

1）定义：清除工作场所内的脏污，并防止污染的发生。

2）目的：消除脏污，保持工作场所干干净净、明明亮亮。

（4）4S（清洁）

1）定义：将上面3S实施的做法制度化、规范化，并维持成果。

2）目的：通过制度化来维持成果，并显现"异常"之所在。

（5）5S（素养）

1）定义：人人依规定行事，从心态上养成好习惯。

2）目的：改变"人质"，养成工作讲究认真的习惯。

（6）6S（安全Safety）

1）定义：

① 管理上制定正确的作业流程，配置适当的工作人员监督指示功能。

② 对不合安全规定的因素及时举报消除。

③ 加强作业人员的安全意识教育。

④ 签订安全责任书。

2）目的：预知危险，防患未然。

（7）7S（节约 Saving）

1）定义：减少企业的人力、成本、空间、时间、库存、物料消耗等因素。

2）目的：养成降低成本的习惯，加强作业人员减少浪费意识的教育。

2. 日常维护与保养

1）每次开机前，检查机床的输入电压，应为（380±10）V。

2）压缩空气压力必须为0.6MPa，随时检查是否有漏气现象。

3）检查X、Y、Z轴导轨面，如有铁屑等颗粒附着在上面，应及时清除；如导轨有伤痕，应用油石磨平。

4）每次安装刀具前，必须检查拉钉是否牢固地安装在刀柄上。

5）每次开机前，要检查导轨及滚珠丝杠的润滑情况，导轨及滚珠丝杠必须得到充分润滑后方可运行机床。如果机床长时间没有运行，应起动自动润滑泵数次，使润滑油循环，渗出到导轨和滚珠丝杠上。

6）机床开机后，应首先进行返回机床参考点操作，然后再低速运行5min，检查是否有不正常的声音和振动现象。

7）每次机床运行结束后，必须全面清洁机床，特别要保持导轨和机床操作面板清洁。此外，要在主轴锥孔和刀具锥柄上涂上机械油以防生锈，但再次开机应擦去主轴锥孔和刀具锥柄上的机械油。

想想练练

想一想

说说图1-8中各图片各体现了7S中的哪些方面？

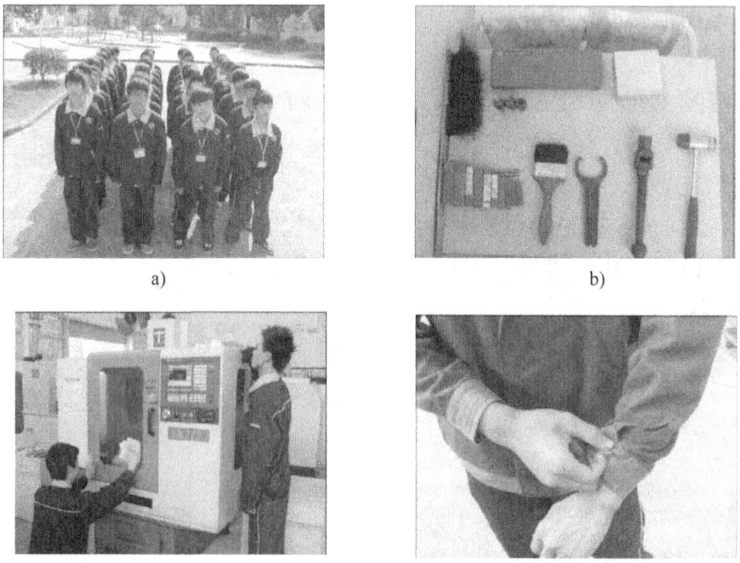

a)　b)　c)　d)

图1-8　7S图片

练一练

1. 通过对7S的了解，结合本校实际，每组学生写一篇关于实习工厂7S实施和改善的建议书。

2. 通过对7S的学习，每组学生对实习工厂进行7S整顿，包括卫生、工具箱整理等。

任务三　数控铣床的操作

子任务一　刀具装夹与工件装夹

子任务描述

掌握对华中数控机床的基本操作，用数控铣床加工前需要进行刀具装夹和工件装夹，刀具装夹和工件装夹工艺的好坏会直接影响到加工的过程和质量。

任务实施

1）创建小组活动，将学生分成若干小组，每组由小组成员和小组长组成。

2）通过课本、多媒体课件和视频等教学手段，以学生为主体，教师引导，首先让学生在感性上认识和掌握本任务。

3）教师演示刀具装夹和工件装夹的方法，学生进行操作巩固练习。

任务评价

学生工作任务评价表见表1-3。

表1-3　学生工作任务评价表

<table>
<tr><td>班　级</td><td></td><td>姓　名</td><td colspan="2"></td><td>学　号</td><td></td></tr>
<tr><td colspan="2">任务名称</td><td colspan="5">对刀找正及工件坐标系的建立</td></tr>
<tr><td colspan="2">序　号</td><td colspan="2">检测内容</td><td>配　分</td><td>学生自评</td><td>教师评分</td></tr>
<tr><td colspan="2">1</td><td colspan="2">刀具安装正确、规范</td><td>20</td><td></td><td></td></tr>
<tr><td colspan="2">2</td><td colspan="2">机床操作规范</td><td>15</td><td></td><td></td></tr>
<tr><td colspan="2">3</td><td colspan="2">工件装夹正确规范</td><td>20</td><td></td><td></td></tr>
<tr><td colspan="2">4</td><td colspan="2">熟练操作控制面板</td><td>20</td><td></td><td></td></tr>
<tr><td colspan="2">5</td><td colspan="2">行为规范、纪律表现</td><td>5</td><td></td><td></td></tr>
<tr><td colspan="2">6</td><td colspan="2">设备维护保养正确</td><td>10</td><td></td><td></td></tr>
<tr><td colspan="2">7</td><td colspan="2">安全、文明生产</td><td>10</td><td></td><td></td></tr>
<tr><td colspan="4">综合得分</td><td>100</td><td></td><td></td></tr>
</table>

知识链接

一、开机操作

1）检查机床状态是否正常，电源电压是否符合要求。

2）合上机床电源开关。

3）旋开“急停按钮”。

4）按下机床显示屏电源开关（绿色）。

接通数控装置电源后，HNC-21M 自动运行软件。进入系统后，软件操作界面当前工作方式显示为“急停”。如果系统运行状态显示“出错”，说明系统有故障，则必须按下“故障诊断”和“报警显示”按钮，查看报警内容，可根据提示解除故障，待系统运行状态显示正常后，系统复位，默认进入手动方式，软件操作的工作方式变为手动，开机完成。

二、返回参考点操作

华中世纪星 HNC-21M 系统的返回参考点操作步骤和方法如下：

1）选择机床控制面板（图 1-9）“回零”键，系统显示当前工作方式是回零。

2）依次按下“+Z”、“+X”、“+Y”按钮，待 X、Y、Z 机械坐标值显示为 0 时，机床回参考点结束，机床坐标系建立。

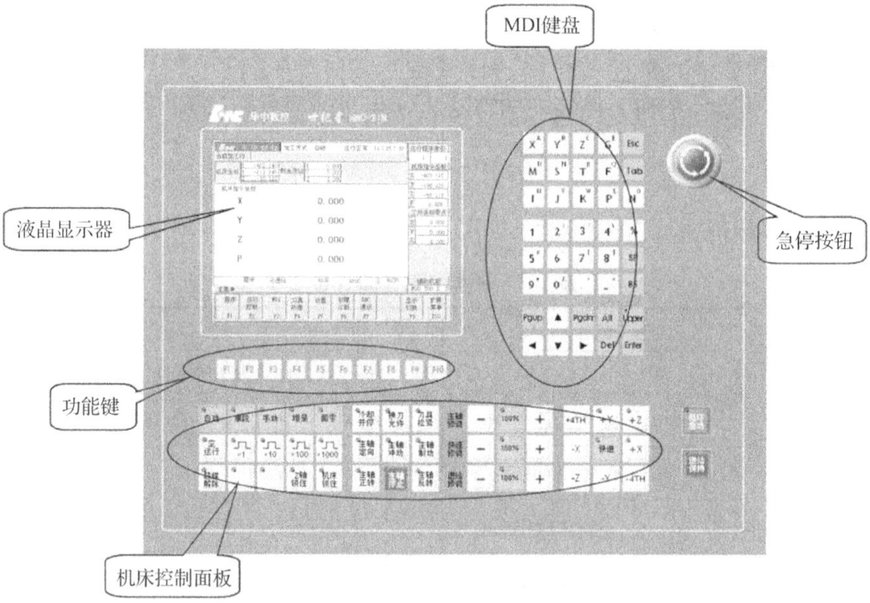

图 1-9　华中世纪星 HNC-21M 数控铣床的机床控制面板

三、关机步骤

1）按下控制面板上的“急停”按钮。

2）断开数控系统电源。

3）断开数控机床电源。

四、手动控制

1. 坐标轴移动控制

（1）手动连续进给　按下“手动”按键（指示灯亮），系统处于手动工作方式。在手动工作方式下，按下相应的按键（+X、-X、+Y、-Y、+Z、-Z），指示灯亮，该轴将产生正向或负向连续移动；松开按键，指示灯灭，该轴减速停止；同时按下多个方向的轴按键，能连续移动多个坐标轴。

（2）手动快速移动　在手动进给时，若同时按下“快进”按键，则产生相应轴的正向或负向快速运动。

（3）手动进给速度选择　在手动进给时，进给速率为系统参数“最高快移速度”的1/3乘以进给修调选择的进给倍率。手动快速移动的速率为系统参数“最高快移速度”乘以快速修调选择的快移倍率。

按下进给修调或快速修调右侧的“100%”键（指示灯亮），进给或快速修调倍率被置为100%，按一下“+”按键，修调倍率递增10%，按一下“-”按键，修调倍率递减10%，修调倍率的一次增减大小可由PLC设定。

（4）增量进给　当手持单元的坐标轴选择波段开关置于“OFF”挡时，按一下控制面板上的“增量”按键（指示灯亮），系统处于增量进给方式，可增量移动机床坐标轴。增量进给X轴的操作方法如下：

1）按一下“+X”或“-X”按键（指示灯亮），X轴将向正向或负向移动一个增量值。

2）再按一下“+X”或“-X”按键，X轴将向正向或负向继续移动一个增量值。

用同样的操作方法，使用“+Y”、“-Y”、“+Z”、“-Z”、“+4TH”、“-4TH”按键，可以使Y轴、Z轴、4TH轴向正向或负向移动一个增量值。

同时按下多个方向的轴“手动”按键，每次能增量进给多个坐标轴。

（5）增量值的选择　增量进给的增量值由机床控制面板的“X1”、“X10”、“X100”和“X1000”四个增量倍率按键控制。增量倍率按键与增量值的对应关系见表1-4。

表1-4　增量倍率按键与增量值的对应关系

增量倍率按键	X1	X10	X100	X1000
增量值/mm	0.001	0.01	0.1	1

注意：机床控制面板的“X1”、“X10”、“X100”和“X1000”这几个按键互锁，即按下其中一个（指示灯亮），其余几个会失效（指示灯灭）。

（6）手摇进给　当手持单元的坐标轴选择波段开关置于“X”、“Y”、“Z”、“OFF”挡时，按下机床控制面板上的“增量”按键（指示灯亮），系统处于手摇进给方式，可手摇进给机床坐标轴。手摇进给X轴的操作方法如下：

1）将手持单元的坐标轴选择波段开关置于“X”挡。

2）旋转手摇脉冲发生器，可控制X轴正、负向运动。

3）顺时针/逆时针旋转手摇脉冲发生器一格，X轴将向正向或负向移动一个增量值。

用同样的操作方法，使用手持单元可以使Y轴和Z轴向正向或负向移动一个增量值。手摇进给方式每次只能增量进给一个坐标轴。

（7）手摇增量倍率的选择　手摇进给的增量值（手摇脉冲发生器每转一格的移动量）由手持单元的增量倍率波段开关“X1”、“X10”和“X100”控制。增量倍率波段开关的位置与增量值的对应关系见表1-5。

表 1-5　增量倍率波段开关的位置与增量值的对应关系

增量倍率波段开关的位置	X1	X10	X100
增量值/mm	0.001	0.01	0.1

2. 主轴控制

主轴控制由机床控制面板上的“主轴控制”按键完成。

（1）主轴制动　在手动方式下，主轴处于停止状态时，按下“主轴制动”键（指示灯亮），主轴电动机被锁定在当前位置。

（2）主轴正反转及停止

1）按一下“主轴正转”按键（指示灯亮），主轴电动机以机床参数设定的转速正转。

2）按一下“主轴反转”按键（指示灯亮），主轴电动机以机床参数设定的转速反转。

3）按一下“主轴停止”按键（指示灯亮），主轴电动机停止运转。

注意：“主轴正转”、“主轴反转”和“主轴停止”这三个按键互锁，即按下其中一个按键（指示灯亮），其余按键会失效（指示灯灭）。

（3）主轴冲动　在手动方式下，当“主轴制动”无效时（指示灯灭），按一下“主轴冲动”按键（指示灯亮），主轴电动机会以一定的转速顺时针转动一定的角度。该功能主要用于装夹刀具。

（4）主轴定向　如果机床上有换刀机构，通常就需要主轴定向功能。这是因为换刀时，主轴上的刀具必须定位完成，否则会损坏刀具或刀爪。在手动方式下，当“主轴制动”无效时（指示灯灭），按一下“主轴定向”按键，主轴立即执行主轴定向功能，定向完成后，按键内指示灯亮，主轴准确停止在某一固定位置。

（5）主轴速度修调　主轴正转及反转的速度可通过主轴修调调节。

按压主轴修调右侧的“100%”按键（指示灯亮），主轴修调倍率被置为100%，按一下“+”按键，主轴修调倍率递增10%，按一下“-”按键，主轴修调倍率递减10%，修调倍率一次增减的多少可由PLC设定。

注意：机械齿轮换挡时，主轴速度不能修调。

3. 机床锁住与Z轴锁住

机床锁住与Z轴锁住由机床控制面板上的“机床锁住”与“Z轴锁住”按键完成。

1）机床锁住：禁止机床所有运动。在手动运行方式下，按一下“机床锁住”按键（指示灯亮），再进行手动操作。这时，由于不输出伺服轴的移动指令，机床将停止不动。

注意：“机床锁住”按键在自动方式下按压无效。

2）Z轴锁住：该功能用于禁止进刀。在只需要校验XY平面的机床运动轨迹时，可以使用“Z轴锁住”功能。在手动方式下，按一下“Z轴锁住”按键（指示灯亮），再切换到自动方式运行加工程序，Z轴坐标位置的信息变化，但Z轴不运动。

注意：“Z轴锁住”按键在自动方式下按压无效。

4. 手动数据输入

在主操作界面下，按“F3”键进入MDI功能子菜单。在MDI功能子菜单下，系统默认进入MDI运行方式，命令行的底色变为白色，并伴有光标在闪烁。这时可以从NC键盘输入并执行一个G代码指令段，即“MDI运行”。

任务解析

1. 数控铣床刀具的装夹

（1）刀具的种类　数控铣床上使用的刀具主要有铣削用刀具和孔加工用刀具两种，如图 1-10 所示。

图 1-10　数控铣床刀具

（2）铣刀的装夹　数控铣床刀柄及配件如图 1-11 所示。

a)　b)　c)

图 1-11　数控铣床刀柄及配件

a）刀柄　b）拉钩　c）夹头

安装刀具时，将刀具装入对应规格的夹头中，然后再装入刀柄中。安装时需把刀柄放在如图 1-12a 所示的锁刀座上，锁刀座上的键对准刀柄上的键槽，使刀柄无法转动，然后用如图 1-12b 所示的扳手锁紧螺母。

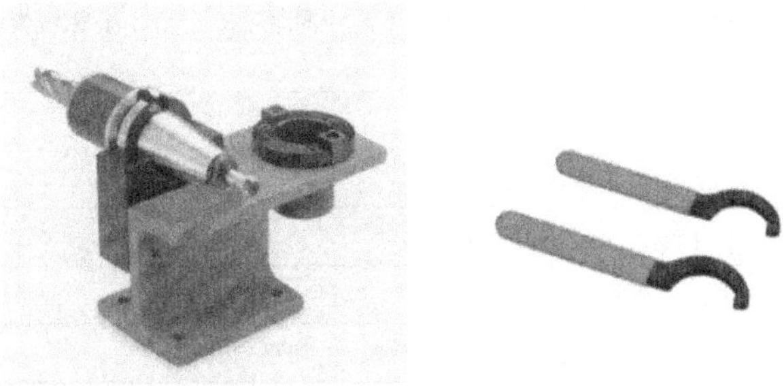

a)　b)

图 1-12　锁刀座及扳手

(3) 铣刀在主轴上的装夹

1) 装刀。

① 选择手轮方式或手动方式。

② 将刀具放入主轴锥孔内。

③ 按下主轴上的气动按钮。

④ 用力下拉确定夹紧。

2) 卸刀。

① 手握住刀柄，选择手轮方式或手动方式。

② 按下主轴上的气动按钮。

③ 下拉刀柄，用力适可而止。

④ 若刀柄拉不下来，可轻轻敲动刀柄。

2. 数控铣削工件的装夹

1) 使用T形槽用螺钉和压板固定工件。

2) 用机用虎钳安装工件。

3) 弯板的使用。

知识拓展

1. 机床操作面板

机床操作面板各按键的功能见表1-6。

表1-6 机床操作面板各按键的功能

按键名称	功能
自动	自动运行方式
单段	单程序执行方式
手动	手动进给方式
增量	步进进给方式
回零	返回机床参考点
空运行	机床以G00速度移动
超程解除	当某轴出现超程要退出超程时，一直按着该键，然后再以手动方式反向移动
Z轴锁住	自动运行时，按下该键，Z轴坐标位置信息变化，但轴不运动
机床锁住	在自动/MDI/手动运行前，按下该键，伺服轴不进给，坐标位置信息变化，M、S、T功能有效。常用于校验程序
循环启动	自动运行启动
进给保持	自动运行中刀具减速停止
快进	同时按下该键和坐标键，快速移动
冷却开停	切削液启动停止
主轴正转	手动/手轮/增量方式下，按下该键，主轴正向起动
主轴反转	手动/手轮/增量方式下，按下该键，主轴反向起动
主轴停止	手动/手轮/增量方式下，按下该键，主轴停止转动

（续）

按键名称	功　能
快速修调	用于改变快速移动的速度倍率
进给修调	用于自动加工时进给移动的速度倍率
X+、X-、Y+、Y-、Z+、Z-	坐标轴选择，在手动/增量方式下有效

2. 操作界面

HNC-21M 的操作界面如图 1-9 所示，由以下几个部分组成。

（1）图形显示窗口　可以根据需要，按“F9”键进入菜单命令。

（2）菜单命令条　可以通过菜单命令条中的功能键 F1～F10 来完成系统功能的操作。

（3）运行程序索引　自动加工中的程序名和当前程序段行号。

1）选定坐标系下的坐标值。坐标系可在机床坐标系/工件坐标系/相对坐标系之间进行切换。显示值可在指令位置/实际位置/剩余进给/跟踪误差/负载电流/补偿值之间进行切换（负载电流只对 HSV-11 型伺服有效）。

2）工件坐标零点。工件坐标系零点在机床坐标系下的坐标。

3）辅助机能。自动加工中的 M、S、T 代码。

4）当前加工程序行。当前正在或将要加工的程序段。

5）当前加工方式、系统运行状态及当前时间。

① 工作方式。系统工作方式根据机床控制面板上相应按键的状态可在自动（运行）、单段（运行）、手动（运行）、增量（运行）、回零、急停和复位等之间切换。

② 运行状态。系统工作状态在“运行正常”和“出错”间切换；系统时钟为当前系统时间。

（4）HNC-21M 数控系统功能菜单的结构　操作界面中最重要的一块是菜单命令条。系统功能的操作主要通过菜单命令条中的功能键 F1～F10 来完成。由于每个功能包括不同的操作，菜单采用层次结构，即在主菜单下选择一个菜单项后，数控装置会显示该功能下的子菜单，用户可根据子菜单的内容选择所需的操作，如图 1-13 所示。

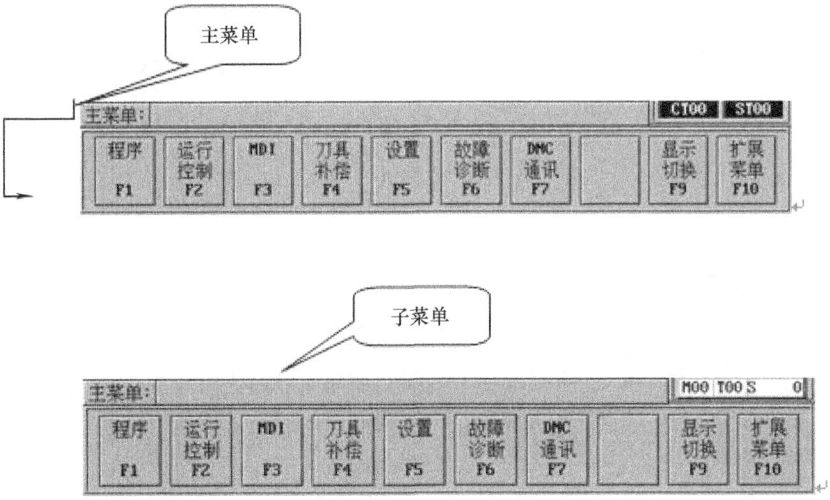

图 1-13　菜单层次

当要返回主菜单时，按下子菜单下的返回键（F10）即可。

主菜单和扩展菜单如图 1-14 和图 1-15 所示。

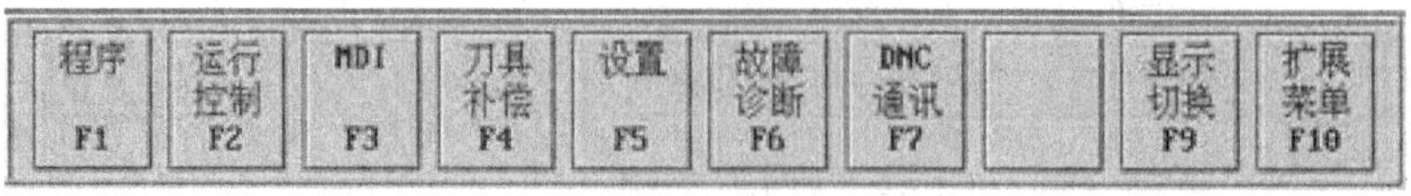

图 1-14　主菜单

图 1-15　扩展菜单

3. HNC-21M 的程序结构

华中世纪星数控系统的程序由文件名、程序名、程序段内容、程序结束和注释等组成。

1）程序文件名一般由字母“O”开头，后跟 4 个数字或字母组成，系统默认为程序文件名是由“O”开头的。

2）程序名以“%”开头，后面跟数字。

3）程序结束用“M02”或“M30”。

想想练练

想一想

1. 采用什么方式能让主轴以 1500 r/min 的速度顺时针方向转动起来？
2. 如图 1-16 所示三种工件的装夹方式有何不妥之处？并说说正确的装夹方式。

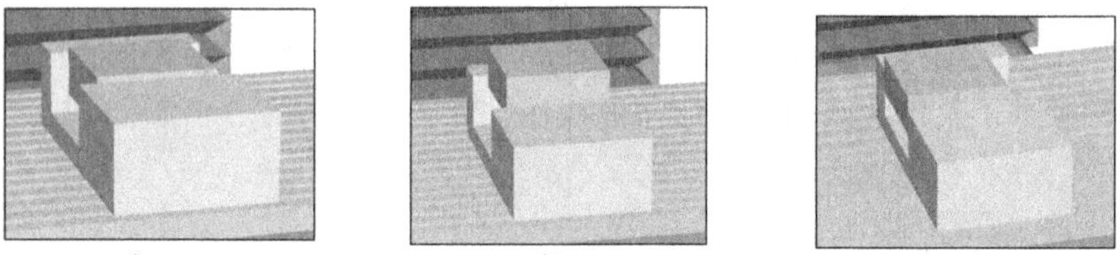

a)　　b)　　c)

图 1-16　工件的装夹方式

练一练

1. 数控铣床的“机床锁住”按键和“进给保持”按键的作用是什么？两者有何区别？
2. 分组熟悉控制面板，完成工件的装夹和刀具的拆装任务。

子任务二　工件坐标系与对刀找正

子任务描述

本任务主要介绍数控铣床工件坐标系 G54 的含义及设定方法；对刀器、找正器的工作原理和设定方法。通过本任务的学习，应能设定 G54 工件坐标系，并能应用 G55 ~ G59 多个工件坐标系，转换工件坐标系原点；正确使用对刀器、找正器对刀，能进行试切对刀，建立工件零点。

任务实施

1）创建小组活动，将学生分成若干小组，每组由小组成员和小组长组成。

2）通过小组讨论得出机床坐标系与工件坐标系的联系和区别。

3）教师利用课本、多媒体课件和视频等教学手段讲解对刀的实际操作方法。

4）教师演示试切法对刀的步骤，使学生进一步认识机床坐标系和工件坐标系的建立方法。

5）学生练习试切法对刀（设定不同位置的工件原点）。

任务评价

学生工作任务评价表见表 1-7。

表 1-7　学生工作任务评价表

<table>
<tr><td>班　级</td><td></td><td>姓　名</td><td colspan="2"></td><td>学　号</td><td colspan="2"></td></tr>
<tr><td colspan="2">任务名称</td><td colspan="6">对刀校正及工件坐标系的建立</td></tr>
<tr><td colspan="2">序　　号</td><td colspan="2">检测内容</td><td>配　分</td><td colspan="2">学生自评</td><td>教师评分</td></tr>
<tr><td colspan="2">1</td><td colspan="2">刀具安装正确、规范</td><td>8</td><td colspan="2"></td><td></td></tr>
<tr><td colspan="2">2</td><td colspan="2">机床操作规范</td><td>8</td><td colspan="2"></td><td></td></tr>
<tr><td colspan="2">3</td><td colspan="2">工件坐标系建立正确</td><td>10</td><td colspan="2"></td><td></td></tr>
<tr><td colspan="2">4</td><td colspan="2">对刀步骤正确</td><td>8</td><td colspan="2"></td><td></td></tr>
<tr><td colspan="2">5</td><td colspan="2">X 方向对刀正确</td><td>8</td><td colspan="2"></td><td></td></tr>
<tr><td colspan="2">6</td><td colspan="2">Y 方向对刀正确</td><td>8</td><td colspan="2"></td><td></td></tr>
<tr><td colspan="2">7</td><td colspan="2">Z 方向对刀正确</td><td>10</td><td colspan="2"></td><td></td></tr>
<tr><td colspan="2">8</td><td colspan="2">规定时间内完成对刀</td><td>8</td><td colspan="2"></td><td></td></tr>
<tr><td colspan="2">9</td><td colspan="2">机床操作的熟练程度</td><td>8</td><td colspan="2"></td><td></td></tr>
<tr><td colspan="2">10</td><td colspan="2">行为规范、纪律表现</td><td>8</td><td colspan="2"></td><td></td></tr>
<tr><td colspan="2">11</td><td colspan="2">设备维护保养正确</td><td>8</td><td colspan="2"></td><td></td></tr>
<tr><td colspan="2">12</td><td colspan="2">安全、文明生产</td><td>8</td><td colspan="2"></td><td></td></tr>
<tr><td colspan="4">综合得分</td><td>100</td><td colspan="2"></td><td></td></tr>
</table>

知识链接

1. 工件坐标系和工件原点

工件坐标系是为了编程方便，由编程人员在编制数控加工程序前在工件图样上设置的，也称编程坐标系，其原点就是工件原点或编程原点。与机床坐标系不同，工件坐标系是由编程人员根据习惯或工件的工艺特点自行设定的。工件坐标系的设置主要考虑工件形状、工件在机床上的装夹方法以及刀具加工轨迹计算等因素，一般以工件图样上的某一固定点为原点，按平行于各装夹定位面设置各坐标轴，按工件坐标系中的尺寸计算刀具加工轨迹并编程。加工时，当工件装夹定位后，通过对刀和坐标系偏置等操作建立起工件坐标系与机床坐标系的关系，确定工件坐标系在机床坐标系中的位置。因此，采用工件坐标系进行编程时，可以不考虑加工时所采用的具体机床的坐标系及工件在机床上的装夹位置，为编程人员带来很大的方便。

选择工件原点的一般原则有如下几点。

1）工件原点选在零件的设计基准上。

2）工件原点尽可能选在尺寸精度高、表面粗糙度值小的工件表面上。

3）对于结构对称的零件，工件原点应选在工件的对称中心上。

4）选择工件原点时应便于各基点和节点坐标的计算，减小编程误差。

5）工件原点的选择应方便对刀及测量。

2. 原点偏置指令 G54、G55、G56、G57、G58、G59

所谓原点偏置是指工件原点在机床坐标系中的坐标。工件安装、定位和夹紧后，在自动执行数控加工程序前，要通过对刀来设置原点偏置参数，即将工件原点相对于机床原点的各坐标轴分量存入 G54 ~ G59 中的一个，在执行零件加工程序时通过指令 G54 ~ G59 加以调用，从而实现在机床坐标系中按工件坐标系所编程序完成零件的加工。G54 ~ G59 实际上是 6 个存储器地址，其中存储了 6 个不同的工件原点到机床原点的坐标尺寸。

3. 对刀找正

在加工时，工件在机床加工尺寸范围内的安装位置是任意的，要正确执行加工程序，必须确定工件在机床坐标系中的确切位置。对刀点是工件在机床上定位装夹后，设置在工件坐标系中，用于确定工件坐标系与机床坐标系空间位置关系的参考点。在工艺设计和程序编制时，应以操作简单、对刀误差小为原则，合理设置对刀点。

对刀点可以设置在工件上，也可以设置在夹具上，但都必须在编程坐标系中有确定的位置。对刀点既可以与编程原点重合，也可以不重合，这主要取决于加工精度和对刀的方便性。当对刀点与编程原点重合时，$X_1=0$，$Y_1=0$。

为了保证零件的加工精度要求，对刀点应尽可能选在零件的设计基准或工艺基准上。如以零件上孔的中心点或两条相互垂直的轮廓边的交点作为对刀点较为合适，但应根据加工精度对这些孔或轮廓面提出相应的精度要求，并在对刀之前准备好。有时零件上没有合适的部位，也可以加工出工艺孔用来对刀。

对刀的实质是使“刀位点”与“对刀点”重合的操作。“刀位点”是指刀具的定位基准点。圆柱铣刀的刀位点是刀具中心线与刀具底面的交点；球头铣刀的刀位点是球头的球心点；钻头的刀位点是钻尖。为了保证对刀精度，常常采用千分表、对刀测头或对刀瞄准仪进行找正对刀。

任务解析

1. 确定工件坐标系

1）确定工件坐标系的目的：使编程原点和加工原点重合，工件找正的过程就是建立工件坐标系与机床坐标系之间的关系，并把数据输入到相应的存储位置。

2）确定工件坐标系的方法：试切法“对刀”和工具“对刀”。

2. 试切法对刀

对刀的过程就是建立工件坐标系与机床坐标系之间关系的过程，一般采用双边分中原理，如图 1-17 所示。

（1）X、Y 轴方向对刀

1）将刀具移动到 S1 位置处，X 轴坐标清零。

2）将刀具移动到 S2 位置处，记下此时的 X 轴坐标 L1。

3）将刀具移动到 S3 位置处，即 L1/2 的 X 轴坐标处。在主菜单中，按“设置”键（F5），再按“坐标系设定”键（F1），将机床坐标系的 X 值抄写到自动坐标 G54 的 X 中。

按同理进行 Y 轴方向对刀，此时刀具位于 X、Y 方向的对称中心。

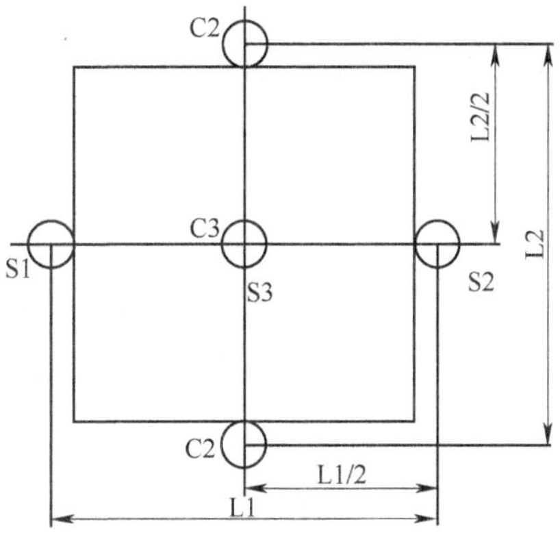

图 1-17　双边分中原理图

（2）Z 轴方向对刀　对于 Z 轴的找正，一般用刀具直接触碰工件上表面的方式，然后刀具不抬起，直接将机床坐标系的 Z 值抄写到自动坐标 G54 的 Z 中。

（3）G54 坐标系生效检验　在（单段 + MDI）方式下，输入 G54，按“ENTER”键，然后按“循环启动”键，再按“返回”键（F10），按“界面切换”键（F9）切换屏幕界面为工件坐标界面，此时工件坐标应该为 X0、Y0、Z0。

知识拓展

1. 机床坐标系

机床坐标系是机床上固有的坐标系，并设有固定的坐标原点，是由数控机床制造商提供的，机床出厂时该坐标系就已确定，用户不能轻易修改。该坐标系与机床的位置检测系统相对应，是数控机床的基准，机床每次上电开机后，应首先进行回零操作来建立机床坐标系。

2. 机床原点

机床原点又称为机械原点或机械零点，是机床坐标系的原点。该点是机床上的一个固定点，其位置由机床制造商确定，是机床坐标系的基准点。数控车床的机床原点一般设在卡盘前端面或后端面与主轴中心线的交点。数控铣床的机床原点，各生产厂不一致，有的设在机床工作台左下角顶点，有的设在机床工作台的中心，还有的设在进给行程的终点。

3. 机床参考点

机床参考点是机床坐标系中一个固定不变的位置点，是用于对机床工作台、滑板与刀具相对运动的测量系统进行标定和控制的点。机床参考点通常设置在机床各运动轴的正向极限位置，通过减速行程开关粗定位而由零点脉冲精确定位。机床参考点相对于机床原点的坐标是一个已知定值，也就是说，可以根据机床参考点在机床坐标系中的坐标值间接确定机床原点的位置。机床接通电源后，通常都要进行回零操作，使刀具或工作台访问参考点，从而建立机床坐标系。回零操作又称为返回参考点操作。当机床回零后，显示器即显示出机床参考点在机床坐标系中的坐标值，表明机床坐标系已建立。回零操作完成后，进行测量系统标定，置零或置一个定值。可以说“回零”操作是对基准的重新核定，可消除由于种种原因产生的基准偏差。

在数控加工程序中，可用相关指令使刀具经过一个中间点自动回参考点。

机床参考点已由机床制造商测定后作为系统参数输入数控系统，并记录在机床说明书中，用户不得改变。

一般数控车床的机床原点和机床参考点位置如图 1-18 所示。但许多数控机床将机床参考点坐标值设置为零，此时机床坐标系的原点也就在机床参考点，机床坐标系中的刀具当前位置坐标均为负值。

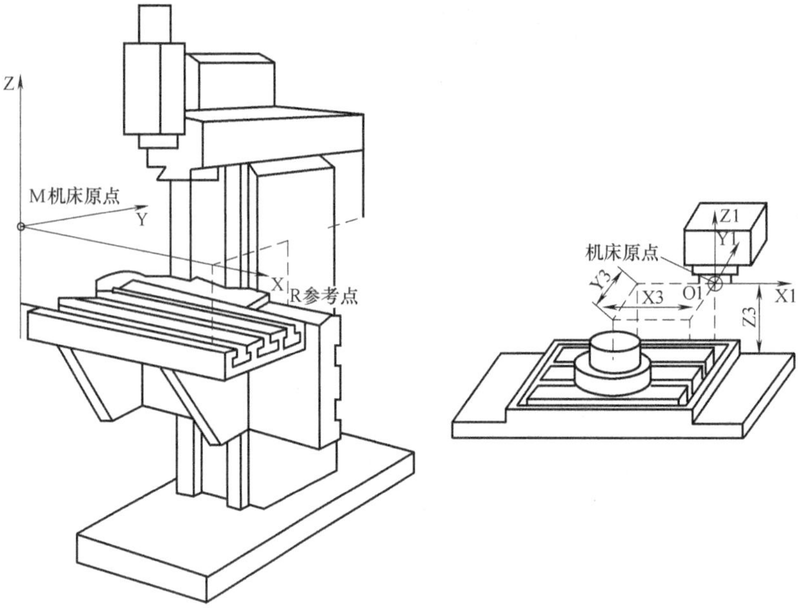

图 1-18　机床原点和机床参考点的位置

想想练练

想一想

1. 试切法对刀的操作过程是怎样的？
2. 坐标系的参数设置步骤是什么？

练一练

对四方零件采用试切法对刀建立工件坐标系。

子任务三　程序校验与自动加工

子任务描述

本任务主要介绍数控铣床编程基础知识和程序校验与自动加工。通过本任务的学习，应掌握 G00、G01 指令的应用；掌握数控铣床自动加工的方法；会应用数控铣床铣削加工平面并熟练掌握从编程到加工的整个过程及注意事项。本任务要求将一个 100mm × 100mm × 20mm 的毛坯上表面铣去 1mm，生成一个平整平面，如图 1-19 所示。

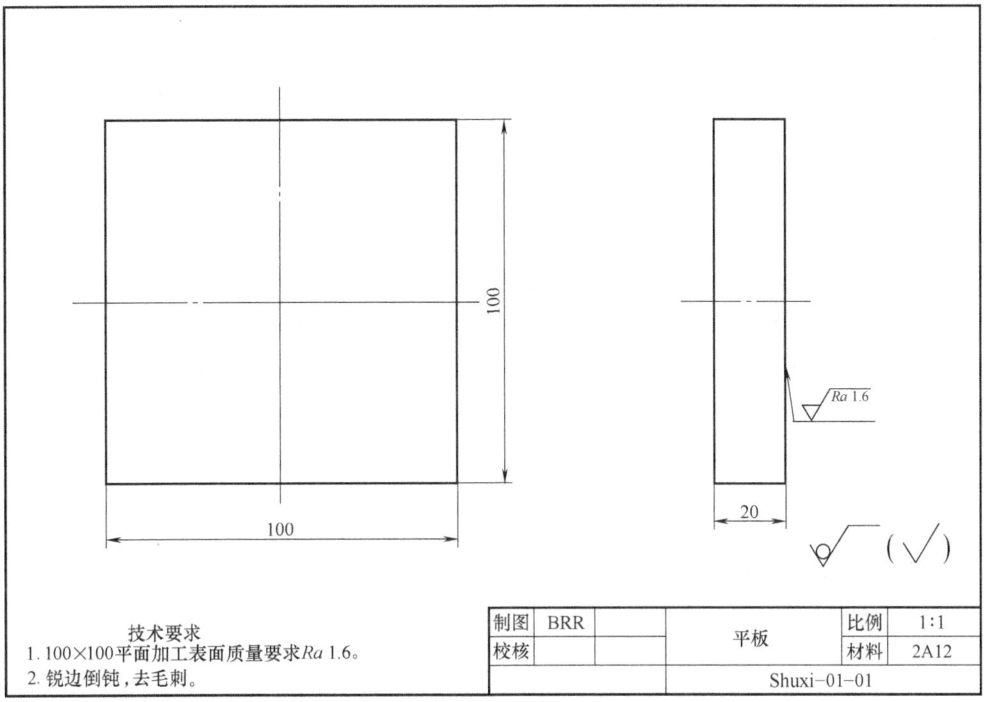

图 1-19　平板零件图

加工前，需要制订加工工艺，编写加工程序。编写完加工程序后，将程序输入到机床，对程序进行调试，通过图形模拟刀具的运动轨迹来模拟加工，确认没有问题后，再进行对刀加工。

1. 程序编辑

（1）建立程序　按“程序”（F1）键→按“编辑程序”（F2）键→按“新建程序”（F3）键→输入新建的文件名：O××××→按“ENTER”键。

在主菜单下，按照上面的操作顺序，建立一个新的文件作为程序，一定要以字母 O 开头，O 后面可以跟字母和数字。

（2）调用已有程序　按“程序”（F1）键→按“编辑程序”（F2）键→按“新建程序”（F3）键→输入文件名：O××××→按“ENTER”键，或按“程序”（F1）键→按“选择程序”（F1）键→移动光标上下键，选择想要调用的程序→按“ENTER”键。

（3）编辑程序　按“程序”（F1）键→按“编辑程序”（F2）键，结合“删除”键和“插入”键，选择要编辑的程序。

2. 程序检验

程序检验就是用图形模拟刀具的运动轨迹来模拟加工，从而检验程序。

先在程序编辑状态下，调出要进行检验的程序，然后在自动方式下，将屏幕切换为图形界面，按“程序”（F1）键→按“程序校验”（F5）键→按“循环启动”键。

程序检验的注意事项如下：

1）“程序校验”（F5）键一定要按下，否则为加工状态，在没对刀的情况下，可能会发生撞刀现象。

2）当调式程序出错时，回到编辑状态进行修改，当程序的第一、第二行出现红色时，不能修改，应选择“程序结束”键，重新调用当前程序。

3. 自动加工

完整自动加工的过程如下：

（1）程序检验　调用要加工的程序，对其进行程序检验。

（2）分中对刀　对刀建立工件坐标系。

（3）加工

1）调整快速倍率为30%，将进给倍率调整为50%。

2）按“屏幕切换”（F9）键，将屏幕切换到“程序 & 坐标”界面。

3）单段方式。按“循环启动”键开始加工。观察当前程序段与刀具的实际位置是否相符，不符合马上停止加工。

4）自动方式。通过单段方式，刀具与工件接触，开始正常切削后，切换到自动方式，使整个加工过程自动完成。

4. 参考程序

本任务的参考程序见表1-8。

表1-8　参考程序

程序段号	程序内容	动作说明
	%0001	程序名
N10	G90 G54 G0 X-55 Y55 Z50 M03 S1200	1号刀具（ϕ16mm）
N20	M8	开启切削液
N30	G01 Z-0.5 F80	切削深度0.5mm，进给速度为80mm/min
N70	M98 P100 L7	
N80	G90 G00 Z50	抬刀
N90	M30	主程序结束
N100	%100	子程序名
N110	G91　G01 X-100 F200	铣削平面
N120	Y-12	
N130	X100	
N140	Y-12	
N150	M9	切削液关
N160	M99	子程序结束
工件加工完成		

任务实施

一、毛坯及工、量、刃具的准备

1. 材料准备

本任务所需材料见表1-9。

表1-9　材料准备表

名　称	规　格	数　量	要　求
硬铝	100mm×100mm×20mm	各1块/每位学生	工场准备

2. 设备准备

本任务所需设备见表1-10。

表1-10　设备准备

名　称	型　号	数　量	要　求
数控机床	XK7132或其他相关机床	1台/每人	工场准备
机用虎钳	125mm×50mm或相应型号	1台/每台机床	工场准备

3. 工、量、刃具的准备

本任务所需工、量、刃具见表1-11。

表1-11　工、量、刃具准备单

工、量、刃具清单				图　号	Shuxi-01-01	
种　类	序　号	名　称	规格/mm	精度/mm	单　位	数　量
工具	1	机用虎钳扳手	120×120 (150×150)		把	1
	2	卸刀扳手	J7316/30 (BT40)		把	1
	3	等高垫块	长×宽×高 200×15×45	0.01	对	1
量具	4	带表卡尺	0~200	0.01	支	1
刃具	5	刀套	ϕ6~ϕ16		套	1
	6	立铣刀	ϕ16		把	1

任务评价

学生工作任务评价表见表1-12。

表 1-12　学生工作任务评价表

班　　级		姓　　名		学　　号	
工 件 号		机 床 号		零 件 图 号	
任务一		零件平面铣削加工			
序号		检测内容	配分	学生自评	教师评分
1		切削加工工艺制订正确	5		
2		切削用量选择合理	5		
3		程序正确、简单、规范	10		
4		设备操作、维护保养正确	10		
5		安全、文明生产	10		
6		刀具选择和安装正确、规范	8		
7		工件找正和安装正确、规范	8		
8		行为规范、纪律表现良好	10		
9		表面粗糙度	10		
10		正确建立工件坐标系	8		
11		正确输入及修改程序	8		
12		自动运行	8		
综合得分			100		

知识链接

1. G00 快速定位

指令格式：G00　X_　Y_　Z_

其中 X、Y、Z 为快移终点的绝对坐标或增量坐标。

G00 指令指挥刀具从当前位置以系统设定的空运行速度快移至程序指定的终点，在移动过程中刀具与工件不接触，不进行切削，一般用在切削加工开始前刀具移近工件或加工后刀具从工件中退出的空行程程序段中。

G00 指令中不需要指定速度，其各坐标轴的快移速度由数控系统参数设定，不同的数控机床各坐标轴联动合成的运动轨迹可能不同。因此，编程前应查阅机床数控系统说明书，了解 G00 指令的运动轨迹，避免刀具与工件或夹具干涉。

G00 指令为模态代码，可由同组的运动代码 G01、G02、G03 和 G33 等取代。

2. G01 直线插补

指令格式：G01　X_　Y_　Z_　F_

其中 X、Y、Z 为直线运动的终点的绝对坐标或增量坐标，F 为插补方向的进给速度。

G01 指令指挥刀具从当前位置以 F 指令指定的速度，沿直线运动至定位终点，运动过程中对工件进行切削加工。

G01 指令为模态代码，如果后继的程序段仍是直线插补，G01 可以不写。G01 可由同组的运动代码 G00、G02 和 G03 等取代。

3. 绝对值、增量值方式（G90、G91）

在 G90 方式下，刀具运动的终点坐标一律用该点在工件坐标系下相对于坐标原点的坐标值表示；在 G91 方式下，刀具运动的终点坐标是执行本程序段时刀具终点相对于起点的增量值。G90 和 G91 均为模态代码。

任务解析

1. 工艺分析

本任务要求将一个 100mm × 100mm × 20mm 的毛坯上表面铣去 1mm，生成一个平整平面。为最大限度地去除余量，采用 ϕ16mm 的圆柱立铣刀，主轴转速选择为 1200r/min，进给速度为 200mm/min，背吃刀量为 1mm。

2. 选择走刀路线

加工路线根据相关知识制订，使用 G92 坐标系，选择工件左上角的 *A* 点为加工原点，加工路线如图 1-20 所示。图中 *A* 为加工起点，*B* 为加工终点。

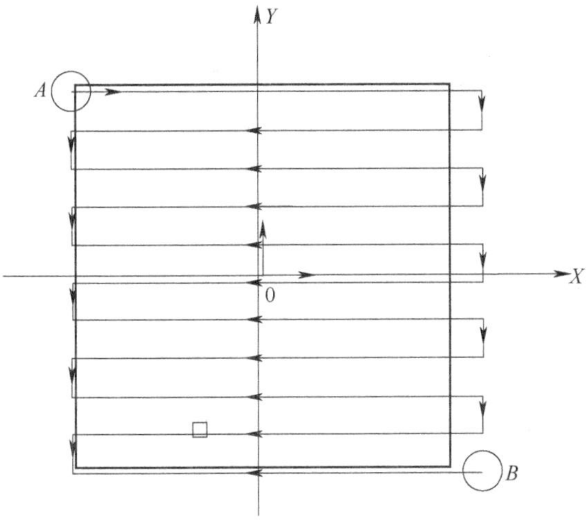

图 1-20　加工路线

3. 确定装夹方法

工件毛坯为长方体，采用台虎钳装夹，工件高出钳口 10mm 左右，工件下用垫块支承夹紧。

4. 分组实施项目

采用分小组原则，以小组分析讨论为主，制订具体实施工艺，编写程序操作机床进行铣削加工。

知识拓展

1. 准备功能概述

准备功能也称 G 功能或 G 代码，各个国家，甚至在同一个国家，数控系统 G 代码的含义并不统一，如表 1-13 所示为 FUNUC 数控系统的 G 代码及功能。

表 1-13 FUNUC 数控系统的 G 代码及功能

G 代码	组号	功能	G 代码	组号	功能
G00	01	定位（快速进给）	G53	00	指定机床坐标系
G01		直线插补（切削进给）	G54	14	选择工件坐标系 1
G02		圆弧/螺旋线插补（顺时针）	G55		选择工件坐标系 2
G03		圆弧/螺旋线插补（逆时针）	G56		选择工件坐标系 3
G04	00	暂停、准停	G57		选择工件坐标系 4
G05		高速循环加工	G58		选择工件坐标系 5
G09		准停	G59		选择工件坐标系 6
G10	18	数据设定	G60	00	单向定位
G11		数据设定状态取消	G61	15	准停状态
G15	17	极坐标指令取消	G62		自动拐角倍率修调
G16		极坐标指令有效	G63		攻螺纹状态
G17	02	选择 XY 平面	G64		切削状态
G18		选择 ZX 平面	G65	00	宏程序指令，宏程序调用
G19		选择 YZ 平面	G66	12	宏程序模态调用
G20	06	英制输入	G67		宏程序模态调用取消
G21		米制输入	G68	16	坐标旋转
G22	04	存储行程校验功能开	G69		坐标旋转取消
G23		存储行程校验功能关	G73	09	高速深孔钻循环
G27	00	返回参考点校验	G74		左旋攻螺纹循环
G28		返回参考点	G76		精镗循环
G29	00	从参考点返回	G80	09	取消固定循环
G30	01	返回第二参考点	G81		钻孔循环
G31	00	跳跃功能	G82		锪钻循环
G33		螺纹加工	G83		深孔钻循环
G37		刀具长度自动测量	G84		右旋攻螺纹循环
G39		拐角偏置圆弧插补	G85		镗削循环
G40	07	取消刀具半径补偿	G86	09	镗削循环
G41		左侧刀具半径补偿	G87		反镗循环
G42		右侧刀具半径补偿	G88		镗削循环
G43	08	刀具长度正向补偿	G89	09	镗削循环
G44		刀具长度负向补偿	G90	03	绝对值编程
G45	00	刀具偏置加	G91		增量值编程
G46		刀具偏置减	G92	00	绝对坐标系设定
G47		刀具偏置两倍加	G93	05	时间倒数进给
G48		刀具偏置两倍加	G94		每分进给
G49	08	取消刀具长度补偿	G95		每转进给
G50	11	比例缩放功能取消	G96	13	恒定表面速度控制
G51		比例缩放功能取消	G97		取消恒定表面速度控制
G52	00	设定局部坐标系	G98	10	返回初始平面
			G99		返回 R 点平面

2. 辅助功能 M 代码

辅助功能以地址符 M 后接两位数字组成，从 M00 ~ M99 共 100 个。辅助功能 M 代码主要控制机床主轴的起动、旋转、停止和切削液启停等开关量。辅助功能也分为模态和非模态，并被定义该 M 代码在一个程序段中起作用的时间，有的是在程序段运动指令完成后开始起作用，例如与程序有关的指令 M00、M01、M02 和 M30 等；有的是与程序段运动指令同时开始起作用，例如主轴转向指令 M03 和 M04，切削液开启指令 M07 和 M08 等。

常用的 M 代码及其含义有以下几个。

M00——程序停止。在完成该指令所在程序段的其他指令后，用以停止主轴和切削液，并停止进给，按“循环起动”按钮，则继续执行后续的程序段。它是非模态前作用 M 指令，常用于在加工过程中测量刀具和工件的尺寸、工件调头装夹、手动换刀、主轴手动变速等手动操作。

M01——计划停止。该指令与程序停止指令相似，所不同的是只有在机床操作面板有“计划停止”按钮并在程序执行前被按下时才有效，常用于工件关键尺寸的停机抽样检查等情况。

M02——程序结束。表示工件已完成，结束程序执行并使数控系统处于复位状态，停止主轴、切削液和进给。M02 指令写在最后一个程序段中，是非模态后作用 M 指令。

M03——主轴顺时针方向。启动主轴按右旋螺纹进入工件的方向旋转，是模态前作用 M 指令。

M04——主轴逆时针方向。启动主轴按左旋螺纹进入工件的方向旋转，是模态前作用 M 指令。

M05——主轴停止。是模态后作用 M 指令。

M07——2#切削液开。2#切削液（如雾状）开，是模态前作用 M 指令。

M08——1#切削液开。1#切削液（如液体）开，是模态前作用 M 指令。

M09——切削液关。注销 M07、M08、M50 和 M51，是模态后作用 M 指令。

M30——纸带结束。与 M02 相似，但 M30 表示工件已完成，结束程序执行并返回至程序头，并停止主轴、切削液和进给。M30 指令写在最后一个程序段中，是非模态后作用 M 指令。

3. 主轴功能 S 代码

S 指令指定主轴转速，是续效代码，由地址符 S 和后面的数字组成。对不同档次的数控机床，S 指令的含义不同，有的表示主轴转速，单位为 r/min，有的表示转速挡位代号。例如 S1000 表示主轴转速为 1000r/min，S10 表示主轴第 10 挡转速。

4. 进给功能 F 代码

F 代码在 G01、G02、G03 和循环指令程序段中，用以指定刀具的切削进给速度，为续效代码，由地址符 F 和后面的数字组成，通常单位为 mm/min。当进给速度与主轴转速有关时（如车削螺纹时），单位为 mm/r。例如 F100 表示进给速度为 100mm/min。

想想练练

想一想

1. 华中系统编写程序在格式上有什么需要特别注意的地方？
2. 实际加工一开始，需要特别注意哪些事项？

练一练

运用数控铣床编程并加工，将一个 80mm × 80mm × 20mm 的四方体上表面铣去 1 mm，生成一个平整平面。

项目二　简单件的编程加工

项目目标

通过本项目的学习，能掌握简单图形铣削程序的编制方法；掌握常用编程指令的应用及直线轨迹、圆弧轨迹的加工方法；会应用数控铣床加工简单零件。

项目任务

1. 掌握典型零件加工工艺的编制及工艺准备方法。
2. 掌握直线插补 G01、圆弧插补 G02、G03 的指令格式及应用。
3. 能根据轮廓形状合理选择切入切出加工方式。
4. 掌握从编程到加工的整个过程及注意事项。

任务一　加工正方形——直线轨迹加工实例

任务描述

本任务为典型的直线轨迹正方形二维零件加工，如图 2-1 所示。根据零件图样进行试样

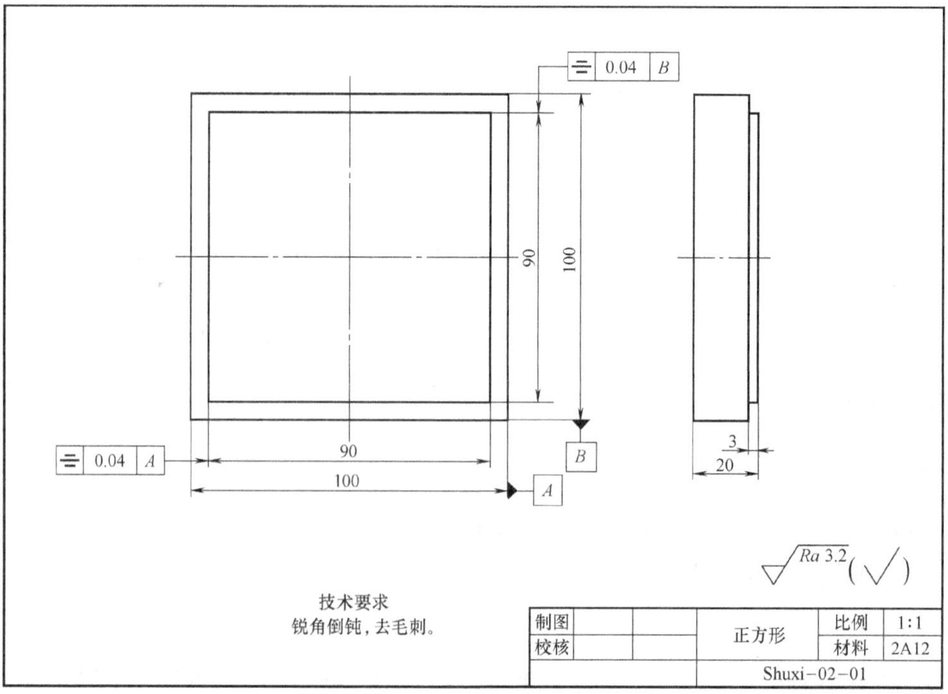

图 2-1　正方形零件图

加工，分析零件图样的技术特点，同时选用合适的数控刀具，设计合理的走刀路线，选择正确的加工策略，并按要求操作数控机床，完成零件的工艺编制、程序编制、铣削加工与尺寸控制。

1. 零件形状分析

图 2-1 所示为典型的简单二维铣削加工零件，具备规则几何形状的特征。

2. 尺寸精度分析

该零件的主要加工要素为正方形轮廓。正方形尺寸精度要求不高，铣削出轮廓即可。加工时需要合理安排工艺设计，并进行正确的操作。

3. 几何精度分析

零件两个侧面和中间轴线需有良好的对称要求，对称度为 0.04mm。

4. 表面粗糙度分析

本任务零件所有外形铣削的表面粗糙度值要求均为 $Ra3.2\mu m$。

对于表面粗糙度要求，主要通过选用正确的粗、精加工路线和选用合理的切削用量等措施来保证。

5. 技术要求分析

锐边去毛刺。

任务实施

一、毛坯及工、量、刃具的准备

1. 材料准备

本任务所需材料见表 2-1。

表 2-1　材料准备单

名　　称	规　　格	数　　量	要　　求
硬铝	100mm × 100mm × 20mm	各 1 块/每人	工场准备

2. 设备准备

本任务所需设备见表 2-2。

表 2-2　设备准备单

名　　称	型　　号	数　　量	要　　求
数控机床	XK7132 或其他相关机床	1 台/每人	工场准备
机用虎钳	125mm × 50mm 或相应型号	1 台/每台机床	工场准备

3. 工、量、刃具准备

本任务所需工、量、刃具见表 2-3。

表 2-3　工、量、刃具准备单

工、量、刃具清单				图　号	2-1	
种　类	序　号	名　称	规格/mm	精度/mm	单　位	数　量
工具	1	机用虎钳扳手	120×120 (150×150)		把	1
	2	卸刀扳手	J7316/30 (BT40)		把	1
	3	等高垫块	长×宽×高 200×15×45	0.01	对	1
量具	4	游标卡尺	0～200	0.01	支	1
	5	深度尺	0～200	0.02	支	1
刃具	6	刀套	$\phi6 \sim \phi16$		套	1
	7	立铣刀	$\phi16$		把	1

在要求学生准备工、量、刃具的过程中，始终贯彻 7S 规范管理，如图 2-2 所示。

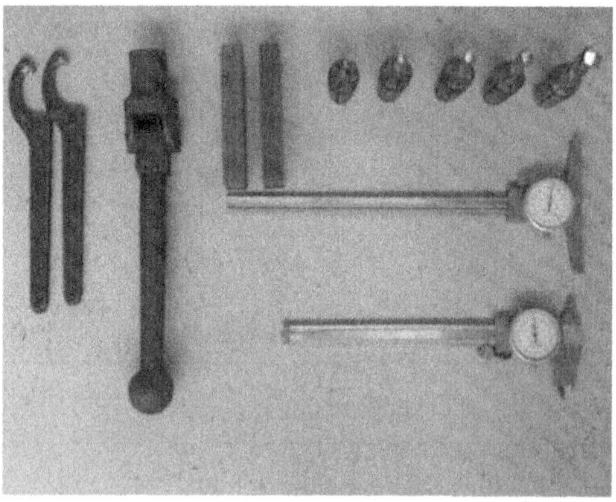

图 2-2　工、量、刃具的正确摆放

二、制订工序卡片

本任务加工工件装夹方案和工件坐标系原点的设定见表 2-4，数控加工工艺卡片见表 2-5。

表 2-4　加工工件装夹方案和工件坐标系原点的设定

零件名称 / 加工面	正　方　形	装夹方案和工件坐标系原点的设定	工　序　号	1
			装　夹　次　数	1
四面	该工件为规则的四方形，所以工件坐标原点设定在几何对称中心上，采用通用夹具进行定位与装夹。根据加工要求选用机用虎钳作为夹具。为保证工件定位准确，钳口平面与底面要用百分表进行找正。工件夹紧过程中要对工件上表面及侧面进行找正		夹具	名称
			1	机用虎钳
			2	等高垫块

表 2-5　数控加工工艺卡片

数控加工工序卡片		零件名称	正　方　形	使用设备		华中世纪星	
		零件图号	Shuxi-02-01	车　　间		数铣车间	
序号	程序号	工步内容	刀具规格 /mm	主轴转速 $/\text{r}\cdot\text{min}^{-1}$	进给速度 $/\text{mm}\cdot\text{min}^{-1}$	XY 余量 /mm	备注
1	%0001	铣削工件上表面	ϕ16 立铣刀	1200	200		精铣
2	%0002	铣削方形轮廓	ϕ16 立铣刀	1200	120	0	精铣
编制		审核		批准		共　页	第　页

三、参考程序

本任务的轮廓加工参考程序见表 2-6。

表 2-6　轮廓加工参考程序

程序段号	程序内容	动作说明
	%0002	程序名
N10	G90 G54 G0 X0 Y0 Z50 M03 S1200	1 号刀具
N20	M8	开启切削液
N30	G00 X-75 Y-75	刀具空间快速移动到 T 点上方
N70	G00 Z5	以 G00 方式垂直进给至安全平面
N80	G01 Z-5 F150	以 G01 方式垂直进给至加工深度，进给速度为 150mm/min
N90	G01 X-53 Y-75 F120	进刀到 1 点
N100	G01 Y53	走刀加工到 2 点
N110	G01 X53	走刀加工到 3 点
N120	G01 Y-53	走刀加工到 4 点
N130	G01 X-75	走刀加工到 5 点
N140	G01 X-75 Y-75	退刀点 T
N150	G00 Z50	抬刀
N160	M09	切削液结束
N170	M05	主轴停转
N180	M30	程序结束

加工完成后工件的形状

任务评价

1）本任务主要训练常用指令 G00、G01 指令的应用和手工编程方法。

2）通过对零件的加工，能够对简单零件进行数控铣削工艺分析。

3）了解数控铣床的工作原理及操作过程。

工件质量评价表见表2-7。

表2-7　工件质量评价表

<table>
<tr><td>班　　级</td><td colspan="2"></td><td>姓　　名</td><td>学　　号</td><td colspan="2"></td></tr>
<tr><td>工　件　号</td><td colspan="2"></td><td>机　床　号</td><td>零 件 图 号</td><td colspan="2">Shuxi-02-01</td></tr>
<tr><td colspan="3">任务一</td><td colspan="4">正方形零件的加工</td></tr>
<tr><td rowspan="8">基本检查</td><td rowspan="4">编程</td><td>序号</td><td>检测内容</td><td>配分</td><td>学生自评</td><td>教师评分</td></tr>
<tr><td>1</td><td>切削加工工艺制订正确</td><td>8</td><td></td><td></td></tr>
<tr><td>2</td><td>切削用量选择合理</td><td>7</td><td></td><td></td></tr>
<tr><td>3</td><td>程序正确、简单、规范</td><td>8</td><td></td><td></td></tr>
<tr><td rowspan="4">操作</td><td>4</td><td>设备操作、维护保养正确</td><td>6</td><td></td><td></td></tr>
<tr><td>5</td><td>安全、文明生产</td><td>9</td><td></td><td></td></tr>
<tr><td>6</td><td>刀具选择、安装正确、规范</td><td>7</td><td></td><td></td></tr>
<tr><td>7</td><td>工件找正、安装正确、规范</td><td>7</td><td></td><td></td></tr>
<tr><td colspan="2">工作态度</td><td>8</td><td>行为规范、纪律表现良好</td><td>8</td><td></td><td></td></tr>
<tr><td colspan="2" rowspan="5">尺寸</td><td>9</td><td>90mm（两处）</td><td>10</td><td></td><td></td></tr>
<tr><td>10</td><td>3mm</td><td>10</td><td></td><td></td></tr>
<tr><td>11</td><td>⌯ 0.04 A</td><td>6</td><td></td><td></td></tr>
<tr><td>12</td><td>Ra3.2μm</td><td>7</td><td></td><td></td></tr>
<tr><td>13</td><td>Ra1.6μm</td><td>7</td><td></td><td></td></tr>
<tr><td colspan="4">综合得分</td><td>100</td><td></td><td></td></tr>
</table>

知识链接

1. 刀位点

刀位点是在编制加工程序时用以表示刀具位置的特征点。选择刀位点位置的原则有以下几点。

1）便于数学处理（基点和节点的计算）和使程序编制简单。

2）在机床上容易找正。

3）加工过程中便于测量检查。

4）引起的加工误差小。

2. 基点和节点

零件的轮廓是由许多不同的几何要素组成的，如直线、圆弧和二次曲线等，各几何要素之间的连接点称为基点。可以人工确定基点。

数控系统一般只能作直线插补和圆弧插补的切削运动。如果工件轮廓是非圆曲线，数控系统就无法直接实现插补，而需要通过一定的数学处理。数学处理的方法是，用直线段或圆弧段去逼近非圆曲线，逼近线段与被加工曲线的交点称为节点。有些复杂零件的节点计算比较复杂，靠手工计算很难处理，必须借助计算机辅助处理。

3. 顺铣与逆铣

（1）顺铣与逆铣的概念

顺铣是指刀具的切削速度方向与工件的移动方向相同，如图 2-3a 所示。

逆铣是指刀具的切削速度方向与工件的移动方向相反，如图 2-3b 所示。

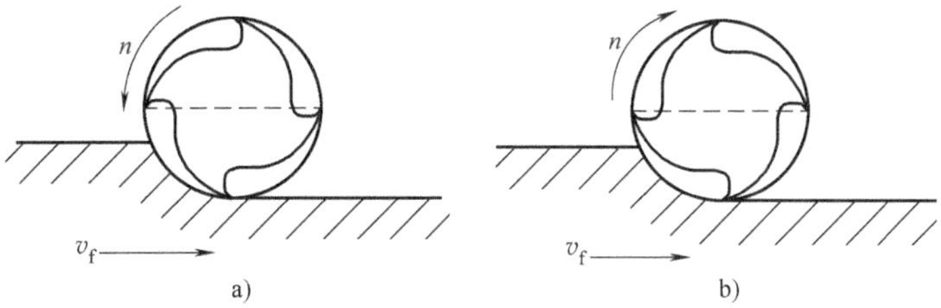

图 2-3　顺铣与逆铣

（2）顺铣与逆铣的应用　铣削零件时，一般采用立铣刀侧刃进行切削。因刀具的运动轨迹和方向不同，可能是顺铣或逆铣，其不同的加工路线所得的零件表面质量也不同。

逆铣时的切削厚度都是由小到大逐渐变化的，而顺铣时切削厚度是由大到小逐渐变化的。在相同的切削条件下，采用逆铣时，由于刀齿需在前一刀齿留下的切削表面上滑过一段距离，切削厚度达到一定数值后，刀齿才真正开始切削，因此刀具易磨损。此外，刀齿与工件间的摩擦较大，造成已加工表面的冷硬现象较严重。

顺铣时，平均切削厚度大，切削变形较小，与逆铣相比，功率消耗要少些（铣削碳钢时，功率消耗可减少 5%；铣削难加工材料时，可减少 14%），但由于水平铣削力的方向与工件的进给运动方向一致，当刀齿对工件的作用力较大时，由于工作台丝杠与螺母间间隙的存在，工作台会产生窜动，这样不仅破坏了切削过程的平稳性，影响工件的加工质量，而且严重时会损坏刀具。

目前，数控机床通常具有间隙消除机构，能可靠地消除工作台进给丝杠与螺母间的间隙，防止铣削过程中产生振动。因此在工件毛坯表面没有硬皮，工艺系统具有足够刚性的条件下，数控铣削加工应尽量采用顺铣，特别是对难加工材料的铣削。

铣削平面零件时，切削前的进刀方式也必须考虑。切削前的进刀方式有两种，一种是垂直方向进刀，另一种是水平方向进刀。

铣削外表面轮廓时，为减少接刀痕迹，保证零件表面质量，铣刀的切入点和切出点应沿零件轮廓曲线的延长线切向切入和切出零件表面。如果切入和切出距离受限，可采用先直线进刀再圆弧过渡的加工路线。铣削内轮廓表面时，可用同样方法处理。

任务解析

1. 分析技术要求

由图 2-1 所示，在 100mm × 100mm × 20mm 的铝料上加工 90mm × 90mm × 3mm 的正方形。

2. 选择走刀路线及节点计算

加工时为保证表面粗糙度值不用分粗、精加工，分两次垂直走刀至要求的深度尺寸，每次走刀深度为 5mm。加工路线考虑路径最短原则即可，由于加工图形是连续的，加工过程中不需要考虑抬刀。加工路线如图 2-4 所示，选取毛坯上平面的对称中心为编程原点。以顺时针方向铣削即顺铣，选择工件中心为工件原点，加工路线为：进刀点 P_1，Z 轴方向进刀→点 P_1→点 P_2→点 P_3→点 P_4→点 P_5，Z 轴方向退刀，结束加工，如图 2-4 所示。

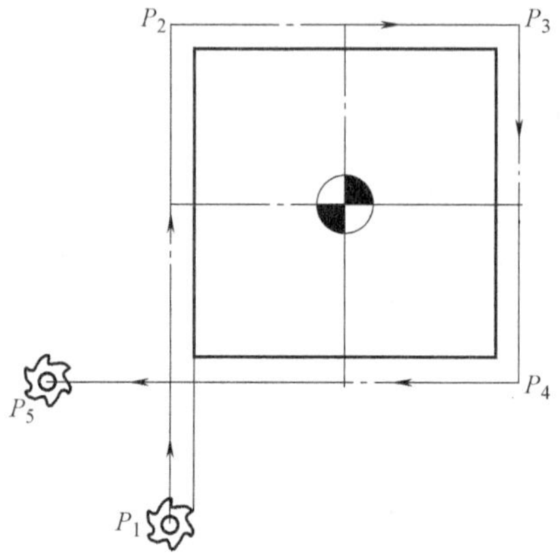

图 2-4　加工路线图

根据加工所用刀具直径为 ϕ16mm，所以刀具实际轮廓偏移一个刀具半径值，各关键节点的坐标见表 2-8。

表 2-8　关键点坐标

关 键 点	X	Y	关 键 点	X	Y
A	-53	-75	P_3	53	53
P_1	-53	-75	P_4	53	-53
P_2	-53	53	P_5	-75	-53

3. 确定装夹方法

工件毛坯为方形，六面为已加工表面，采用机用虎钳装夹，工件高出钳口 10mm 左右，工件下用垫块支承夹紧。

4. 分组实施项目

采用分小组原则，以小组分析讨论为主，制订具体的实施工艺，计算节点，编写程序并进行铣削加工，控制轮廓尺寸、表面粗糙度值与几何公差。

知识拓展

高速切削技术

高速切削是以高切削速度、高进给量和高加工精度为主要特征的加工技术，所采用的切削参数要比传统工艺高几倍甚至几十倍。由于其具有切削速度高、切削度小、进给快、运转平稳、效率高、切削过程散热快、表面精度高、适合切削高硬度材料和以切代磨等独特的优点，受到了工业界极大的关注，并已成为制造技术发展的重要方向。目前，主轴转速为10 000 ~20 000r/min的加工中心越来越普及，转速高达 100 000r/min、200 000r/min、250 000r/min的实用高速主轴也正在研制开发中。

1. 高速切削的特点

高速切削加工技术是指采用超硬材料的刀具，通过提高进给速度和切削速度来提高材料的加工精度、切除率和加工质量的现代加工技术。与传统加工方法相比，高速切削加工具有以下特点。

1）可以大幅缩短加工时间，降低加工成本，提高零件的加工效率，还可以提高零件的加工精度和表面加工质量。

2）可以降低工件热变形的可能性，这对于加工一些对热变形和温度非常敏感的零件是非常适合的。

3）可以使工件切削层材料软化，因而可以减小单位切削力。

4）可以获得很高的表面加工质量且表面粗糙度值很小，所以高速切削对加工一些有精密表面要求的零件非常适合。

5）在保持切削厚度不变的情况下，可以采用较传统铣削高 5 ~ 10 倍的进给速度，从而缩短了切削时间，提高了机床的利用效率。

2. 高速切削技术的应用

（1）航空航天领域　航空航天领域对制造工艺的要求比较高，如果用普通机床进行加工，则有些加工工艺难以完成，或者完成的质量不如预期，而高速切削技术能很好地解决航空航天领域技术上遇到的一些难题。飞机制造业作为航空航天领域一个重要的产业，是最早采用高速切削的一个行业，并且高速切削技术在这个产业的应用已经有一段很长的历史了。飞机上的很多多肋薄壁构件正是应用高速切削技术加工成形的，这些构件具有较大的强度。另外，高速切削技术可以减少飞机的焊缝，提高飞机的整体性能和强度。

（2）汽车制造领域　要提高汽车产业在市场上的竞争力，汽车的很多零部件在生产加工过程中应该形成大批量生产，高速切削技术正好能满足实现汽车零部件大批量生产的要求。汽车发动机的气缸体和气缸盖等零件就是利用高速切削技术进行加工的。很多汽车用户对汽车的结构、外观等有着不同的要求，传统的组合机床生产线生产出的汽车零部件已不能满足汽车用户的要求，而高速加工中心却能很好地解决这一矛盾，实现柔性化生产。

（3）其他领域　高速切削技术在模具加工中有着广泛的应用，能够对某些特殊模具的复杂曲面进行加工，大大提高加工质量和生产率。另外，高速切削技术在加工一些超薄类超精细零件时也具有无法比拟的优势。

想想练练

想一想

1. 使用 G01 和 G00 指令编程时需要注意哪些问题？

2. 顺铣和逆铣如何判别？它们对铣削质量有何影响？

练一练

运用上面所学知识加工简单六边形零件，如图 2-5 所示。

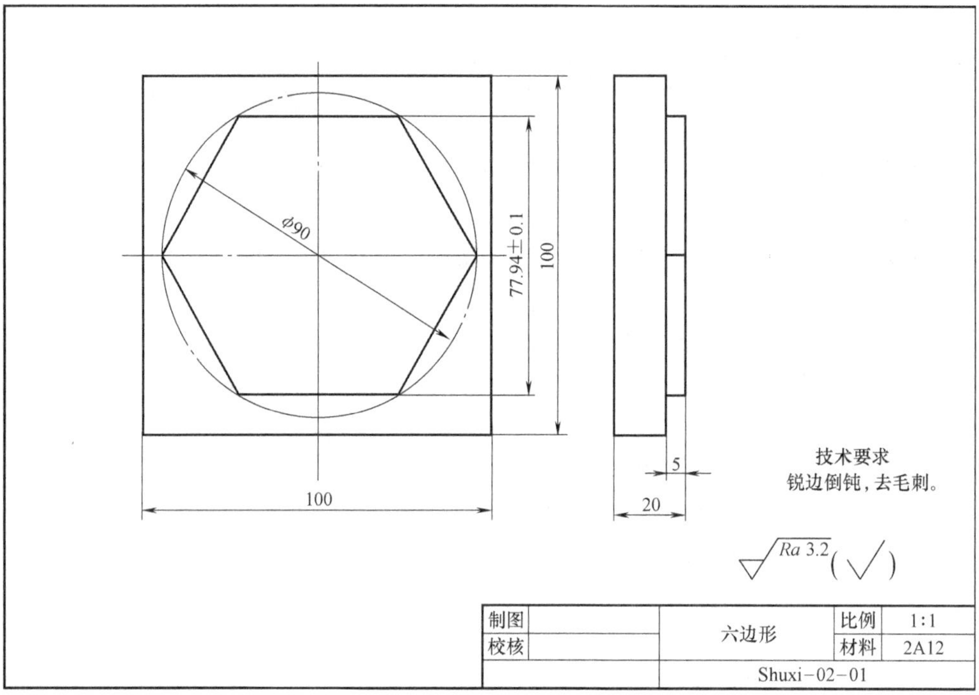

图 2-5　六边形零件

任务二　加工梅花形——圆弧轨迹加工实例

任务描述

本任务加工的为圆弧轨迹梅花形二维零件，如图 2-6 所示。根据零件图样进行试样加工，要求采用圆弧插补指令进行编程加工。分析零件图样技术特点，要求合理安排走刀路线，选择正确的加工策略，合理选用数控刀具，并按要求操作数控机床，完成零件的工艺编制、程序编制和加工并检测。

1. 零件形状

图 2-6 所示为典型的简单二维铣削加工零件，主要轮廓为圆弧形状特征。

2. 尺寸精度

该零件主要加工要素为圆弧形轮廓，零件尺寸精度要求不高，铣削出轮廓即可。加工时需要合理安排工艺设计并进行正确的操作。

3. 表面粗糙度

本任务所有外形铣削的表面粗糙度值要求均为 $Ra3.2\mu m$。

对于表面粗糙度要求，主要通过选用正确的粗、精加工路线，选用合理的切削用量等措施来保证。

4. 技术要求

锐边倒钝，去毛刺。

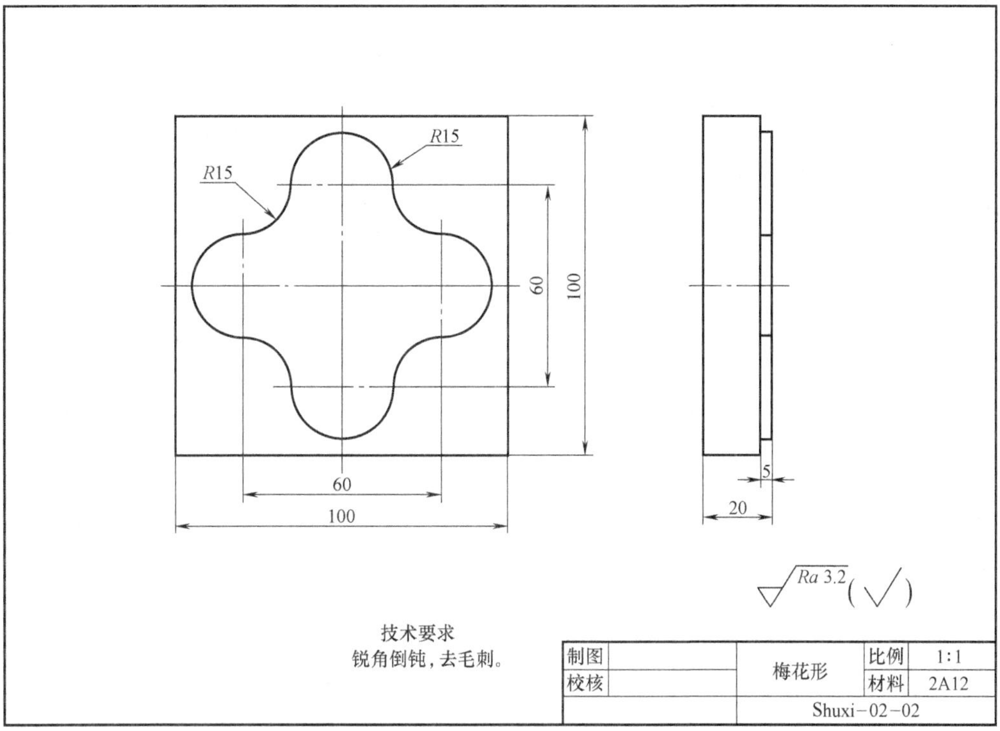

图 2-6　梅花形零件图

任务实施

一、毛坯及工、量、刃具的准备

本任务所需材料、设备及工、量、刃具与任务一相同，详见表 2-1 ~ 表 2-3。

二、制订工序卡片

本任务加工工件装夹方案和工件坐标系原点的设定见表 2-9，工件数控加工艺卡片见表 2-10。

表 2-9　加工工件装夹方案和工件坐标系原点的设定

零件名称 / 加工面	四方	装夹方案和工件坐标系原点的设定	工序号	1
			装夹次数	1
轮廓周边	该工件为规则几何图形，所以工件坐标原点设定在几何对称中心上，采用通用夹具进行定位与装夹。根据加工要求选用机用虎钳作为夹具。为保证工件定位准确，钳口平面与底面要用百分表进行找正。工件夹紧过程中要对工件上表面及侧面进行找正		夹具	名称
			1	机用虎钳
			2	等高垫块

表 2-10　工件自动编程数控加工工艺卡片

<table>
<tr><td colspan="2" rowspan="2">数控加工
工序卡片</td><td>零件名称</td><td>梅　花　形</td><td colspan="2">使用设备</td><td colspan="2">华中世纪星</td></tr>
<tr><td>零件图号</td><td>Shuxi-02-02</td><td colspan="2">车　　间</td><td colspan="2">数铣车间</td></tr>
<tr><td>序号</td><td>程序号</td><td>工步内容</td><td>刀具规格
/mm</td><td>主轴转速
/r · min⁻¹</td><td>进给速度
/mm · min⁻¹</td><td>XY 余量
/mm</td><td>备注</td></tr>
<tr><td>1</td><td>%0001</td><td>铣削工件上表面</td><td>ϕ16 立铣刀</td><td>1200</td><td>200</td><td></td><td>精铣</td></tr>
<tr><td>2</td><td>%0003</td><td>铣削梅花轮廓</td><td>ϕ16 立铣刀</td><td>1200</td><td>120</td><td>0</td><td>精铣</td></tr>
<tr><td>编制</td><td></td><td>审核</td><td></td><td>批准</td><td></td><td>共　页</td><td>第　页</td></tr>
</table>

三、参考程序

本任务的轮廓加工参考程序见表 2-11。

表 2-11　轮廓加工参考程序

程序段号	程序内容	动作说明
	%0002	程序名
N10	G90 G54 G0 X0 Y0 Z50 M03 S1200	1 号刀具
N20	M8	开启切削液
N30	G00 X0 Y-75	刀具空间快速移动到 *A* 点上方
N70	G00 Z5	以 G00 方式垂直进给至安全平面
N80	G01 Z-5 F150	以 G01 方式垂直进给至加工深度，进给速度为 150mm/min
N90	G01 X0 Y-53 F120	进刀到 *B* 点
N100	G02 X-23 Y-30 R7	走刀加工到 *C* 点
N110	G03 X-30 Y-23 R7	走刀加工到 *D* 点
N120	G02 X-30 Y23 R7	走刀加工到 *E* 点
N130	G03 X-23 Y30 R7	走刀加工到 *F* 点
N140	G02 X23 Y30 R7	走刀加工到 *G* 点
N150	G03 X30 Y23 R7	走刀加工到 *H* 点
N160	G02 X30 Y-23 R7	走刀加工到 *I* 点
N170	G03 X23 Y-30 R7	走刀加工到 *J* 点
N180	G02 X0 Y-53 R7	走刀加工到 *B* 点
N190	G01 X0 Y-75	退刀点 *A*
N200	G00 Z50	抬刀
N210	M09	切削液结束
N220	M05	主轴停转
N230	M30	程序结束

加工完成后工件的形状

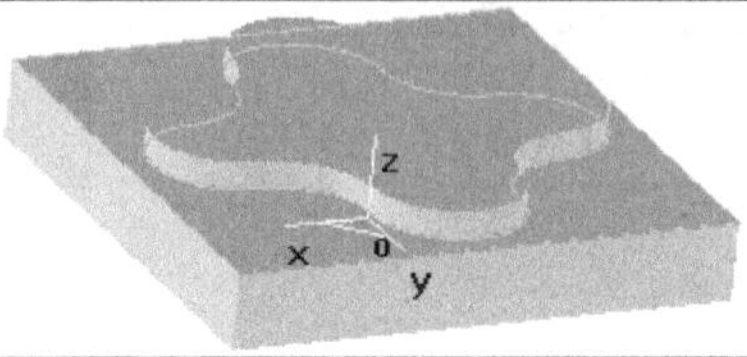

任务评价

工件质量评价表见表 2-12。

表 2-12　工件质量评价表

班　　级		姓　　名		学　　号		
工　件　号		机　床　号		零件图号		Shuxi02-02
任务一		梅花形件的加工				
基本检查	编程	序号	检测内容	配分	学生自评	教师评分
		1	切削加工工艺制订正确	5		
		2	切削用量选择合理	6		
		3	程序正确、简单、规范	10		
	操作	4	设备操作、维护保养正确	8		
		5	安全、文明生产	10		
		6	刀具选择、安装正确、规范	8		
		7	工件找正、安装正确、规范	8		
工作态度		8	行为规范、纪律表现良好	5		
尺寸		9	60mm	15		
		10	*R*15mm（四处）	8		
		11	ϕ30mm（四处）	8		
		12	3mm	5		
		13	*Ra*3. 2μm	4		
综合得分				100		

知识链接

圆弧插补指令 G02、G03

G02、G03 为圆弧插补指令，该指令的功能是使机床在给定的坐标平面内进行圆弧插补运动。

圆弧插补指令首先要指定圆弧插补的平面，插补平面由 G17、G18、G19 指令选定。

圆弧插补有两种方式，一是顺时针圆弧插补 G02；一是逆时针圆弧插补 G03。

（1）圆弧插补方向的判别方法　沿与圆弧所在平面相垂直的坐标轴的负方向看，刀具沿圆弧由起点到终点的运动方向为顺时针用 G02 指令，刀具沿圆弧由起点到终点的运动方向为逆时针用 G03 指令，如图 2-7 所示。

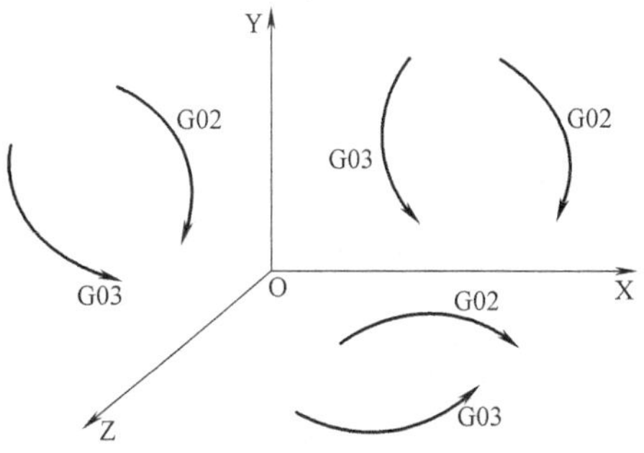

图 2-7　圆弧插补方向判别

（2）指令格式

1）指令格式一。I、J、K 格式，由起点、终点及圆心坐标确定一个圆，即

G17　G02/G03　X_　Y_　I_　J_　F_

G18　G02/G03　X_　Z_　I_　K_　F_

G19　G02/G03　Y_　Z_　J_　K_　F_

说明：

① G17、G18、G19 表示选择圆弧插补平面，分别表示选择在 XY、ZX、YZ 平面进行圆弧插补。

② X、Y、Z 表示圆弧的终点坐标，其坐标值采用绝对坐标还是增量坐标，取决于 G90 或 G91 的状态，G91 状态下终点坐标为相对圆弧起点的增量值，如图 2-8 所示。

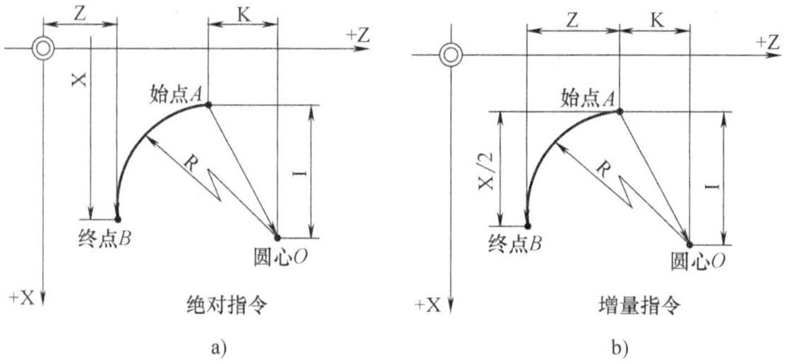

图 2-8　坐标值

a）G90　b）G91

③ I、J、K 分别表示圆弧圆心相对于圆弧起点在 X、Y、Z 方向的坐标增量，即从圆弧起点指向圆心的矢量在 X、Y、Z 坐标轴上的分量。

2）指令格式二。R 格式，由起点、终点及圆弧半径确定一个圆，即

G17　G02/G03　X_　Y_　R_　F_

G18　G02/G03　X_　Z_　R_　F_

G19　G02/G03　Y_　Z_　R_　F_

说明：

R 表示圆弧半径。因为在起点、终点、半径及顺逆均相同的情况下可以作出两段圆弧。为避免产生歧义，规定当圆弧对应的圆心角 $\alpha \leqslant 180°$时，R 取正值，称为劣弧；当圆弧对应的圆心角 $\alpha > 180°$时，R 取负值，称为优弧，如图 2-9 所示。

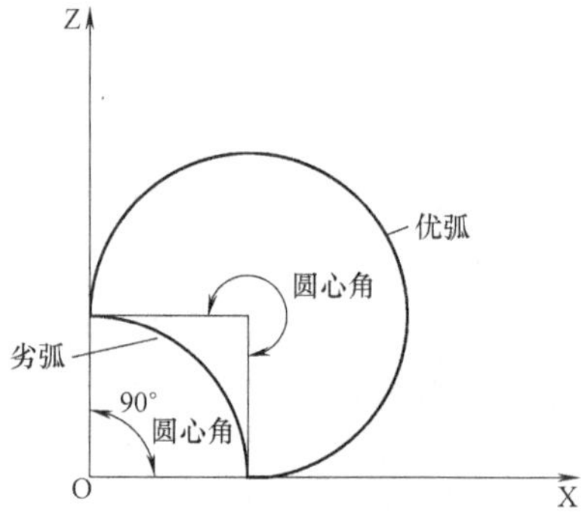

图 2-9　优弧和劣弧

（3）注意事项　为编程方便，可选择格式一或格式二，但在同一程序段中不可同时使用上述两种格式。特别注意的是，加工整圆时不能用 R 编程。G02、G03 为模态代码，可互相取代，也可被同组的运动指令 G00、G01 和 G33 取代。

任务解析

1. 分析技术要求

由图 2-6 所示，在 100mm ×100mm ×20mm 的铝料上加工弧形轮廓。

2. 选择走刀路线及节点计算

加工时为保证表面粗糙度，以顺时针方向铣削即顺铣。选择工件中心为工件原点，加工路线为：进刀点 *A*，Z 轴方向进刀→点 *B*→点 *C*→点 *D*→点 *E*→点 *F*→点 *G*→点 *H*→点 *I*→点 *J*→点 *B*→退刀点 *A*，Z 轴方向退刀，结束加工，如图 2-10 所示。

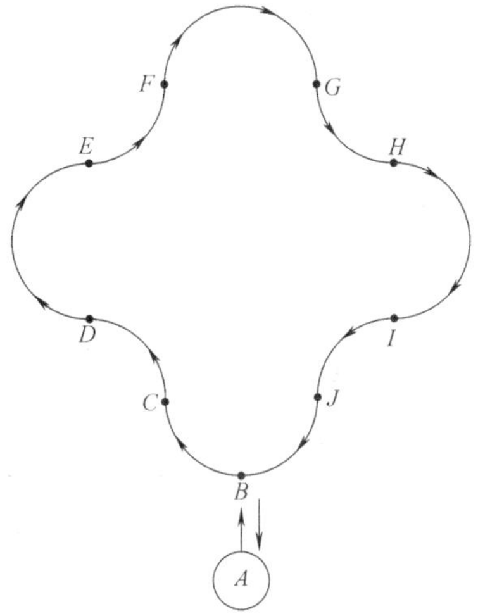

图 2-10　加工路线图

根据加工所用刀具直径为 ϕ16mm，所以刀具实际运动轮廓偏移一个刀具半径值，如图 2-11所示，各关键节点的坐标见表 2-13。

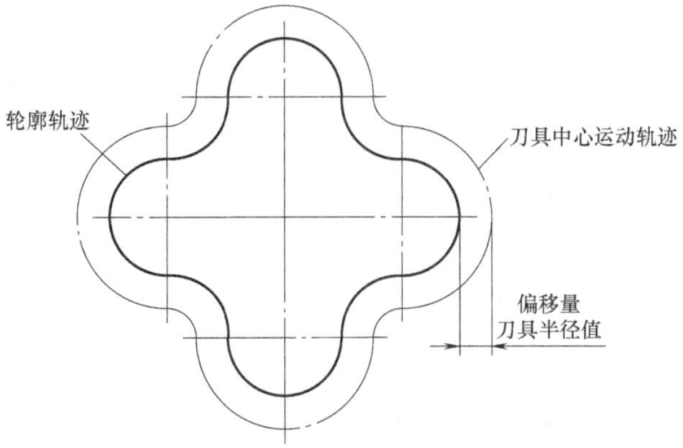

图 2-11　刀具运动轨迹

表 2-13 关键节点的坐标

关键点	X	Y	关键点	X	Y
A	0	-75	*F*	-23	30
B	0	-53	*G*	23	30
C	-23	-30	*H*	30	23
D	-30	-23	*I*	30	-23
E	-30	23	*J*	23	-30

3. 确定装夹方法

工件毛坯为方形，六面为已加工表面，采用机用虎钳装夹，工件高出钳口 10mm 左右，工件下用垫块支承夹紧。

4. 分组实施项目

采用分小组原则，以小组分析讨论为主，制订具体实施工艺，编写程序并进行铣削加工，控制轮廓尺寸精度、表面粗糙度与几何公差。

知识拓展

1. 坐标平面选择指令 G17、G18、G19

G17、G18、G19 指令分别表示选择 XY、ZX、YZ 平面为当前工作平面，在此平面内进行直线插补、圆弧插补和刀具半径补偿。移动指令和平面选择指令无关，例如选择了 XY 平面为当前工作平面，Z 轴仍旧可以移动，只是两轴联动的插补运动及刀具半径补偿在该定义的平面内进行。对于三轴联动的数控机床，尤其是两轴半联动的数控机床，常需指定当前工作平面。G17、G18、G19 为同组的模态代码，可相互取消，机床上电时 G17 为默认值。对于两轴控制的数控机床，如车床，则不需要使用平面选择指令。

2. 螺旋线插补指令 G02、G03

功能：在圆弧插补时，垂直于插补平面的直线轴同步运动，构成螺旋线插补运动，如图 2-12 所示。G02、G03 分别表示顺时针、逆时针螺旋线插补，判断方向的方法与圆弧插补相同。

螺旋线插补指令的格式：

G17 G02/G03 X_ Y_ I_ J_ Z_ K_ F_

G18 G02/G03 X_ Z_ I_ K_ Y_ J_ F_

G19 G02/G03 Y_ Z_ J_ K_ X_ I_ F_

说明：以 XY 平面螺旋线插补为例。

1）X、Y、Z 是螺旋线的终点坐标。

2）I、J 是圆心在 XY 平面上，相对螺旋线起点在 X、Y 方向的增量坐标。

3）K 是螺旋线的导程，为正值。

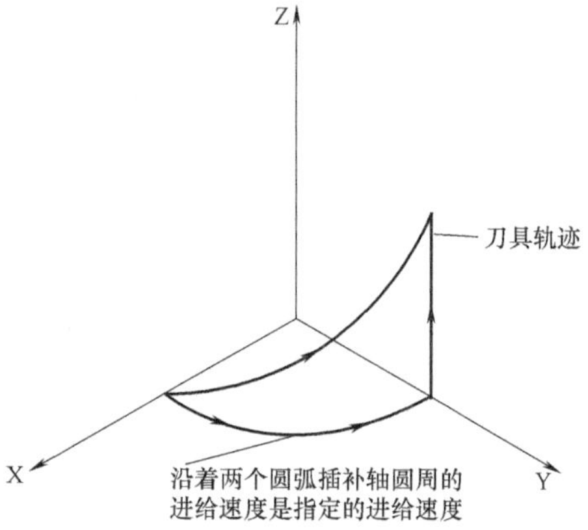

图 2-12 螺旋线切削

【例】 使用 G03 对图 2-13 所示的螺旋线编程。

G91 编程程序：

G91 G17 F300；

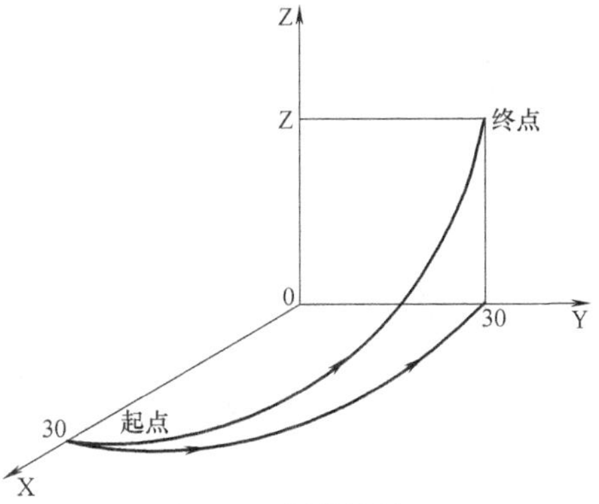

图 2-13　螺旋线编程

G03 X－30 Y30 I－30 J0 Z10 K40；

G90 编程程序：

G90 G17 F300；

G03 X0 Y30 R30 Z10 K40；

想想练练

想一想

圆弧插补指令 G02、G03 的判别方法与指令格式是什么？

练一练

加工简单圆弧外形零件，如图 2-14 所示。

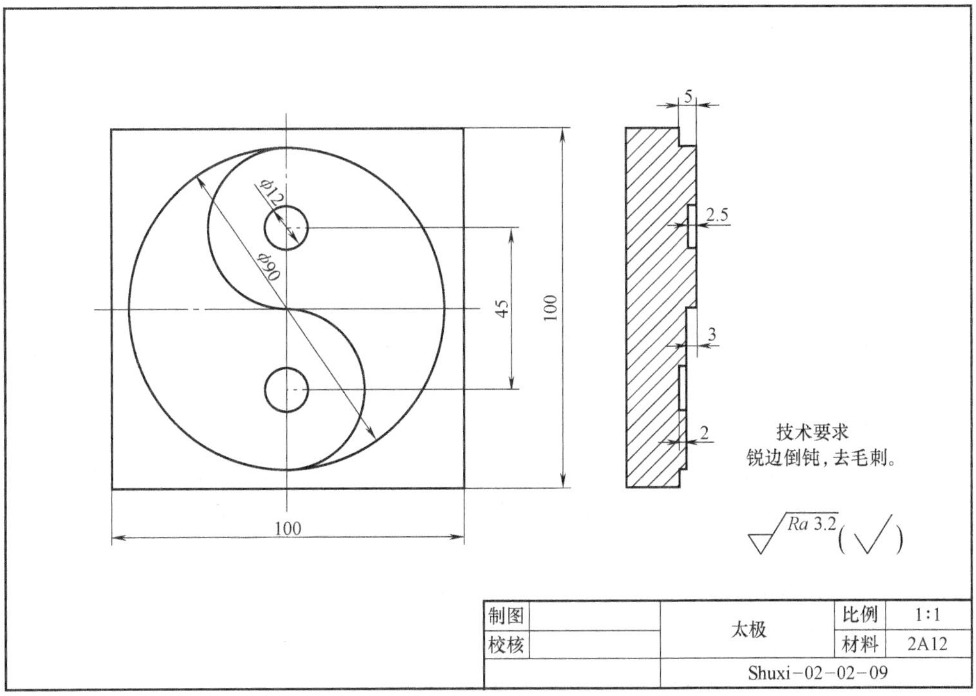

图 2-14　太极零件

任务三　加工方台整圆——综合轨迹加工实例

任务描述

本任务加工的为综合轨迹方台整圆，如图 2-15 所示。根据零件图样进行试样加工，分析零件图样技术特点，要求采用圆弧插补指令和直线插补指令编写程序，同时选用合适的数控刀具，合理安排走刀路线，选择正确的加工策略，并按要求操作数控机床，完成零件的工艺编制、程序编制和加工并检测。

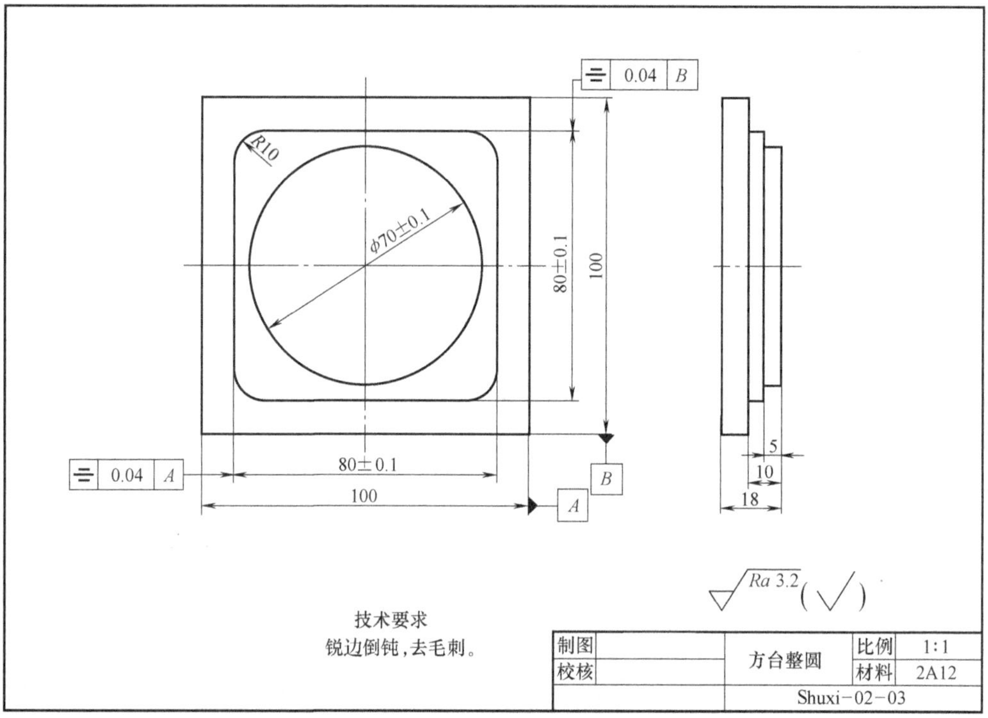

图 2-15　方台整圆零件图

1. 零件形状

图 2-15 所示为典型的简单二维方台整圆铣削加工零件，具备整圆、正方和倒圆角等特征。

2. 尺寸精度

该零件主要加工要素为整圆、正方形和倒圆角。零件尺寸精度要求不高，铣削出轮廓即可。加工轮廓时需要偏置刀具半径值计算节点，合理安排工艺设计并进行正确的操作。

3. 几何精度

零件两个侧面和中心轴线需有良好的对称要求，对称度为 0. 04mm。

4. 表面粗糙度

本任务所有外形铣削的表面粗糙度值要求均为 *Ra*3. 2μm。

对于表面粗糙度要求，主要通过选用正确的粗、精加工路线，选用合理的切削用量等措施来保证。

5. 技术要求

锐边倒钝，去毛刺。

任务实施

一、毛坯及工、量、刃具的准备

本任务所需材料、设备及工、量、刃具与任务一相同，详见表2-1～表2-3。

二、制订工序卡片

本任务加工工件装夹方案和工件坐标系原点的设定见表2-14，数控加工工艺卡片见表2-15。

表2-14　加工工件装夹方案和工件坐标系原点的设定

零件名称 / 加工面	方台整圆	装夹方案和工件坐标系原点的设定	工序号	1
			装夹次数	1
整圆周边	该工件为规则几何图形，所以工件坐标原点设定在几何对称中心上，采用通用夹具进行定位与装夹。根据加工要求选用机用虎钳作为夹具。为保证工件定位准确，钳口平面与底面要用百分表进行找正。工件夹紧过程中要对工件上表面及侧面进行找正		夹具	名称
			1	机用虎钳
方台四周			2	等高垫块

表2-15　数控加工工艺卡片

数控加工工艺卡片		零件名称	方台整圆	使用设备		华中世纪星	
		零件图号	Shuxi-02-03	车间		数铣车间	
序号	程序号	工步内容	刀具规格/mm	主轴转速/r·min^{-1}	进给速度/mm·min^{-1}	XY余量/mm	备注
1	%0001	铣削工件上表面	ϕ16立铣刀	1200	200		精铣
2	%0002	铣削整圆轮廓	ϕ16立铣刀	1200	120	0	精铣
3	%0003	铣削方形轮廓	ϕ16立铣刀	1200	120	0	精铣
编制		审核		批准		共　页	第　页

三、参考程序

圆台轮廓加工的参考程序见表2-16，方台轮廓加工的参考程序见表2-17。

表2-16　圆台轮廓加工的参考程序

程序段号	程序内容	动作说明
	%0002	程序名
N10	G90 G54 G0 X0 Y0 Z50 M03 S1200	1号刀具
N20	M8	开启切削液
N30	G00 X55 Y0	刀具空间快速移动到T点上方
N70	G00 Z5	以G00方式垂直进给至安全平面

（续）

程序段号	程序内容	动作说明
N80	G01 Z-5 F150	以 G01 方式垂直进给至加工深度，进给速度为 150mm/min
N90	G01 X55 Y12 F120	进刀到 1 点
N100	G02 X43 Y0 R12	圆弧切入走刀加工到 2 点
N110	G02 X43 Y0 I-43 J0	整圆加工到 2 点
N120	G03 X55 Y-12 R12	圆弧切出走刀加工到 3 点
N130	G01 X55 Y0	退刀到 1 点
N140	G00 Z50	退刀点 T
N150	M09	切削液结束
N160	M05	主轴停转
N170	M30	程序结束

加工完成后工件的形状

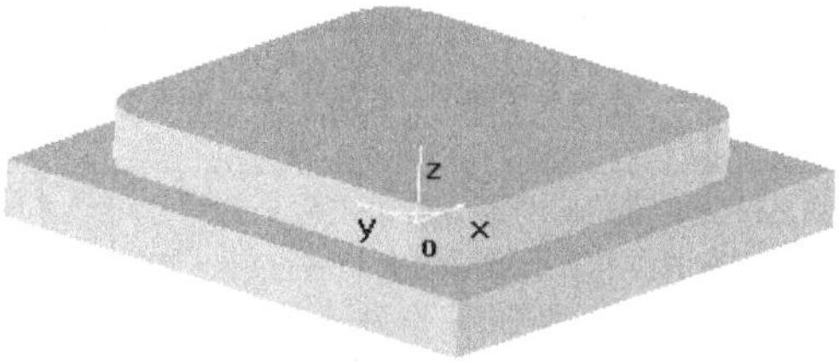

表 2-17　方台轮廓加工的参考程序

程序段号	程序内容	动作说明
	%0002	程序名
N10	G90 G54 G0 X0 Y0 Z50 M03 S1200	1 号刀具
N20	M8	开启切削液
N30	G00 X60 Y0	刀具空间快速移动到 T 点上方
N70	G00 Z5	以 G00 方式垂直进给至安全平面
N80	G01 Z-5 F150	以 G01 方式垂直进给至加工深度，进给速度为 150mm/min
N90	G01 X60 Y12 F120	进刀到 1’点
N100	G03 X48 Y0 R12	圆弧切入走刀加工到 2’点
N110	G01 X48 Y-30	直线加工到 3’点
N120	G02 X30 Y-48 R18	圆弧加工到 4’点
N130	G01 X-30 Y-48	直线加工到 5’点
N140	G02 X-48 Y-30 R18	圆弧加工到 6’点
N150	G01 X-48 Y30	直线加工到 7’点
N160	G02 X-30 Y48 R18	圆弧加工到 8’点
N170	G01 X30 Y48	直线加工到 9’点
N180	G02 X48 Y30 R18	圆弧加工到 10’点
N190	G01 X48 Y0	直线回到 2’点
N200	G03 X60 Y-12 R12	圆弧切出走刀加工到 11’点
N210	G01 X60 Y0	退刀到 T 点
N220	G0 Z50	抬刀

（续）

程序段号	程序内容	动作说明
N230	M09	切削液结束
N240	M05	主轴停转
N250	M30	程序结束
加工完成后工件的形状	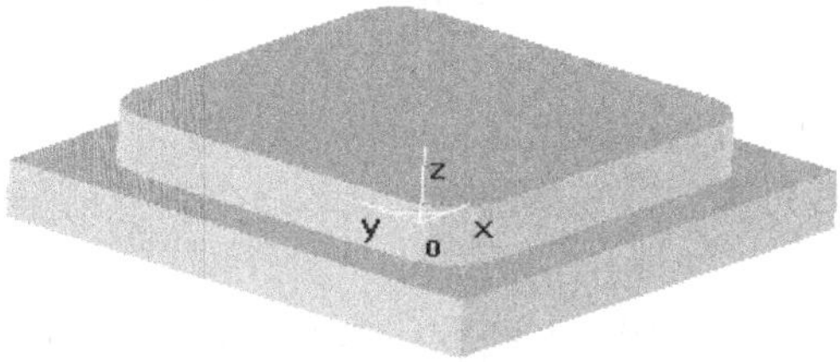	

任务评价

工件质量评价表见表 2-18。

表 2-18　工件质量评价表

班　级			姓　名		学　号	
工件号			机床号		零件图号	Shuxi-02-03
任务一			方台整圆零件的加工			
基本检查	编程	序号	检测内容	配分	学生自评	教师评分
		1	切削加工工艺制订正确	5		
		2	切削用量选择合理	5		
		3	程序正确、简单、规范	5		
	操作	4	设备操作、维护保养正确	3		
		5	安全、文明生产	5		
		6	刀具选择、安装正确、规范	3		
		7	工件找正、安装正确、规范	4		
工作态度		8	行为规范、纪律表现良好	10		
尺寸		9	80 ±0.1mm（两处）	8		
		10	ϕ70 ±0.1mm	15		
		11	5mm	10		
		12	10mm	10		
		13	R10mm（四处）	8		
		14	Ra3.2μm	5		
		15	Ra1.6μm	4		
综合得分				100		

知识链接

1. 圆角（R）指令、倒角（C）指令

指令格式

1）G01　X_　Y_　C_

倒角 C：为直线轮廓之间、圆弧轮廓之间以及直线与圆弧轮廓之间切入一直线并倒去棱。

2）G01　X_　Y_　R_

倒圆 R：为直线轮廓之间、圆弧轮廓之间以及直线与圆弧轮廓之间切入一圆弧。

圆弧与轮廓进行切线过渡，数控系统自动运算各个切点的坐标，程序中不需写入切点的坐标，可大大简化编程工作。

注意：该圆角、圆弧指令限用于凸轮廓，不能应用于凹轮廓。

【例】 如本项目中图 2-16 所示方台轮廓圆角的加工可通过圆角指令加工，简化编程即把如图 2-17 所示程序用图 2-18 所示程序代替。

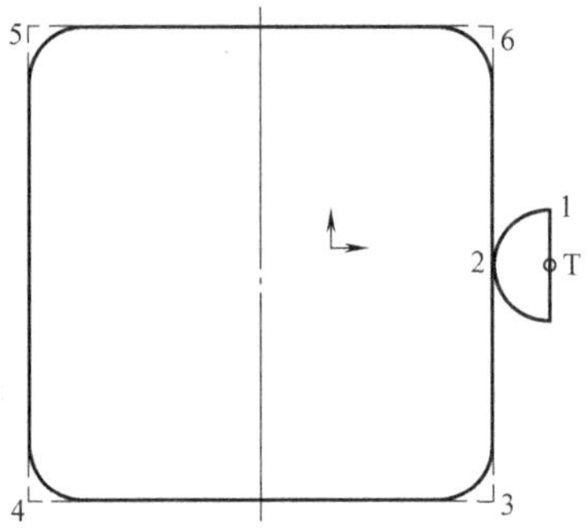

图 2-16　圆角的加工

N90	G01 X60 Y12 F120	进刀到1’点
N100	G03 X48 Y0 R12	圆弧切入走刀加工到2’点
N110	G01 X48 Y−30	直线加工到3’点
N120	G02 X30 Y−48 R18	圆弧加工到4’点
N130	G01 Y−30 Y−48	直线加工到5’点
N140	G02 X−48 Y−30 R18	圆弧加工到6’点
N150	G01 X−48 Y30	直线加工到7’点
N160	G02 X−30 Y48 R18	圆弧加工到8’点
N170	G01 X30 Y48	直线加工到9’点
N180	G02 X48 Y30 R18	圆弧加工到10’点
N190	G01 X48 Y0	直线回到2’点
N200	G03 X60 Y−12 R12	圆弧切出走刀加工到11’点
N210	G01 X60 Y0	退刀到T点
N220	G0 Z50	抬刀

图 2-17　原加工程序

N90	G01 X60 Y12 F120	进刀到1点
N100	G03 X48 Y0 R12	圆弧切入走刀加工到2点
N110	G01 X48 Y−48 R18	结合圆角指令加工轮廓
N120	G01 X−48 Y−48 R18	
N130	G01 X−48 Y48 R18	
	G01 X48 Y48 R18	
N140	G01 X48 Y0	
N150	G03 X60 Y−12 R12	圆弧切出走刀加工到3点
N160	G01 X60 Y0	退刀点T
N170	G0 Z50	抬刀

图 2-18　替代程序

2. 数控加工中水平进刀的方式

为了改善铣刀开始接触工件表面时的状况，在数控加工中水平进刀的方式目前有以下两种，如图 2-19 所示。

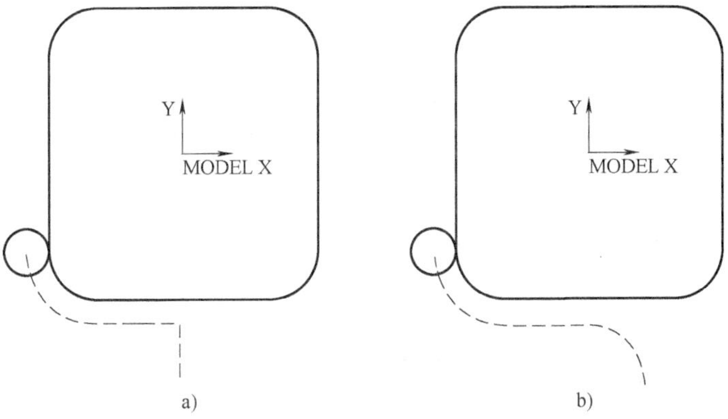

图 2-19　加工进刀方式
a）法向进刀　b）切向进刀

（1）法向进刀　刀具沿着被加工表面的法向以直线运动进刀切削，这种进刀方式产生的进刀痕较为严重，一般用于粗加工。

（2）切向进刀　刀具沿着被加工表面的切向以直线或圆弧运动进刀切削，这种进刀方式产生的进刀痕较为轻微，多用于精加工。

任务解析

1. 分析技术要求

由图 2-15 所示为在 100mm × 100mm × 20mm 的铝料上加工圆和方形。因为零件精度要求不高，故加工时采用精加工一次到达尺寸。为保证工件表面质量，根据轮廓形状合理选择切入切出加工方式，即整圆和方形轮廓采用圆弧切入、切出。

2. 选择走刀路线

加工时为保证表面粗糙度以顺时针方向铣削即顺铣。选择工件中心为工件原点，整圆铣削的走刀路线为：进刀点 T，Z 轴方向进刀→点 1→点 2→点 3→点 T，Z 轴方向退刀，结束整圆加工，如图 2-20 所示。

正方形铣削的走刀路线为：进刀点 T'，Z 轴方向进刀→点 1'→点 2'→点 3'→点 4'→点 5'→点 6'→点 7'→点 8'→点 9'→点 10'→点 2'→点 11'→点 T'，Z 轴方向退刀，结束正方形加工，如图 2-21 所示。

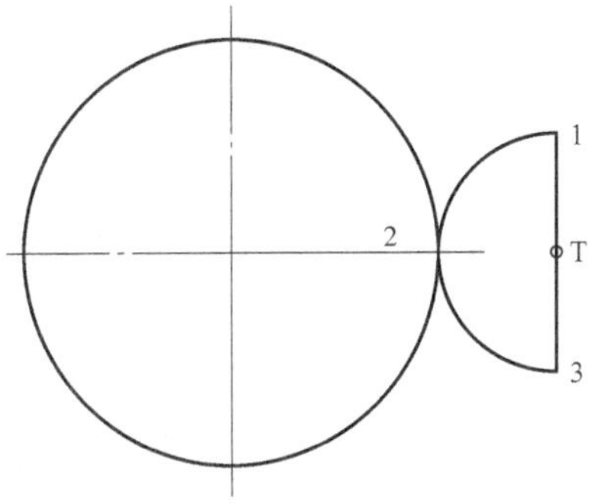

图 2-20　整圆铣削的走刀路线

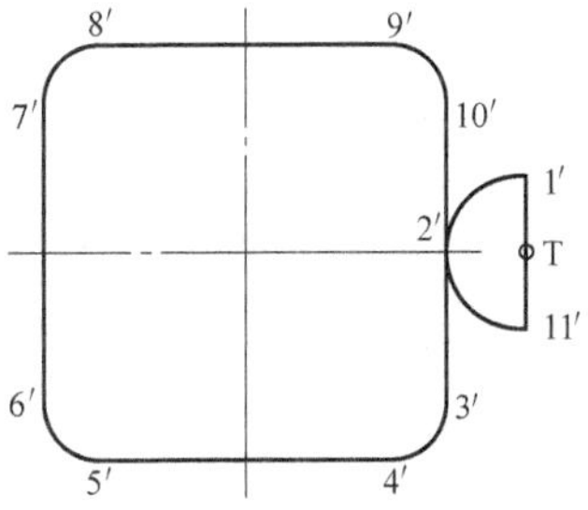

图 2-21　正方形铣削的走刀路线

根据加工所用刀具直径为 ϕ16mm，所以刀具实际轮廓偏移一个刀具半径值，正方形各关键节点的坐标见表 2-19。

表 2-19　关键节点的坐标

关键点	X	Y	关键点	X	Y
T	55	0	5′	-30	-48
1	55	12	6′	-48	-30
2	43	0	7′	-48	30
3	55	-12	8′	-30	48
1′	60	12	9′	30	48
2′	48	0	10′	48	30
3′	48	-30	11′	60	-12
4′	30	-48	T′	60	0

3. 确定装夹方法

工件毛坯为方形，六面为已加工表面，采用机用虎钳装夹，工件高出钳口 10mm 左右，工件下用垫块支承夹紧。

4. 分组实施项目

采用分小组原则，以小组分析讨论为主，制订具体的实施工艺，编写程序并进行铣削加工，控制轮廓尺寸和表面粗糙度。

知识拓展

数控铣削加工工艺的主要内容

1. 数控铣床加工工艺的主要内容

1）选择适合在数控铣床上加工的零件，确定工序内容。

2）分析被加工零件的图样，明确加工内容及技术要求。

3）确定零件的加工方案，制订数控铣削加工工艺路线，如划分工序、安排加工顺序、处理与非数控加工工序的衔接等。

4）数控铣削加工工序的设计。如选取零件的定位基准、夹具方案的确定、工步的划分、刀具的选择和切削用量的确定等。

5）数控铣削加工程序的调整。如选取对刀点和换刀点，确定刀具补偿及确定加工路线。

2. 确定加工路线需考虑的因素

在数控加工中，刀具刀位点相对于工件运动的轨迹称为加工路线，它是编程的依据，直接影响加工质量和效率。在确定加工路线时，要考虑下面几个因素。

1）保证零件的加工精度和表面质量，且效率要高。

2）减少编程时间和程序容量。

3）减少空刀时间和在轮廓面上的停刀，以免划伤零件。

4）减少零件的变形。

5）位置精度要求高的孔系零件的加工应避免机床反向间隙的带入而影响孔的位置精度。

6）复杂曲面零件的加工应根据零件的实际形状、精度要求和加工效率等多种因素来确定是选择行切还是环切，是等距切削还是等高切削的加工路线等。

3. 典型加工的刀具路径

（1）孔加工路线的确定　精镗4×ϕ30H7的孔时，由于孔的位置精度要求较高，而Ⅳ孔与Ⅰ、Ⅱ、Ⅲ孔的定位方向相反，X向的间隙会使定位误差增加，从而影响Ⅳ孔与Ⅲ孔的位置精度。在工件外增加一个刀具折返点，这样几个孔的定位方向一致，可避免反向间隙的引入，提高孔距精度。

（2）铣削平面的加工路线　铣削平面零件时，一般采用立铣刀侧刃进行切削。因刀具的运动轨迹和方向不同，可能是顺铣或逆铣，其不同的加工路线所得的零件表面质量也不同。

4. 切削用量的确定

切削用量包括切削速度、进给速度、背吃刀量和侧吃刀量。背吃刀量和侧吃刀量在数控加工中通常称为切削深度和切削宽度。

选择切削用量的原则是：粗加工时，一般以提高生产率为主，但也应考虑经济性和加工成本；半精加工和精加工时，应在保证加工质量的前提下，兼顾切削效率、经济性和加工成本。具体数值应根据机床说明书、切削用量手册，并结合经验而定。

从刀具使用寿命出发，切削用量的选择方法是：先选取切削深度或切削宽度，其次确定进给量，最后确定切削速度。

（1）背吃刀量（端铣）或侧吃刀量（圆周铣）的选择

背吃刀量a_p为平行于铣刀轴线测量的切削层尺寸，单位为mm。端铣时，a_p为切削层深度；而圆周铣削时，a_p为被加工表面的宽度。

侧吃刀量a_e为垂直于铣刀轴线测量的切削层尺寸，单位为mm。端铣时，a_e为被加工表面的宽度；而圆周铣削时，a_e为切削层的深度。

背吃刀量或侧吃刀量的选取主要由加工余量和对表面质量的要求确定。

1）在工件表面粗糙度值要求为Ra12.5～25μm时，如果圆周铣削的加工余量小于5mm，端铣的加工余量小于6mm，粗铣一次进给就可以达到要求。但在余量较大、工艺系统刚性较差或机床动力不足时，可分多次进给完成。

2）在工件表面粗糙度值要求为Ra3.2～12.5μm时，可分粗铣和半精铣两步进行。粗铣时切削深度或切削宽度选取同前。粗铣后留0.5～1.0mm余量，在半精铣时切除。

3）在工件表面粗糙度值要求为Ra0.8～3.2μm时，可分粗铣、半精铣和精铣三步进行。半精铣时切削深度或切削宽度取1.5～2mm，精铣时圆周铣侧吃刀量取0.3～0.5mm，面铣刀背吃刀量取0.5～1mm。

（2）进给量的选择

1）进给量的表示方法。进给量有进给速度v_f、每转进给量f和每齿进给量f_z三种表示方法。

① 进给速度v_f。v_f是单位时间内工件与铣刀沿进给方向的相对位移，单位为mm/min，在数控程序中的代码为F。

② 每转进给量f。f是铣刀每转一转，工件与铣刀的相对位移，单位为mm/r。

③ 每齿进给量f_z。f_z是铣刀每转过一齿，工件与铣刀的相对位移，单位为mm/z。

2）三种进给量的关系。三种进给量的关系为

$$v_f = fn = f_z zn$$

式中　n——铣刀转速；

　　z——铣刀齿数。

每齿进给量f_z的选取主要取决于工件材料的力学性能、刀具材料和工件表面质量等因素。工件材料的强度和硬度越高，f_z越小；反之则越大。硬质合金铣刀的每齿进给量高于同类高速钢铣刀。工件表面质量要求越高，f_z就越小。

攻螺纹时，进给速度的选择取决于螺孔的螺距P(单位：mm)，由于使用了有浮动功能的攻螺纹夹头。一般攻螺纹时，进给速度小于计算数值。

（3）切削速度的选择　铣削的切削速度也可简单地查表选取，见附表。

想想练练

想一想

铣削加工的进刀方式有哪些?

练一练

请将图2-22所示零件图按照以上所学知识，编制最简化的程序，并进行加工。

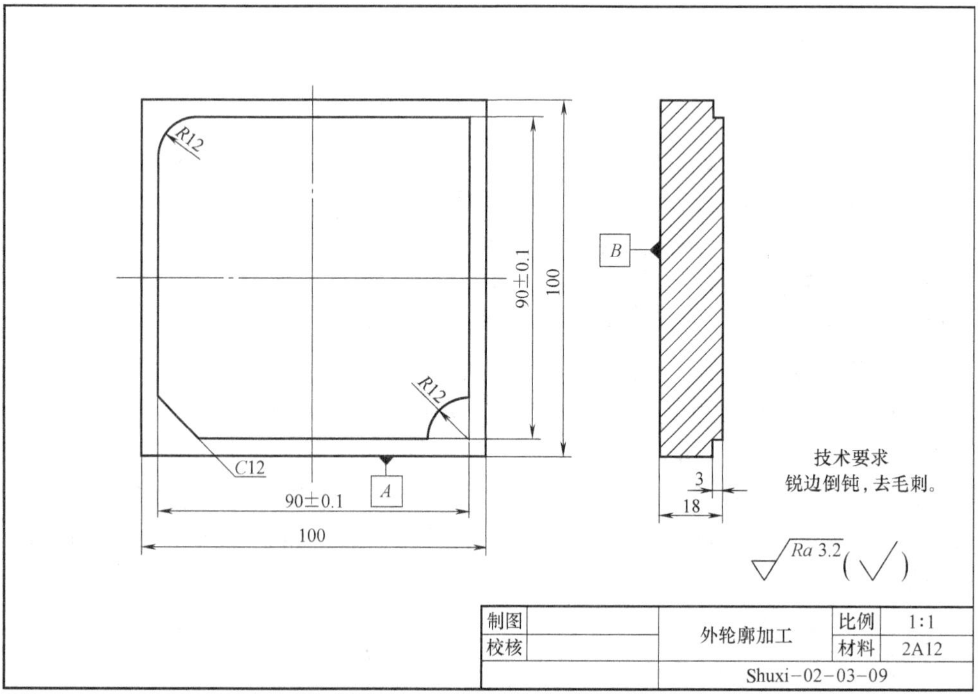

图2-22　外轮廓加工零件图

项目三　平面类零件的编程加工

项目目标

通过本项目的学习，应能正确应用 G41、G42 和 G40 刀补指令加工零件；能判别加工轮廓的刀具刀补方向；通过对图样进行分析，能合理选择刀具和切削用量，同时结合刀补划分粗、精加工阶段，正确运用层铣，最终合理选择量具检验工件质量，使零件达到合格标准。

项目任务

1. 能理解刀具半径补偿 G41、G42、G40 指令的格式及含义；能理解刀具半径补偿方向的判别原则；能描述建立刀补和取消刀补的过程。

2. 能描述一般零件的加工工序步骤，明确粗、半精、精加工的目的；能熟悉各种量具的使用方法。

3. 能描述分层切削深度控制在数控加工工艺中的实际意义；理解欠切、过切的概念。

任务一　凸台类零件的编程加工

任务描述

本任务加工的为典型凸台类零件，如图 3-1 所示。根据零件图样进行试样加工，分析零件图样的技术特点，要求运用直线与圆弧插补指令，结合刀具半径补偿，选用合适的数控刀具，设计合理的走刀路线，选择正确的加工策略，并按要求操作数控机床，完成零件的工艺编制、程序编制、铣削加工与尺寸精度控制。

1. 零件形状

图 3-1 所示为典型的二维平面类铣削加工零件，具备外圆、方块、凸凹圆弧段、直线段的特征。

2. 尺寸精度

该零件主要加工要素为平面、外圆弧轮廓和方形。轮廓尺寸精度要求中等，外圆弧轮廓尺寸公差为 0.04mm，均为下偏差；方形轮廓尺寸公差为 0.04mm，均为上偏差，因此要求在控制尺寸精度时需特别注意各个轮廓的公差。因有对应的几何公差，要求采用合理的工艺设计和正确的操作来保证精度。

3. 几何精度

外圆弧轮廓两侧面与零件一侧面有相应的对称要求，对称度为 0.05mm。

4. 表面粗糙度

零件轮廓侧平面的表面粗糙度值为 $Ra1.6\mu m$，其余表面的表面粗糙度为 $Ra3.2\mu m$。

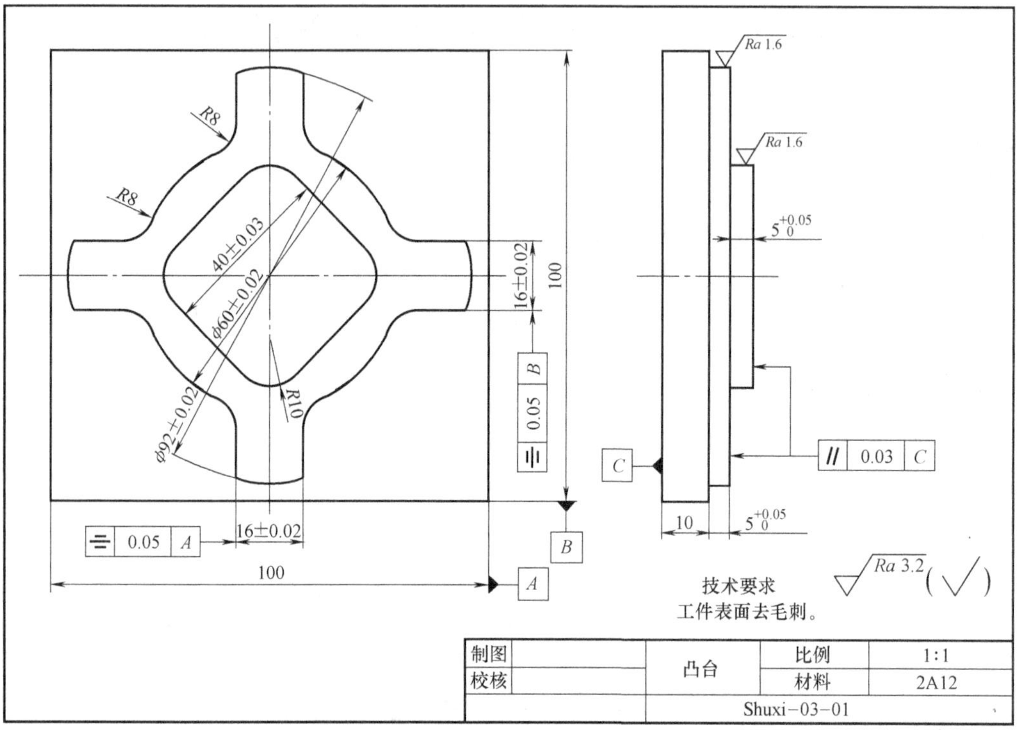

图 3-1　凸台零件图

5. 技术要求

锐边倒钝，去毛刺。

任务实施

一、毛坯及工、量、刃具的准备

本任务所需要准备的材料、设备和工、量、刃具见表 2-1 ~ 表 2-3。

二、制订工序卡片

本任务加工工件装夹方案和工件坐标系原点的设定见表 3-1，工件自动编程数控加工工艺卡片见表 3-2。

表 3-1　加工工件装夹方案和工件坐标系原点的设定

零件名称 / 加工面	凸台类零件	装夹方案和工件坐标系原点的设定	工序号	1
			装夹次数	1
四面	该工件为规则四方体，所以工件坐标原点设定在几何对称中心上，采用通用夹具进行定位与装夹。根据加工要求选用机用虎钳作为夹具。为保证工件定位准确，钳口平面与底面要用百分表进行找正。工件夹紧过程中要对工件上表面及侧面进行找正		夹具	名称
			1	机用虎钳
			2	等高垫块

表 3-2　工件自动编程数控加工工艺卡片

数控加工工艺卡片		零件名称	凸台类	使用设备		华中世纪星	
		零件图号	Shuxi-03-01	车间		数铣车间	
序号	程序号	工步内容	刀具规格 /mm	主轴转速 $/r \cdot min^{-1}$	进给速度 $/mm \cdot min^{-1}$	XY 余量 /mm	备注
1	%0001	铣削工件上表面	ϕ16 立铣刀	1500	200	0.5	粗铣
2	%0002	粗铣削外圆弧轮廓	ϕ12 立铣刀	1000	90	0.5	粗铣
3	%0003	粗铣削方形	ϕ12 立铣刀	1000	90	0.5	粗铣
4	%0004	精铣削外圆弧轮廓	ϕ12 立铣刀	1500	150	0	精铣
5	%0005	精铣削方形	ϕ12 立铣刀	1200	120	0	精铣
编制		审核		批准		共　页	第　页

三、编写参考程序

外圆弧轮廓精加工的参考程序见表 3-3，方形精加工的参考程序见表 3-4。

表 3-3　外圆弧轮廓精加工的参考程序

程序段号	程序内容	动作说明
	%0004（外圆弧轮廓精加工）	程序名
N10	G90 G54 G0 X0 Y0 Z50 M03 S1500	2 号刀具
N20	G0 Z5 M8	刀具空间快速移动到工件上方，开启切削液
N30	G0 X70 Y0	设定下刀点
N40	G01 Z-10 F90	以 G01 方式垂直进给至所需深度，进给速度为 90mm/min
N50	G41 G1 X46 Y0 D1 F150	用左刀补建立补偿，采用直线建立刀补的方式
N60	G2 X45.3 Y-8 R46	走轮廓各个节点
N70	G1 X34.47 Y-8	走轮廓各个节点
N80	G3 X27.21 Y-12.63 R8	走轮廓各个节点
N90	G2 X12.63 Y-27.21 R30	走轮廓各个节点
N100	G3 X8 Y-34.47 R8	走轮廓各个节点
N110	G1 X8 Y-45.3	走轮廓各个节点
N120	G2 X-8 Y-45.3 R46	走轮廓各个节点
N130	G1 X-8 Y-34.47	走轮廓各个节点
N140	G3 X-12.63 Y-27.21 R8	走轮廓各个节点
N150	G2 X-27.21 Y-12.63 R30	走轮廓各个节点
N160	G3 X-34.47 Y-8 R8	走轮廓各个节点
N170	G1 X-45.3 Y-8	走轮廓各个节点
N180	G2 X-45.3 Y8 R46	走轮廓各个节点
N190	G1 X-34.47 Y-8	走轮廓各个节点
N200	G3 X-27.21 Y12.63 R8	走轮廓各个节点
N210	G2 X-12.63 Y27.21 R30	走轮廓各个节点

（续）

程序段号	程序内容	动作说明
N220	G3 X-8 Y34.47 R8	走轮廓各个节点
N230	G1 X-8 Y45.3	走轮廓各个节点
N240	G2 X8 Y45.3 R46	走轮廓各个节点
N250	G1 X8 Y34.47	走轮廓各个节点
N260	G3 X12.63 Y27.21 R8	走轮廓各个节点
N270	G2 X27.21 Y12.63 R30	走轮廓各个节点
N280	G3 X34.47 Y8 R8	走轮廓各个节点
N290	G1 X45.3 Y8	走轮廓各个节点
N300	G2 X46 Y0 R46	走轮廓各个节点
N310	G40 G1 X70 Y0	取消刀具半径补偿
N320	G0 Z50	抬刀至安全高度
N330	M30	程序结束
加工完成后工件的形状		

表 3-4　方形精加工的参考程序

程序段号	程序内容	动作说明
	%0005（方形精加工）	程序名
N10	G90 G54 G0 X0 Y0 Z50 M03 S1200	2 号刀具
N20	M8	开启切削液
N30	G0 Z5 F90	快速定位至工件上表面
N40	G68 X0 Y0 P45	建立坐标系旋转，旋转角度为 45°
N50	G0 X70 Y0	设定下刀点位置
N90	G1 Z-5 F90	以 G01 方式垂直进给至所需深度，进给速度为 90mm/min
N100	G41 G1 X20 Y0 D1 F120	用左刀补建立补偿，采用直线建立刀补的方式
N110	G1 Y-20 R10	走轮廓各个节点
N120	X-20 R10	走轮廓各个节点
N130	Y20 R10	走轮廓各个节点
N140	X20 R10	走轮廓各个节点
N150	Y0	走轮廓各个节点
N160	G40 G1 X70 Y0	取消刀具半径补偿
N170	G69	取消坐标系旋转
N180	G0 Z50	抬刀至安全高度

（续）

程序段号	程序内容	动作说明
N190	M30	程序结束
加工完成后工件的形状		

任务评价

工件质量评价表见表3-5。

表3-5　工件质量评价表

班　级		姓　名		学　号		
工　件　号		机　床　号		零件图号		Shuxi-03-01
任务一		凸台类零件的加工				
基本检查	编程	序号	检测内容	配分	学生自评	教师评分
		1	切削加工工艺制订正确	10		
		2	切削用量选择合理	5		
		3	程序正确、简单、规范	5		
	操作	4	设备操作、维护保养正确	2		
		5	安全、文明生产	4		
		6	刀具选择、安装正确、规范	2		
		7	工件找正、安装正确、规范	2		
工件加工	外形轮廓	8	ϕ92 ±0.02mm	8		
		9	Φ60 ±0.02mm	8		
		10	40 ±0.03mm	8		
		11	$5^{+0.05}_{0}$mm（两处）	10		
		12	16 ±0.02mm（四处）	12		
		13	R8mm	4		
		14	R10mm	4		
		15	平行度公差0.03mm	3		
		16	对称度公差0.05mm	3		
		17	侧面 Ra1.6μm	2		
		18	底面 Ra3.2μm	2		
	其他	19	工件按时完成	3		
		20	工件无缺陷	3		
综合得分				100		

知识链接

1. 刀具半径补偿指令 G41、G42、G40

数控铣床的刀位点处于主轴轴线，在无刀补引入之前，编程都是以刀位点为基准编写的刀具路径。但是，由于程序所控制的刀具刀位点的轨迹和实际刀具切削刃切削出的形状在尺寸大小上存在一个刀具半径的差别，在实际加工中不满足零件的加工需求。因此，实际加工中必须通过刀具补偿指令，使数控机床根据实际使用的刀具尺寸，自动调整各坐标轴的移动量，使编程轨迹加上一个半径补偿值后和实际加工轮廓完全一致，这一过程称为刀具半径补偿，如图 3-2 所示。

（1）指令格式

$$\left\{\begin{array}{l}G17\\G18\\G19\end{array}\right\}\left\{\begin{array}{l}G40\\G41\\G42\end{array}\right\}\left\{\begin{array}{l}G00\\G01\end{array}\right\}\quad X\_\quad Y\_\quad Z\_\quad D\_$$

（2）指令说明

1）G40：取消刀具半径补偿。

2）G41：左刀补（在刀具前进方向左侧补偿），如图 3-2a 所示。

3）G42：右刀补（在刀具前进方向右侧补偿），如图 3-2b 所示。

4）G17：刀具半径补偿平面为 XY 平面。

5）G18：刀具半径补偿平面为 ZX 平面。

6）G19：刀具半径补偿平面为 YZ 平面。

7）X、Y、Z：G00/G01 的参数，即刀补建立或取消的终点（注：投影到补偿平面上的刀具轨迹受到补偿）。

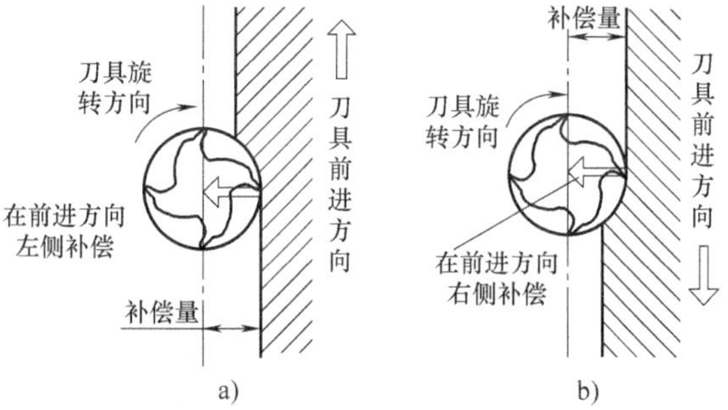

图 3-2　刀具半径补偿方向

a）左刀补　b）右刀补

8）D：G41/G42 的参数，即刀具的偏置号（D00 ~ D99），它代表了刀补表中对应的半径补偿值。

2. 刀具半径补偿过程

刀具半径补偿过程共分为三步，即刀补建立、刀补进行和刀补取消。

1）刀补建立。刀补的建立是指刀具从起点接近工件时，刀具中心从与编程轨迹重合过渡到与编程轨迹偏离一个偏置量的过程。刀具半径补偿的建立与取消只能用 G00 或 G01 指令，不得用 G02 或 G03 指令。

2）刀补进行。在 G41 或 G42 程序段后，程序进入补偿模式，此时刀具中心与编程轨迹始终相距一个偏置量，直到刀补取消。

3）刀补取消。刀具离开工件，刀具中心轨迹过渡到与编程轨迹重合的过程称为刀补取消。刀补取消用 G40 来执行，刀补取消时的移动距离也必须大于刀具半径。

任务解析

1. 分析技术要求

由图 3-1 所示凸台类零件，在 100mm × 100mm × 20mm 的铝料上加工类似十字形状的外圆弧凸台和方形凸台，保证此两外轮廓的尺寸精度要求。为了控制 B 面的对称度，采用同一把立铣刀进行加工，避免刀具误差和换刀的装夹误差。

2. 选择走刀路线

走刀路线分粗、精加工，采用 G41 刀补，以顺时针方向铣削。加工路线根据相关知识自行制订，选择工件中心为工件原点。

3. 确定装夹方法

工件毛坯为方形，六面为已加工表面，采用机用虎钳装夹，工件高出钳口 10mm 左右，工件下用垫块支承夹紧。

4. 分组实施项目

采用分小组原则，以小组分析讨论为主，制订具体实施工艺，编写程序并进行铣削加工，控制轮廓尺寸精度、表面粗糙度与几何精度。

知识拓展

建立刀具半径补偿的方法

直线切入切出建立刀具半径补偿，见表 3-6。

表 3-6　直线建立刀补的方法

序　号	切入方法	走刀路线图	说　明
1	切线切入切出法	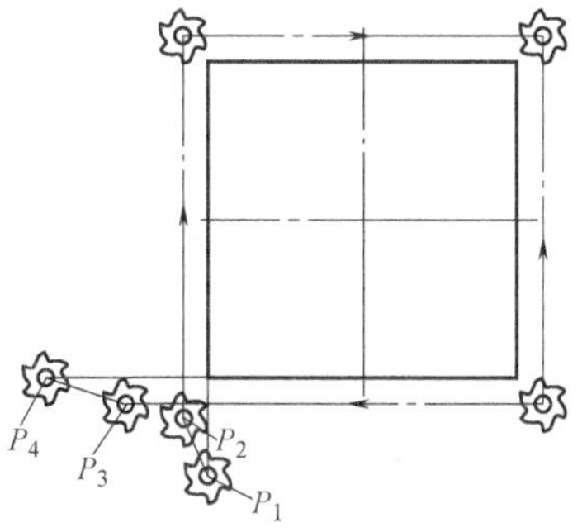	P_1 点切线方向走刀→P_2 点建立刀具半径补偿→绕方形铣削→P_3 点开始取消刀具半径补偿→P_4 点取消刀具半径补偿，恢复到切线方向
2	法线切入切出法	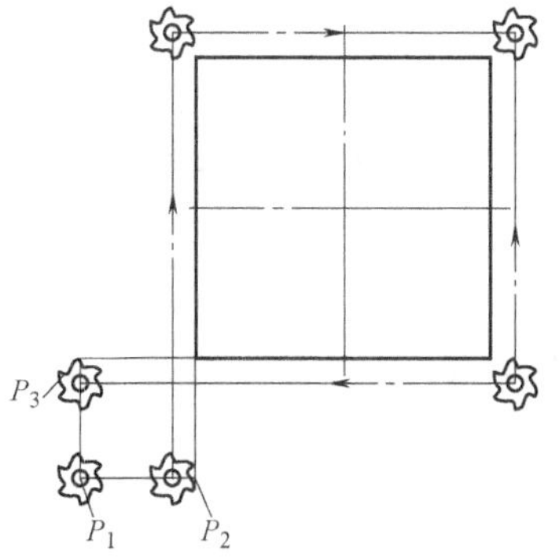	P_1 点法线方向走刀→P_2 点建立刀具半径补偿→绕方形铣削→P_3 点开始取消刀具半径补偿→P_1 点取消刀具半径补偿，恢复到切线方向

（续）

序　号	切入方法	走刀路线图	说　明
3	任意位置切入切出法	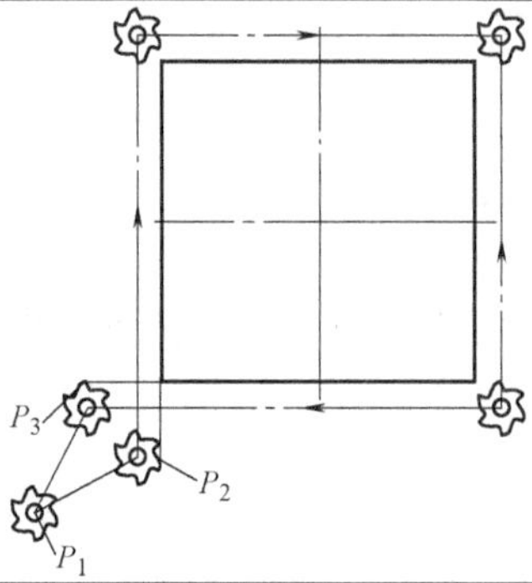	P_1 点法线方向走刀→P_2 点建立刀具半径补偿→绕方形铣削→P_3 点开始取消刀具半径补偿→P_1 点取消刀具半径补偿，恢复到切线方向

注意：1）P_1 点→P_2 点建立刀具半径补偿时，P_1 到 P_2 的距离必须大于刀具半径。

2）P_3 点→P_4 点取消刀具半径补偿时，P_3 到 P_4 的距离必须大于刀具半径。

【例】 考虑刀具半径补偿，编制图 3-3 所示零件的加工程序，要求建立如图 3-3a 所示的工件坐标系，按箭头所指示的路径进行加工，设加工开始时刀具距离工件上表面 50mm，切削深度为 10mm，其程序如图 3-3b 所示。

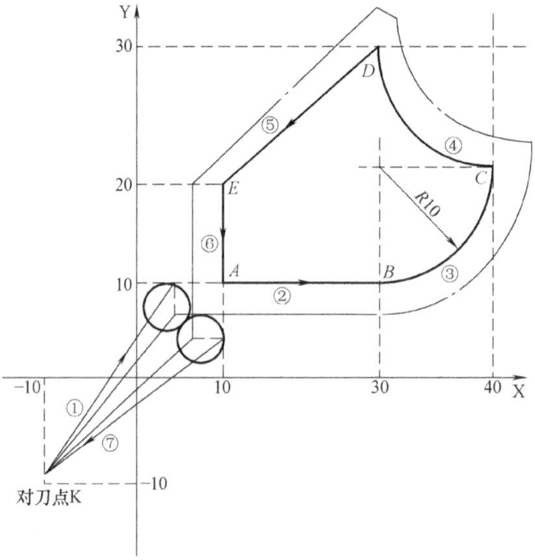

a)

一个完整的零件程序

```
%1008
G92 X−10 Y−10 Z50
G90 G17
G42 G00 X4 Y10 D01
Z2 M03 S900
G01 Z−10 F800
X30
G03 X40 Y20 I0 J10
G02 X30 Y30 I0 J10
G01 X10 Y20
Y5
G00 Z50 M05
G40 X−10 Y−10 M02
```

b)

图 3-3　刀具半径补偿编程

注意：1）加工前应先用手动方式对刀，将刀具移动到相对于编程原点（－10，－10，50）的对刀点处。

2）图中带箭头的实线为编程轮廓，不带箭头的虚线为刀具中心的实际路线。

想想练练

想一想

在图 3-1 所示的凸台类零件中，采用哪一种直线建立刀补的方法比较好，为什么？

练一练

按照以上所学知识，请为图 3-4 所示零件编制最简化的加工程序。

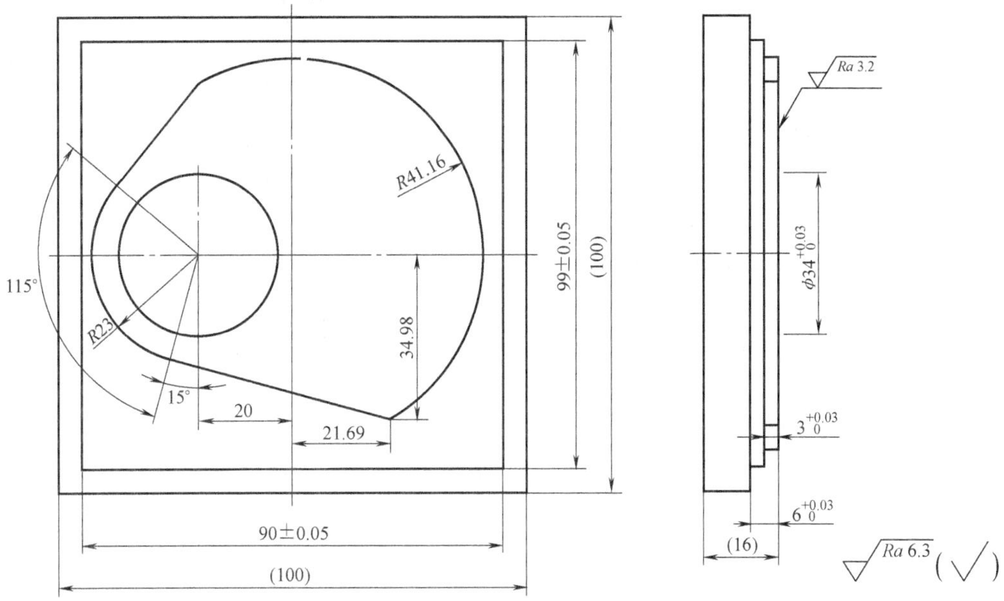

图　3-4

任务二　型腔类零件的编程加工

任务描述

本任务为型腔类零件的编程加工，如图 3-5 所示。根据零件图样进行试样加工，分析零件图样的技术特点，要求采用圆弧插补指令，结合圆弧切入方法建立刀具半径补偿，选用合适的数控刀具，设计合理的走刀路线，选择正确的加工策略，并按要求操作数控机床，完成零件的工艺编制、程序编制、铣削加工与尺寸精度控制。

1. 零件形状

图 3-5 所示为典型的二维型腔类铣削加工零件，具备外圆、型腔和中间岛屿特征。

2. 尺寸精度

该零件主要加工要素为外圆、内圆型腔和中间岛屿。外圆弧轮廓精度要求中等，尺寸公差为 0.087mm，为下偏差；大内圆弧型腔轮廓和岛屿小内圆轮廓，对应公差皆不一致，因此要求在控制尺寸精度时需特别注意各个轮廓的公差。倒直角圆角岛屿轮廓，两个方向公差皆为下偏差，公差范围为 0 ~ −0.062mm，需选择合适的刀具，合理安排粗、精加工，运用刀补修调尺寸公差。

3. 几何精度

此处不做要求。

4. 表面粗糙度

中间岛屿侧面的表面粗糙度值为 *Ra*1.6μm，其余轮廓平面、侧面的表面粗糙度值

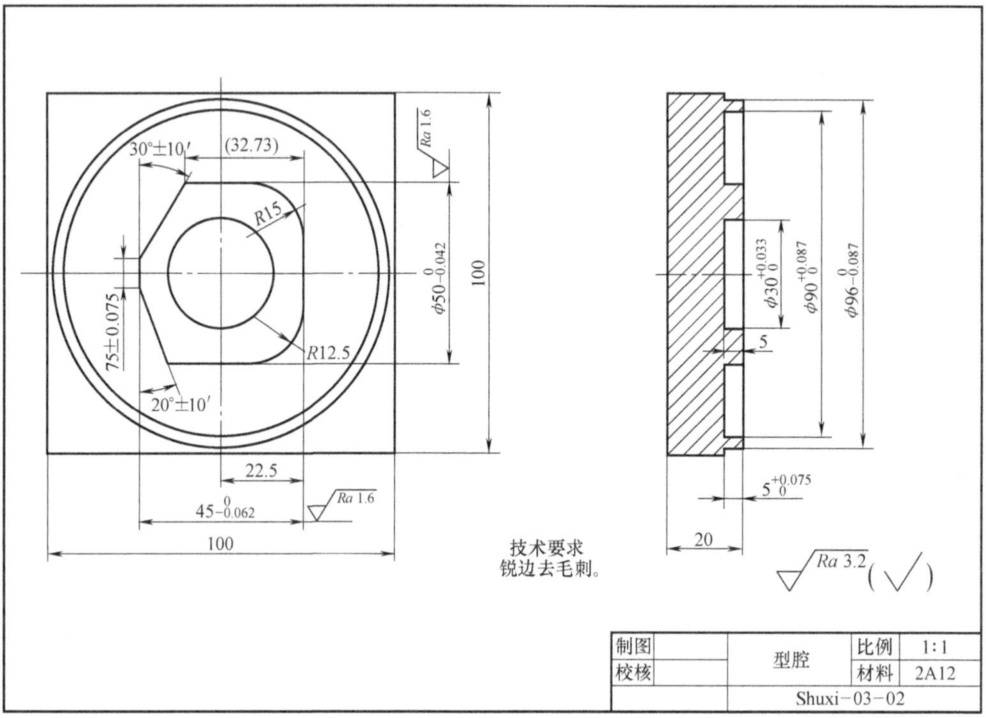

图 3-5　型腔零件图

为 *Ra*3. 2μm。

5. 技术要求

锐边去毛刺。

任务实施

一、毛坯及工量刃具准备

本任务除需要准备表 2-1 ~ 表 2-3 所列材料、设备和工、量、刃具外，还需要 ϕ18mm 钻头及钻柄。

二、制订工序卡片

本任务加工工件装夹方案和工件坐标系原点的设定见表 3-7，工件数控加工工艺卡片见表 3-8。

表 3-7　加工工件装夹方案和工件坐标系原点的设定

零件名称 / 加工面	型腔类零件	装夹方案和工件坐标系原点的设定	工序号	1
			装夹次数	1
四面	该工件为规则四方体，所以工件坐标原点设定在几何对称中心上，采用通用夹具进行定位与装夹。根据加工要求选用机用虎钳作为夹具。为保证工件定位准确，钳口平面与底面要用百分表进行找正。工件夹紧过程中要对工件上表面及侧面进行找正		夹具	名称
			1	机用虎钳
			2	等高垫块

表 3-8　工件自动编程数控加工工艺卡片

数控加工工艺卡片		零件名称	型腔类	使用设备		华中世纪星	
		零件图号	Shuxi-03-02	车间		数铣车间	
序号	程序号	工步内容	刀具规格 /mm	主轴转速 /r · min^{-1}	进给速度 /mm · min^{-1}	XY 余量 /mm	备注
1	%0001	铣削工件上表面	ϕ16 立铣刀	1200	200		精铣
2	%0002	粗铣 ϕ96mm 外圆	ϕ12 立铣刀	1000	90	0.5	粗铣
3	%0003	粗铣 ϕ90mm 内圆	ϕ12 立铣刀	1000	90	0.5	粗铣
4	%0004	粗铣不规则六边形	ϕ12 立铣刀	1000	90	0.5	粗铣
5	%0005	粗铣削 ϕ30mm 内圆	ϕ12 立铣刀	1000	90	0	粗铣
6	%0006	精铣 ϕ96mm 外圆	ϕ12 立铣刀	1500	120	0	精铣
7	%0007	精铣 ϕ90mm 内圆	ϕ12 立铣刀	1500	120	0	精铣
8	%0008	精铣不规则六边形	ϕ12 立铣刀	1500	120	0	精铣
9	%0009	精铣削 ϕ30mm 内圆	ϕ12 立铣刀	1500	120	0	精铣
编制		审核		批准		共　页	第　页

三、编写参考程序

铣削外圆、内圆、六边形和中间岛屿的参考程序见表 3-9 ~ 表 3-12。

表 3-9　铣削外圆的参考程序

程序段号	程序内容	动作说明
	%0002	程序名
N10	G90 G54 G0 X0 Y0 Z50 M03 S1000	按 G54 设定坐标，主轴正转，刀具运动至相应坐标位置
N20	M8	开启切削液
N30	G0 X65 Y0	设定下刀点位置
N40	G0 Z5	以 G0 方式垂直进给至参考平面
N50	G01 Z-5 F90	以 G1 方式进给至切削深度平面，进给速度为 90mm/min
N60	G41 G1 X65 Y17 D1 F90	直线建立刀补，进给速度为 90mm/min
N70	G3 X48 Y0 R17	以圆弧方式切入工件轮廓
N80	G2 I-48	顺时针铣削外圆
N90	G3 X65 Y-17 R17	以圆弧方式切出工件轮廓
N100	G40 G01 X65 Y0	取消刀具半径补偿
N110	G0 Z50	抬刀
N120	M30	程序结束

加工完成后工件的形状

表 3-10　铣削内圆的参考程序

程序段号	程序内容	动作说明
	%0003	程序名
N10	G90 G54 G0 X0 Y0 Z50 M03 S1000	按 G54 设定坐标，主轴正转，刀具运动至相应坐标位置
N20	M8	开启切削液
N30	G0 X30 Y0	设定下刀点位置
N40	G0 Z5	以 G0 方式垂直进给至参考平面
N50	G01 Z-5 F90	以 G1 方式进给至切削深度平面，进给速度为 90mm/min
N60	G41 G1 X45 Y0 D1 F90	直线建立刀补，进给速度为 90mm/min
N70	G3 I-45	逆时针铣削外圆
N80	G40 G01 X30 Y0	取消刀具半径补偿
N90	G0 Z50	抬刀
N100	M30	程序结束
加工完成后工件的形状	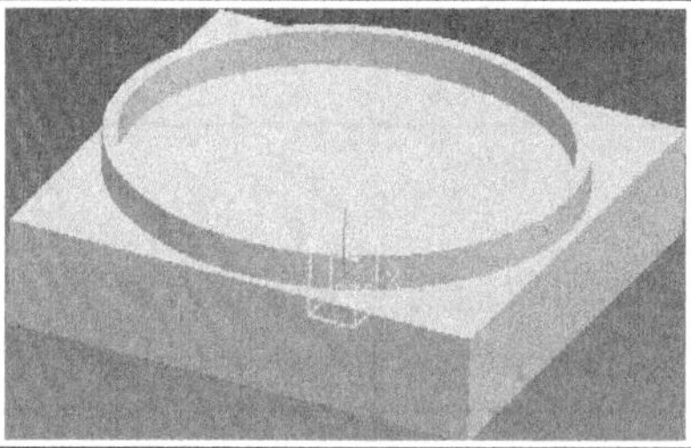	

表 3-11　铣削不规则六边形的参考程序

程序段号	程序内容	动作说明
	%0004	程序名
N10	G90 G54 G0 X0 Y0 Z50 M03 S1000	按 G54 设定坐标，主轴正转，刀具运动至相应坐标位置
N20	M8	开启切削液
N30	G0 X36 Y0	设定下刀点位置
N40	G0 Z5	以 G0 方式垂直进给至参考平面
N50	G01 Z-5 F90	以 G1 方式进给至切削深度平面，进给速度为 90mm/min
N60	G41 G1 X22. 5 Y0 D1 F90	直线建立刀补，进给速度为 90mm/min
N70	G1 X22. 5 Y-12. 5	以顺时针走各个轮廓节点
N80	G2 X10 R12. 5	圆弧铣削轮廓点
N90	G1 X-14. 77 Y25	直线插补倒角起点
N100	G1X-22. 5 Y-3. 75	直线插补倒角终点
N110	Y3. 75	继续走轮廓点
N120	X-10. 23 Y25	走轮廓点
N130	X7. 5	走轮廓点
N140	G2X22. 5 Y25 R15	倒弧角
N150	G1 Y0	走轮廓点

（续）

程序段号	程序内容	动作说明
N160	G40 G01 X36 Y0	取消刀具半径补偿，并退刀
N170	G0 Z50	抬刀
N180	M30	程序结束
加工完成后工件的形状	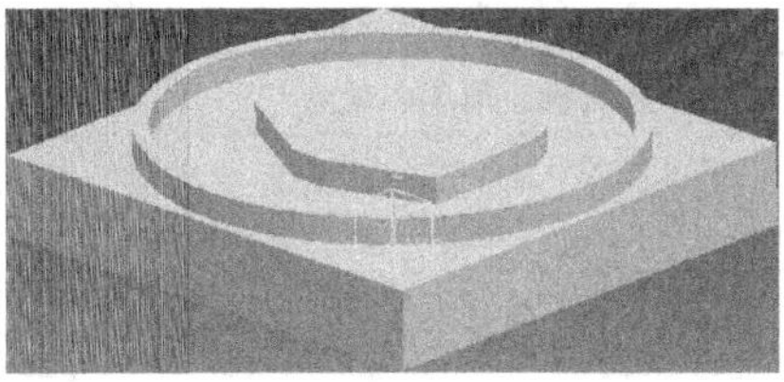	

表 3-12　铣削中间岛屿内圆的参考程序

程序段号	程序内容	动作说明
	%0005	程序名
N10	G90 G54 G0 X0 Y0 Z50 M03 S1000	按 G54 设定坐标，主轴正转，刀具运动至相应坐标位置
N20	M8	开启切削液
N30	G0 X0 Y0	设定下刀点位置
N40	G0 Z5	以 G0 方式垂直进给至参考平面
N50	G01 Z-5 F90	以 G1 方式进给至切削深度平面，进给速度为 90mm/min
N60	G41 G1 X15 Y0 D1 F90	直线建立刀补，进给速度为 90mm/min
N70	G3 I-15	逆时针铣削外圆
N80	G40 G01 X0 Y0	取消刀具半径补偿
N90	G0 Z50	抬刀
N100	M30	程序结束
加工完成后工件的形状		

任务评价

工件质量评价表见表 3-13。

表 3-13 工件质量评价表

班级			姓名	学号		
工件号			机床号	零件图号		Shuxi-03-02
任务二			型腔类零件的加工			
基本检查	编程	序号	检测内容	配分	学生自评	教师评分
		1	切削加工工艺制订正确	10		
		2	切削用量选择合理	5		
		3	程序正确、简单、规范	5		
	操作	4	设备操作、维护、保养正确	2		
		5	安全、文明生产	4		
		6	刀具选择、安装正确、规范	2		
		7	工件找正、安装正确、规范	2		
工件尺寸	外形轮廓	8	$\phi 96_{-0.087}^{0}$ mm	6		
		9	$50_{-0.062}^{0}$ mm	5		
		10	$45_{-0.062}^{0}$ mm	5		
		11	7.5 ± 0.075mm	3		
		12	$5_{0}^{+0.075}$ mm（两处）	6		
		13	R15mm	3		
		14	R12.5mm	3		
		15	22.5mm	3		
		16	20°	3		
		17	30°	3		
	内形轮廓	18	$\phi 90_{0}^{+0.087}$ mm	6		
		19	$\phi 30_{0}^{+0.033}$ mm	6		
		20	5mm	4		
	其他	21	Ra3.2μm	5		
		22	Ra1.6μm	3		
		23	工件按时完成	3		
		24	工件无缺陷	3		
综合得分				100		

知识链接

圆弧切入切出法

圆弧切入切出的加工路线：P_1 点切线方向走刀→P_2 点建立刀具半径补偿→绕圆形铣削→P_3 点刀具半径补偿切出→P_4 点取消刀具半径补偿，恢复到切线方向，如图 3-6 所示。

注意：1）建立的圆弧半径必须大于刀具的半径。

2）P_1 点→P_2 点建立刀具半径补偿时，P_1 到 P_2 的距离必须大于刀具半径。

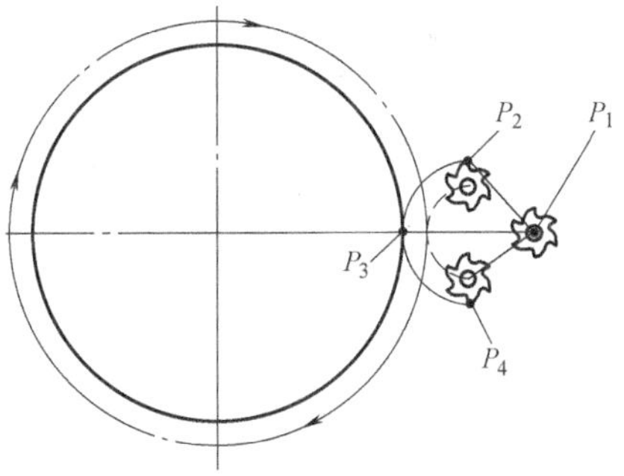

图 3-6　圆弧切入切出加工路线图

3）P_3 点→P_4 点取消刀具半径补偿时，P_3 到 P_4 的距离必须大于刀具半径。

任务解析

1. 分析技术要求

由图 3-5 所示为在 100mm × 100mm × 20mm 的铝料上加工外圆、内圆型腔和中间岛屿，保证此四个内外轮廓的尺寸精度要求。加工外圆时为避免刀补切入切出点痕迹，可以采用圆弧切入切出，对于内圆铣削，同样可以采用圆弧切入切出，当然有时由于下刀位置比较狭小，可以采用空间直线建立刀补再进给的方法。对于中间岛屿的不规则六边形，可以直接走刀后再建立刀补。

2. 选择走刀路线

分粗、精加工，采用 G41 刀补，外圆和不规则六边形以顺时针方向铣削。对于内圆型腔和中间岛屿的内圆，同样采样 G41 刀补，以逆时针方向铣削。加工路线根据相关知识自行制订，选择工件中心为工件原点。

3. 确定装夹方法

工件毛坯为方形，六面为已加工表面，采用机用虎钳装夹，工件高出钳口 10mm 左右，工件下用垫块支承夹紧。

4. 分组实施项目

采用分小组原则，以小组分析讨论为主，制订具体实施工艺，编写程序并进行铣削加工，控制轮廓尺寸精度、表面粗糙度与几何公差。

知识拓展

刀具半径补偿的应用

刀具半径补偿功能（G41/G42）除了可使编程人员直接按轮廓编程，简化了编程工作外，在实际加工中还有许多其他方面的应用。如采用同一段程序，对零件进行粗、精加工。

在粗加工时，将偏置量设为 $D = R + \Delta_{修正}$，其中 R 为刀具的半径，$\Delta_{修正}$ 为精加工余量，这样在粗加工完成后，形成的工件轮廓的加工尺寸要比实际轮廓每边都大 $\Delta_{修正}$。在精加工时，将偏置量设为 $D = R$，这样零件加工完成后，即得到实际加工轮廓。同理，当工件加工后，如果测量尺寸比图样要求尺寸大时，也可用同样的办法进行修正解决。

刀具精加工补偿公式为

$$D_{精} = D_{刀具半径} \pm \Delta_{修正}$$

$$\Delta_{修正} = \frac{D_{理论} - D_{实测}}{2}$$

说明：当加工外轮廓时，取“+”，加工内轮廓时，取“-”。

【例】 若加工圆台尺寸 ϕ60mm，所给刀补为 6.1mm，铣刀直径为 ϕ12mm，$D_{理}$ = 60.20mm，$D_{实测}$ = 60.24mm。

则

$$\Delta_{修正} = \frac{60.20 - 60.24}{2}\text{mm} = -0.02\text{mm}$$

想想练练

想一想

图 3-5 所示的型腔类轮廓在考虑刀具补偿建立余量不多的情况下，若刀具直径选择与建立刀补余量接近时，先走刀至固定深度还是先建立刀补，为什么？

练一练

按照以上所学知识，请为图 3-7 所示零件图编制最简化的程序。

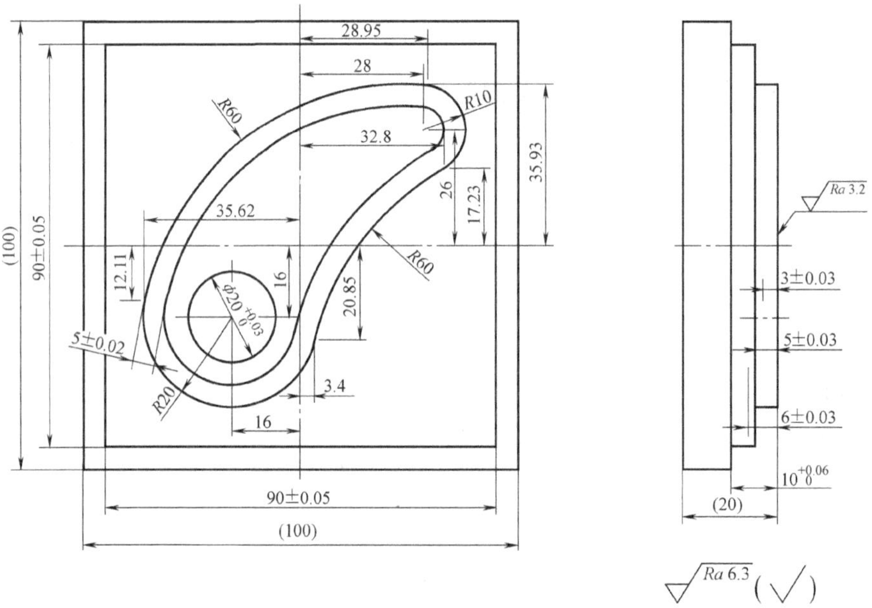

图 3-7　零件图

任务三　综合类零件的编程加工

任务描述

本任务为综合类零件的编程加工，如图 3-8 所示。根据零件图样进行试样加工，分析零件图样的技术特点，要求采用直线与圆弧插补指令，结合直线切入建立刀具半径补偿，选用合适的数控刀具，设计合理的走刀路线，选择正确的加工策略，综合运用刀具半径补偿功能，并按要求操作数控机床，完成零件的工艺编制、程序编制、铣削加工与尺寸精度控制。

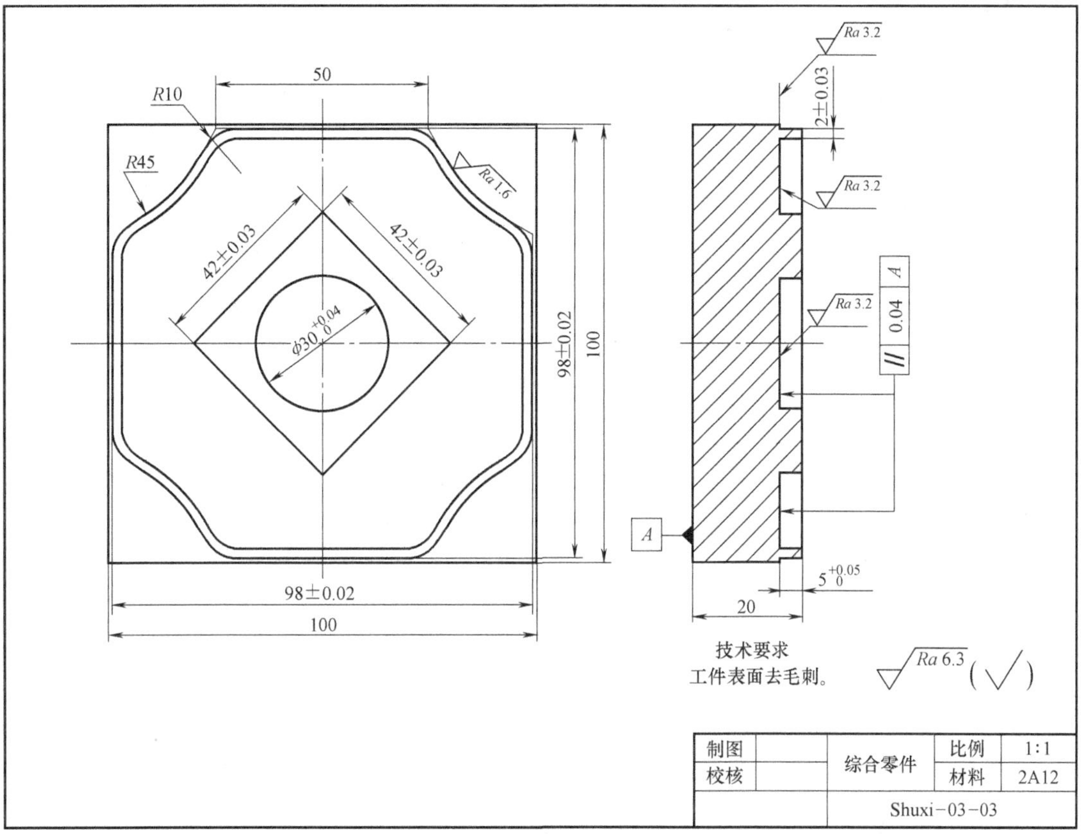

图3-8　综合零件零件图

1. 零件形状

图3-8所示为典型的二维平面类铣削加工零件，具备薄壁外轮廓、薄壁内轮廓、方块和内圆特征。

2. 尺寸精度

该零件的主要加工要素为薄壁内外轮廓、内圆和外方形。轮廓尺寸精度要求中等，薄壁外轮廓尺寸公差为0.02mm，均为对称公差；外方形轮廓，尺寸公差为0.03mm，均为对称公差，在控制尺寸精度时需特别注意各个轮廓的公差。因有对应的几何公差，要求采用合理的工艺设计和正确的操作方法来保证。

3. 几何精度

内圆轮廓底面、薄壁内轮廓底面相对于工件底面有相应的平行度要求，公差为0.04mm。

4. 表面粗糙度

零件轮廓侧平面的表面粗糙度值为*Ra*1.6μm，内、外轮廓平面的表面粗糙度值为*Ra*3.2μm，其余表面的表面粗糙度值为*Ra*6.3μm。

5. 技术要求

锐边倒钝，去毛刺。

任务实施

一、毛坯及工、量、刃具的准备

本任务所需要准备的材料、设备和工、量、刃具见表2-1～表2-3。

二、制订工序卡片

本任务加工工件装夹方案和工件坐标系原点的设定见表3-14，工件数控加工工艺卡片见表3-15。

表3-14　加工工件装夹方案和工件坐标系原点的设定

零件名称 / 加工面	综合类零件	装夹方案和工件坐标系原点的设定	工序号	1
			装夹次数	1
四面	该工件为规则四方体，所以工件坐标原点设定在几何对称中心上，采用通用夹具进行定位与装夹。根据加工要求，选用机用虎钳作为夹具。为保证工件定位准确，钳口平面与底面要用百分表进行找正。工件夹紧过程中要对工件上表面及侧面进行找正		夹具	名称
			1	机用虎钳
			2	等高垫块

表3-15　工件自动编程数控加工工艺卡片

数控加工工艺卡片		零件名称	综合零件	使用设备		华中世纪星	
		零件图号	Shuxi-03-03	车间		数铣车间	
序号	程序号	工步内容	刀具规格/mm	主轴转速/r·min^{-1}	进给速度/mm·min^{-1}	XY余量/mm	备注
1	%0001	铣削工件上表面	ϕ16盘铣刀	1500	200		精铣
2	%0002	粗铣削薄壁外轮廓	ϕ12立铣刀	1000	90	0.5	粗铣
3	%0003	粗铣削薄壁内轮廓	ϕ12立铣刀	1000	70	0.5	粗铣
4	%0004	粗铣削方块	ϕ12立铣刀	1000	90	0.5	粗铣
5	%0005	粗铣削内圆	ϕ12立铣刀	1000	90	0.5	粗铣
6	%0006	精铣削薄壁外轮廓	ϕ12立铣刀	1500	120	0	精铣
7	%0007	精铣削薄壁内轮廓	ϕ12立铣刀	1500	120	0	精铣
8	%0008	精铣削方块	ϕ12立铣刀	1500	120	0	精铣
9	%0006	精铣削内圆	ϕ12立铣刀	1500	120	0	精铣
编制		审核		批准		共　页	第　页

三、编写参考程序

铣削薄壁外轮廓、方块和内圆的参考程序见表3-16～表3-18。

表3-16　铣削薄壁外轮廓的参考程序

程序段号	程序内容	动作说明
	%0002	程序名
N10	G90 G54 G0 X0 Y0 Z50 M03 S1000	按G54设定坐标，主轴正转，刀具运动至相应坐标位置

（续）

程序段号	程序内容	动作说明
N20	M8	开启切削液
N30	G0 X70 Y0	设定下刀点位置
N40	G0 Z5	以 G0 方式垂直进给至参考平面
N50	G01 Z-5 F120	以 G1 方式进给切削至深度平面，进给速度为 120mm/min
N60	G41 G1 X49 Y0 D1 F90	直线建立刀补，进给速度为 90mm/min
N70	G1 X49 Y-18. 82	走轮廓各个节点
N80	G2 X43. 99 Y-27. 49 R10	走轮廓各个节点
N90	G3 X27. 49 Y-43. 99 R45	走轮廓各个节点
N100	G2 X18. 82 Y-49 R10	走轮廓各个节点
N110	G1 X-18. 82 Y-49	走轮廓各个节点
N120	G2 X-27. 49 Y-43. 99 R10	走轮廓各个节点
N130	G3 X-43. 99 Y-27. 49 R45	走轮廓各个节点
N140	G2 X-49 Y-18. 82 R10	走轮廓各个节点
N150	G1 Y18. 82	走轮廓各个节点
N160	G2 X-43. 99 Y27. 49 R10	走轮廓各个节点
N170	G3 X-27. 49 Y43. 99 R45	走轮廓各个节点
N180	G2 X-18. 82 Y49 R10	走轮廓各个节点
N190	G1 X18. 82 Y49	走轮廓各个节点
N200	G2 X27. 49 Y43. 99 R10	走轮廓各个节点
N210	G3 X43. 99 Y27. 49 R45	走轮廓各个节点
N220	G2 X49 Y18. 82 R10	走轮廓各个节点
N230	G1 X49 Y0	走轮廓各个节点
N240	G40 G1 X70 Y0	取消刀具半径补偿
N250	G0 Z50	抬刀
N260	M30	程序结束
加工完成后工件的形状	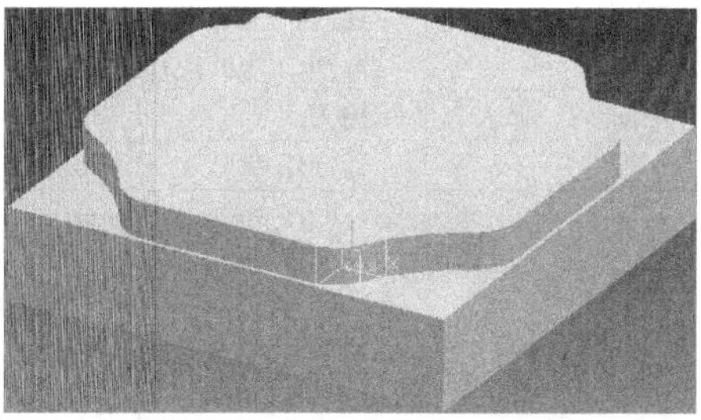	

表 3-17　铣削方块的参考程序

程序段号	程序内容	动作说明
	%0004	程序名
N10	G90 G54 G0 X0 Y0 Z50 M03 S1000	按 G54 设定坐标，主轴正转，刀具运动至相应坐标位置

（续）

程序段号	程序内容	动作说明
N20	M8	开启冷却液
N30	G0 Z5	以 G0 方式垂直下刀至参考平面
N40	G68 X0 Y0 P45	建立坐标系旋转，旋转角度为45°
N50	G0 X70 Y0	设定下刀点位置
N60	G41 G1 X21 Y0 D1 F120	用左刀补空间建立补偿，采用直线建立刀补的方式
N70	G1 Z-5 F90	以 G1 方式进给至切削深度平面，进给速度为90mm/min
N80	G1 Y-21 R10	走轮廓各个节点
N90	X-21 R10	走轮廓各个节点
N100	Y21 R10	走轮廓各个节点
N110	X21 R10	走轮廓各个节点
N120	Y0	走轮廓各个节点
N130	G0 Z50	抬刀至安全高度
N140	G40 G1 X70 Y0	取消刀具半径补偿
N150	G69	取消坐标系旋转
N160	M30	程序结束
加工完成后工件的形状	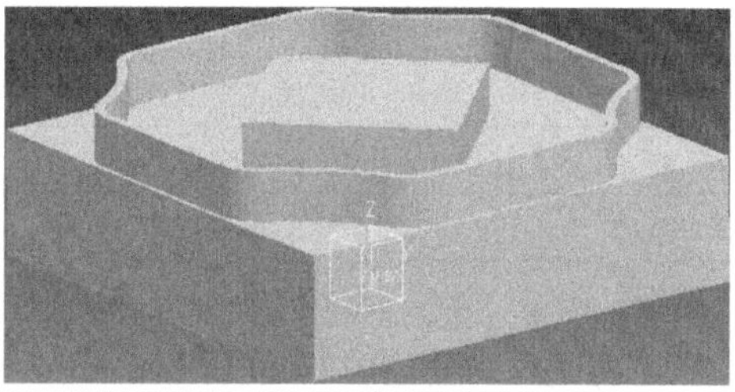	

表 3-18　铣削内圆的参考程序

程序段号	程序内容	动作说明
	%0005	程序名
N10	G90 G54 G0 X0 Y0 Z50 M03 S1000	按 G54 设定坐标，主轴正转，刀具运动至相应坐标位置
N20	M8	开启切削液
N30	G0 X0 Y0	设定下刀点位置
N40	G0 Z5	以 G0 方式垂直进给至参考平面
N50	G01 Z-5 F90	以 G1 方式进给至切削深度平面，进给速度为90mm/min
N60	G41 G1 X15 Y0 D1 F90	直线建立刀补，进给速度为90mm/min
N70	G3 I-15	逆时针铣削圆弧
N80	G40 G1 X0 Y0	取消刀具半径补偿
N90	G0 Z50	抬刀
N100	M30	程序结束
加工完成后工件的形状		

任务评价

工件质量评价表见表 3-19。

表 3-19　工件质量评价表

班　级			姓　名		学　号	
工 件 号			机 床 号		零件图号	Shuxi-03-03
任务三			综合类零件的加工			
基本检查		序号	检测内容	配分	学生自评	教师评分
	编程	1	切削加工工艺制订正确	10		
		2	切削用量选择合理	5		
		3	程序正确、简单、规范	5		
	操作	4	设备操作、维护、保养正确	2		
		5	安全、文明生产	4		
		6	刀具选择、安装正确、规范	2		
		7	工件找正、安装正确、规范	2		
工件加工	外形轮廓	8	98 ±0. 02mm（两处）	8		
		9	42 ±0. 03mm（两处）	8		
		10	2 ±0. 03mm	5		
		11	$5^{+0.05}_{0}$mm（两处）	4		
		12	R10mm、R45mm	4		
		13	平行度公差为 0. 04mm	4		
		14	侧面 Ra1. 6μm	4		
		15	底面 Ra3. 2μm	4		
	内形轮廓	16	$\phi30^{+0.04}_{0}$mm	8		
		17	$5^{+0.05}_{0}$mm（两处）	4		
		18	侧面 Ra1. 6μm	4		
		19	底面 Ra3. 2μm	4		
	其他	20	工件按时完成	4		
		21	工件无缺陷	5		
综合得分				100		

知识链接

刀具半径补偿功能的另一方面应用：采用同一程序段，加工同一公称直径的凸、凹型面。

对于同一公称直径的凸、凹型面，内外轮廓加工可编写成同一程序，在加工外轮廓时，将偏置量设为 $+D$，刀具中心将沿轮廓的外侧切削；当加工内轮廓时，将偏置量设为 $-D$，这时刀具中心将沿轮廓的内侧切削。这种编程与加工方法，在模具加工中运用较多。

对于薄壁类零件，通过更改 D01 的刀补偏量可以加工薄壁。内外轮廓有偏置距离，且正好是薄壁件的厚度，则最后刀补可以分别采用正值或者负值。

修改原来外轮廓的程序如下：

① 刀补值为正值时，在轮廓内部走刀，内部建立刀补，将 G41 指令改成 G42，然后在轮廓内部取消刀补。刀补值 = $R_{刀具半径}$ + 薄壁件厚

② 刀补值为负值时，在轮廓空间建立刀补，然后走刀。内轮廓加工指令 G41 不变。先抬刀然后空间取消刀补。刀补值 = −($R_{刀具半径}$ + 薄壁件厚)

任务解析

1. 分析技术要求

由图 3-8 所示为在 100mm × 100mm × 20mm 的铝料上加工薄壁外轮廓、薄壁内轮廓、外方块和内圆，并保证此四个内外轮廓的尺寸精度要求。加工薄壁外轮廓时，为避免刀补切入切出点痕迹，可以采用圆弧切入切出。薄壁内轮廓的铣削同样可以采用圆弧切入切出，当然有时由于下刀位置比较狭小，可以采用空间直线建立刀补再走刀的方法。由于薄壁轮廓壁厚较薄，因此切削力不能很大，对于中间岛屿方块的加工，可以直接先在空间建立刀补后走刀。

2. 选择走刀路线

分粗、精加工，采用 G41 刀补，薄壁外轮廓和方形皆采用顺时针方向铣削。对于薄壁内轮廓和内圆，同样采用 G41 刀补，但是以逆时针方向铣削。加工路线根据相关知识自行制订，选择工件中心为工件原点。

3. 确定装夹方法

工件毛坯为方形，六面为已加工表面，采用机用虎钳装夹，工件高出钳口 10mm 左右，工件下用垫块支承夹紧。

4. 分组实施项目

采用分小组原则，以小组分析讨论为主，制订具体实施工艺，编写程序并进行铣削加工，控制轮廓尺寸精度、表面粗糙度与几何公差。

知识拓展

一、加工方法的选择

加工中心加工零件的表面不外乎平面、平面轮廓、曲面、孔和螺纹等。所选加工方法要与零件的表面特征、所要求达到的精度及表面粗糙度相适应。

1. 面加工方案分析

平面、平面轮廓及曲面在镗铣类加工中心上唯一的加工方法是铣削。经粗铣的平面，尺寸精度可达 IT12 ~ IT14 级（指两平面之间的尺寸），表面粗糙度 *Ra* 值可达 12.5 ~ 50μm。经粗、精铣的平面，尺寸精度可达 IT7 ~ IT9 级，表面粗糙度 *Ra* 值可达 1.6 ~ 3.2μm。

（1）平面轮廓加工　平面轮廓多由直线和圆弧或各种曲线构成，通常采用三坐标数控铣床进行两轴半坐标加工。

（2）固定斜角平面加工　固定斜角平面是与水平面成一固定夹角的斜面，常用如下的方法加工。

1）当零件尺寸不大时，可用斜垫板垫平后再加工；如果机床主轴可以摆角，则可以摆成适当的定角，用不同的刀具来加工。当零件尺寸很大，斜面斜度又较小时，常用行切法加工。

2）对于正圆台和斜筋表面，一般可用专用的角度成形铣刀加工，其效果比采用五轴数控铣床摆角加工好。

（3）变斜角面加工常用的加工方案

1）对曲率变化较小的变斜角面，选用 X、Y、Z 和 A 四坐标联动的数控铣床，采用立铣刀以插补方式摆角加工。

2）对曲率变化较大的变斜角面，用四坐标联动加工难以满足加工要求，最好用 X、Y、Z、A 和 B（或 C 转轴）的五坐标联动数控铣床，以圆弧插补方式摆角加工。

2. 孔加工方法分析

孔加工方法有钻削、扩削、铰削和镗削等。大直径孔还可采用圆弧插补方式进行铣削加工。

1）对于直径大于 ϕ30mm 的已铸出或锻出毛坯孔的孔加工，一般采用粗镗→半精镗→孔口倒角→精镗加工方案，孔径较大的可采用立铣刀粗铣→精铣加工方案。有空刀槽时，可用锯片铣刀在半精镗之后、精镗之前铣削完成，也可用镗刀进行单刀镗削，但效率低。

2）对于直径小于 ϕ30mm 的无毛坯孔的孔加工，通常采用锪平端面→钻中心孔→钻→扩→孔口倒角→铰加工方案，有同轴度要求的小孔，须采用锪平端面→钻中心孔→钻→半精镗→孔口倒角→精镗（或铰）加工方案。为提高孔的位置精度，在钻孔工步前须安排锪平端面和钻中心孔工步。孔口倒角安排在半精加工之后、精加工之前，以防孔内产生毛刺。

3）螺纹的加工根据孔径大小选择加工方法。一般情况下，直径为 M6 ~ M20 的螺纹，通常采用攻螺纹方法加工。直径在 M6 以下的螺纹，在加工中心上完成底孔加工，通过其他手段攻螺纹。直径在 M20 以上的螺纹，可采用镗刀片镗削加工。

二、加工阶段的划分

在加工中心上加工的零件，其加工阶段的划分主要根据零件是否已经过粗加工、加工质量要求的高低、毛坯质量的好坏以及零件批量的大小等因素确定。

若零件已在其他机床上经过粗加工，加工中心只是完成最后的精加工，则不必划分加工阶段。

对加工质量要求较高的零件，若其主要表面在上加工中心加工之前没有经过粗加工，则应尽量将粗、精加工分开进行，使零件粗加工后有一段自然时效过程，以消除残余应力和恢复切削力、夹紧力引起的弹性变形以及切削热引起的热变形，必要时还可以安排人工时效处理，最后通过精加工消除各种变形。

对加工精度要求不高，而毛坯质量较好，加工余量不大，生产批量很小的零件或新产品试制中的零件，利用加工中心良好的冷却系统，可把粗、精加工合并进行，但粗、精加工应划分成两道工序分别完成，粗加工用较大的夹紧力，精加工用较小的夹紧力。

三、加工顺序的安排

在加工中心上加工零件，一般都有多个工步，使用多把刀具，因此加工顺序安排得是否合理，直接影响到加工精度、加工效率、刀具数量和经济效益。在安排加工顺序时，同样要遵循“基面先行”、“先粗后精”、“先主后次”及“先面后孔”的一般工艺原则。此外，还应考虑以下问题

1）减少换刀次数，节省辅助时间。一般情况下，每换一把新的刀具后，应通过移动坐标和回转工作台等将由该刀具切削的所有表面全部切削完成。

2）每道工序尽量减少刀具的空行程移动量，按最短路线安排加工表面的加工顺序。

安排加工顺序时，可参照采用粗铣大平面→粗镗孔、半精铰孔→立铣刀加工→加工中心孔→钻孔→攻螺纹→平面和孔精加工（精铣、铰、镗等）的加工顺序。

四、进给路线的确定

确定进给路线时，要在保证被加工零件获得良好的加工精度和表面质量的前提下，力求计算容易，走刀路线短，空刀时间少。进给路线的确定与工件表面状况、要求的零件表面质量、机床进给机构的间隙、刀具使用寿命以及零件轮廓形状等有关。确定进给路线主要考虑以下几个方面。

1）铣削零件表面时，要正确选用铣削方式。

2）进给路线尽量短，以减少加工时间。

3）进刀、退刀位置应选在零件不太重要的部位，并且使刀具沿零件的切线方向进刀、退刀，以避免产生刀痕。在铣削内表面轮廓时，切入切出无法外延，铣刀只能沿法线方向切入和切出。此时，切入切出点应选在零件轮廓的两个几何元素的交点上。

4）先加工外轮廓，后加工内轮廓。

想想练练

想一想

采用同一程序段，加工同一公称直径的凸、凹型面，刀补值为正值和刀补值为负值时，分别如何编程，取消刀补，刀补值如何变化？

练一练

按照以上所学知识，请为图3-9所示零件编制最简化的程序。

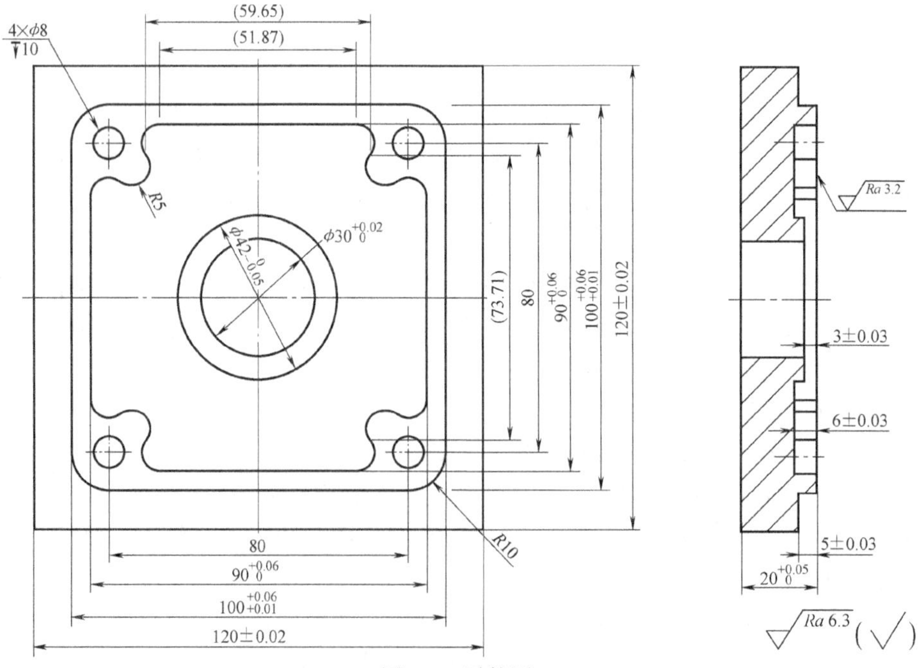

图3-9　零件图

项目四　孔类零件的编程加工

项目目标

通过项目的学习学生可以运用各类固定加工循环指令进行浅孔、深孔，攻螺纹、镗孔等不同形式的孔类零件的编程与加工。

项目任务

1. 浅孔加工 G81 指令的应用及加工编程。
2. 深孔加工 G73 和 G83 指令的应用及加工编程。
3. G84 攻螺纹指令的应用及加工编程。
4. G76 镗孔指令的应用及加工编程。

任务一　加工浅孔板——G81 指令应用实例

任务描述

本任务为平面零件简单浅孔的加工，如图 4-1 所示。根据零件图样进行试样加工，分析

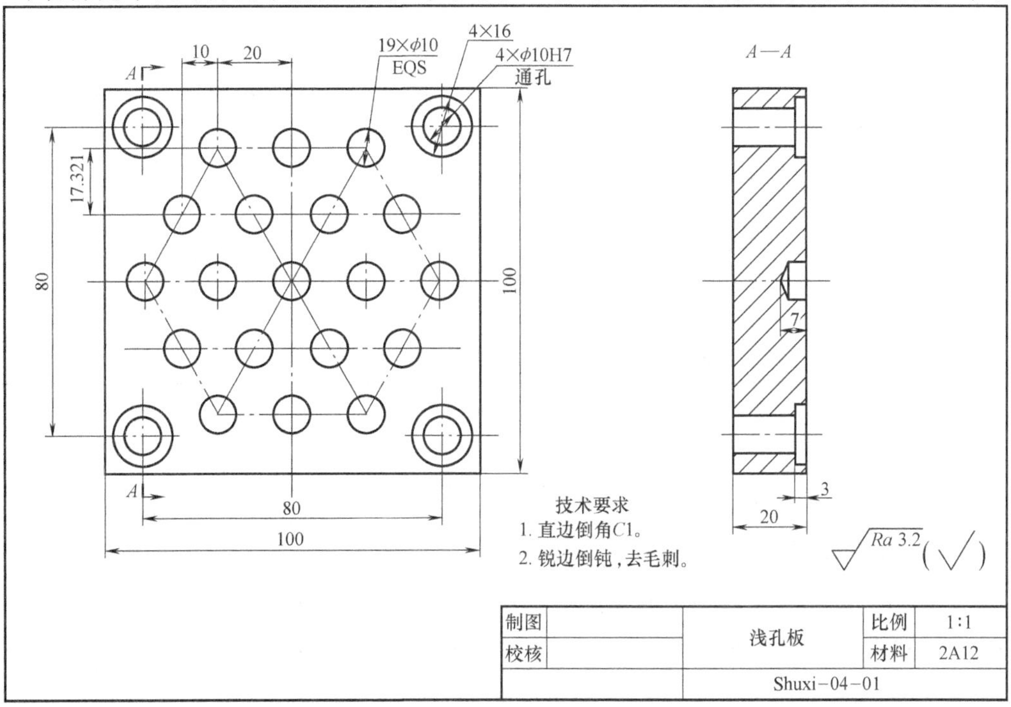

图 4-1　浅孔板零件图

零件图样的技术特点，要求采用常用固定循环指令中的 G81 指令来编制程序，同时选用合适的数控刀具，设计合理的走刀路线，选择正确的加工策略，并按要求操作数控机床，完成零件的工艺编制、程序编制、铣削加工与尺寸精度控制。

1. 零件形状

图 4-1 所示为典型的浅孔板的铣削加工零件，具备浅孔、通孔等特征。

2. 尺寸精度

该零件主要加工要素为浅孔和通孔。浅孔尺寸精度要求不高，在公差范围内即可。通孔精度要求较高，需合理安排粗、精加工，运用铰削修调尺寸公差。

3. 几何精度

无几何公差要求。

4. 表面粗糙度

零件各处表面要求表面粗糙度值均为 $Ra3.2\mu m$。

5. 技术要求

直边倒角 $C1$，锐边倒钝、去毛刺。

任务实施

一、毛坯及工、量、刃具准备

本任务除需要准备表 2-1 ~ 表 2-3 所列的材料、设备和工、量、刃具外，还需准备 ϕ10H7 铰刀。

二、制订工序卡片

本任务加工工件装夹方案和工件坐标系原点的设定见表 4-1，工件自动编程数控加工工艺卡片见表 4-2。

表 4-1　加工工件装夹方案和工件坐标系原点的设定

<table>
<tr><td rowspan="2">零件名称 / 加工面</td><td rowspan="2">浅　孔　板</td><td rowspan="2">装夹方案和工件坐标系原点的设定</td><td>工　序　号</td><td>1</td></tr>
<tr><td>装 夹 次 数</td><td>1</td></tr>
<tr><td rowspan="3">正面</td><td colspan="2" rowspan="3">1）利用精密机用虎钳对工件进行装夹，采用等高垫块将工件垫起，工件高出机用虎钳钳口 10mm 左右
2）设定工件中心为工件坐标系原点</td><td>夹具</td><td>名称</td></tr>
<tr><td>1</td><td>机用虎钳</td></tr>
<tr><td>2</td><td>等高垫块</td></tr>
</table>

表 4-2　工件自动编程数控加工工艺卡片

<table>
<tr><td colspan="2" rowspan="2">数控加工工艺卡片</td><td>零 件 名 称</td><td>浅　孔　板</td><td colspan="2">使 用 设 备</td><td colspan="2">华中世纪星</td></tr>
<tr><td>零 件 图 号</td><td>Shuxi-04-01</td><td colspan="2">车　　间</td><td colspan="2">数 铣 车 间</td></tr>
<tr><td>序　　号</td><td>程序号</td><td>工 步 内 容</td><td>刀 具 规 格</td><td>主轴转速 /r · min^{-1}</td><td>进给速度 /mm · min^{-1}</td><td>XY 余量/mm</td><td>备　　注</td></tr>
<tr><td>1</td><td>%0001</td><td>铣削工件上表面</td><td>ϕ16mm 立铣刀</td><td>1200</td><td>200</td><td>0</td><td></td></tr>
<tr><td>2</td><td>%0002</td><td>钻削 4 个较大浅孔</td><td>ϕ16mm 立铣刀</td><td>600</td><td>70</td><td>0</td><td></td></tr>
<tr><td>3</td><td>%0003</td><td>钻 4 个中心孔</td><td>A3 中心钻</td><td>1000</td><td>50</td><td>0</td><td></td></tr>
<tr><td>4</td><td>%0004</td><td>钻 4 个通孔</td><td>ϕ9. 8mm 麻花钻</td><td>600</td><td>60</td><td>0</td><td></td></tr>
</table>

（续）

数控加工工艺卡片		零件名称	浅孔板	使用设备		华中世纪星	
		零件图号	Shuxi-04-01	车间		数铣车间	
序号	程序号	工步内容	刀具规格	主轴转速 /r·min^{-1}	进给速度 /mm·min^{-1}	XY余量/mm	备注
5	%0005	铰孔	ϕ10H7 铰刀	100	20	0	
6	%0006	钻19个较小浅孔	ϕ10mm 麻花钻	700	60	0	
编制		审核		批准		共　页	第　页

三、编写参考程序

钻19个较小浅孔的参考程序见表4-3。

表4-3　钻19个较小浅孔的参考程序

程序段号	程序内容	动作说明
	%0006	程序名
N10	G90 G54 G0 X0 Y0 Z50 M03 S700	选择G54坐标系，确定转速为700r/min
N20	G0 X40 Y0	定位到第一个钻孔点上方
N30	G99 G81 Z-7 R5 F60	用G81指令钻第一个盲孔
N40	X30 Y-17.321	钻第2个盲孔
N50	X20 Y-34.642	钻第3个盲孔
N60	X0	钻第4个盲孔
N70	X-20	钻第5个盲孔
N80	X-30 Y-17.321	钻第6个盲孔
N90	X-40 Y0	钻第7个盲孔
N100	X-30 Y17.321	钻第8个盲孔
N110	X-20 Y34.642	钻第9个盲孔
N120	X0	钻第10个盲孔
N130	X20	钻第11个盲孔
N140	X30 Y17.321	钻第12个盲孔
N150	X20 Y0	钻第13个盲孔
N160	X10 Y-17.321	钻第14个盲孔
N170	X-10	钻第15个盲孔
N180	X-20 Y0	钻第16个盲孔
N190	X-10 Y17.321	钻第17个盲孔
N200	X10	钻第18个盲孔
N210	X0 Y0	钻第19个盲孔
N220	G0 Z50	快速抬刀至Z50
N230	G80	取消孔加工固定循环
N240	M30	程序结束
加工完成		

任务评价

工件质量评价表见表 4-4。

表 4-4　工件质量评价表

班　级		姓　名			学　号	
工 件 号		机 床 号			零件图号	Shuxi-04-01
任务一		浅孔板零件的加工				
基本检查		序号	检测内容	配分	学生自评	教师评分
	编程	1	切削加工工艺制订正确	5		
		2	切削用量选择合理	5		
		3	程序正确、简单、规范	5		
	操作	4	设备操作、维护、保养正确	3		
		5	安全、文明生产	5		
		6	刀具选择、安装正确、规范	3		
		7	工件找正、安装正确、规范	4		
工作态度		8	行为规范、纪律表现良好	10		
尺寸		9	$4\times\phi16$mm	8		
		10	$4\times\phi10$H7	16		
		11	$19\times\phi10$mm	10		
		12	7mm（19 处）	6		
		13	3mm（4 处）	3		
		14	20mm	2		
		15	10mm	2		
		16	80mm	2		
		17	17.321mm	2		
		18	*C*1 倒角（4 处）	4		
		19	*Ra*3.2μm	5		
综合得分				100		

知识链接

钻孔循环、定点钻循环指令 G81

在数控加工中，某些加工动作已典型化，如钻孔、镗孔的动作顺序是孔位平面定位、快速引进、切削进给和快速退回等，这一系列动作已预先编好程序，存储在内存中，可用包含 G 代码的一个程序调用，从而简化了编程工作。这种包含典型动作循环的 G 代码称为循环指令。孔加工循环指令为模态指令，一旦某个孔加工循环指令有效，在接着的所有（X，Y）位置均采用该孔加工循环指令进行孔加工，直到用 G80 取消孔加工循环为止。在孔加工循环指令有效时，(X，Y) 平面内的运动（即孔位之间的刀具移动）为快速运动（G00）。

(1) 指令用途　G81 循环用于正常钻孔，刀具以进给速度向下运动钻孔，到达孔底位置后，快速退回（无孔底动作），适用于一般定点钻。

(2) 指令格式

G98/G99　G81　X__　Y__　Z__　R__　F__　L__

(3) 指令说明

1) X、Y：用增量值或绝对值指定孔底位置，轨迹及进给速度与 G00 的定位相同。

2) Z：*R* 点到孔底的距离（G91）或孔底坐标（G90）。

3) R：初始点到 *R* 点的距离（G91）或 *R* 点的坐标（G90）。

4) F：指定切削进给速度。

5) L：指定孔加工固定循环的次数，L 为 1 时可以省略。

(4) G81 指令动作循环　如图 4-2 所示。

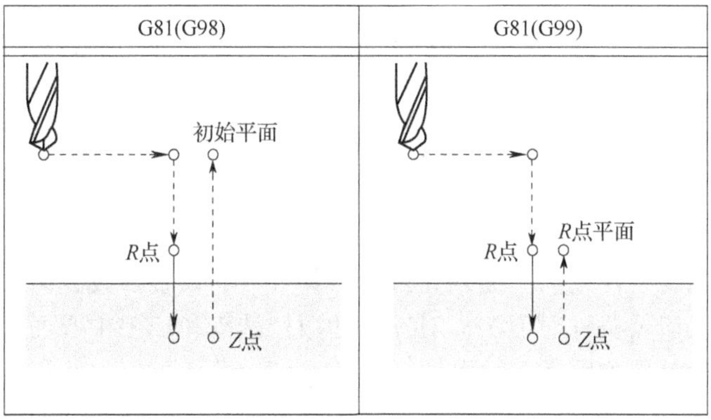

图 4-2　G81 指令动作循环

(5) 注意事项

1) 用 G81 指令钻中心孔时，刀具先切削进给执行到孔底，然后从孔底快速移动退回。

2) 如果 *Z* 的移动量为零，该指令不执行。

3) 不能在同一程序段中使用 G00、G01 和 G03 等。

任务解析

1. 分析技术要求

图 4-1 所示为在 100mm×100mm×20mm 的铝料上加工浅孔和通孔，保证两个加工部位的尺寸精度要求。加工对精度要求较高的通孔时，为了控制尺寸精度，不能用与孔直径相同的立铣刀，而应采用直径小些的刀先钻削通孔，然后按照插补方法走一个整圆，并用刀补修调尺寸公差，这样才能保证精度要求。为了控制 19 个大小深度一样的浅孔的铣削，在铣削过程中应避免钻削进给太快或速度过快，以免使刀具磨损严重，甚至于崩刃。

2. 选择走刀路线

1) 先用 ϕ16mm 的立铣刀铣完平面，然后直接从右下角开始顺时针以铣代钻加工 4 个深度为 3mm 的 ϕ16mm 浅孔。

2）换 A3 中心钻，点钻 4 × ϕ10mm 孔。

3）换 ϕ9. 8mm 的麻花钻按上面的走刀路线钻通孔。

4）用 ϕ10H7 铣刀按路线继续铰削 ϕ10mm 通孔至尺寸精度要求。

5）用 ϕ10mm 的麻花钻按顺时针方向从外向里钻削 19 个深度为 7mm 的 ϕ10mm 浅孔。

3. 确定装夹方法

工件毛坯为方形，六面为已加工表面，采用机用虎钳装夹，工件高出钳口 10mm 左右，工件下用垫块支承夹紧。

4. 分组实施项目

采用分小组原则，以小组分析讨论为主，制订具体的实施工艺，编写程序并进行铣削加工，控制轮廓尺寸精度、表面粗糙度与几何公差。

知识拓展

刀具长度补偿

数控铣床在用第一把刀具正常切削工件的情况下，需更换一把稍长的刀具，若工件坐标系不变，零件将被过切，甚至会发生碰撞。为了避免加工运行过程中因经常换刀而导致刀具长度的不同给工件坐标系的设定所带来的困难，可以采用刀具长度补偿功能。刀具长度补偿功能使刀具在垂直于进给平面（如 XY 平面，由 G17 指定）的方向上偏移一个刀具长度修正值，因此在数控编程过程中，一般无须考虑刀具长度。

在刀具长度补偿发生作用前，必须先进行刀具参数的设置。设置刀具参数的方法有机内试切法、机内对刀法以及机外对刀法。对三轴的数控铣床和加工中心而言，较好的方法是机外对刀法。刀具长度补偿如图 4-3 所示。

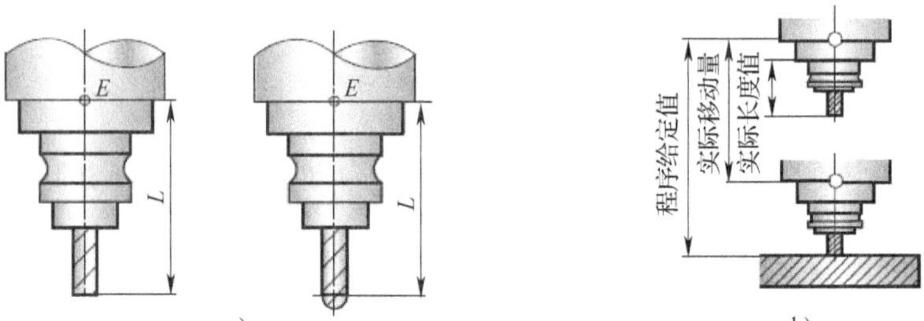

a)　　　　b)

图 4-3　刀具长度补偿

a）测量铣刀的长度　b）刀具长度补偿示意图

刀具长度补偿的实质就是将 Z 轴运动的终点向正向或负向偏移一段距离。这段距离等于 H 指令的补偿号中存储的补偿值，可以用下面的公式表示

$$Z\text{向实际位置} = \text{程序给定值} \pm \text{补偿值}$$

想想练练

想一想

在图 4-1 所示的浅孔板零件中，用 ϕ10mm 立铣刀直接钻削通孔可以吗？为什么？

练一练

请按照以上所学知识，给图 4-4 所示零件编制最简化的程序。

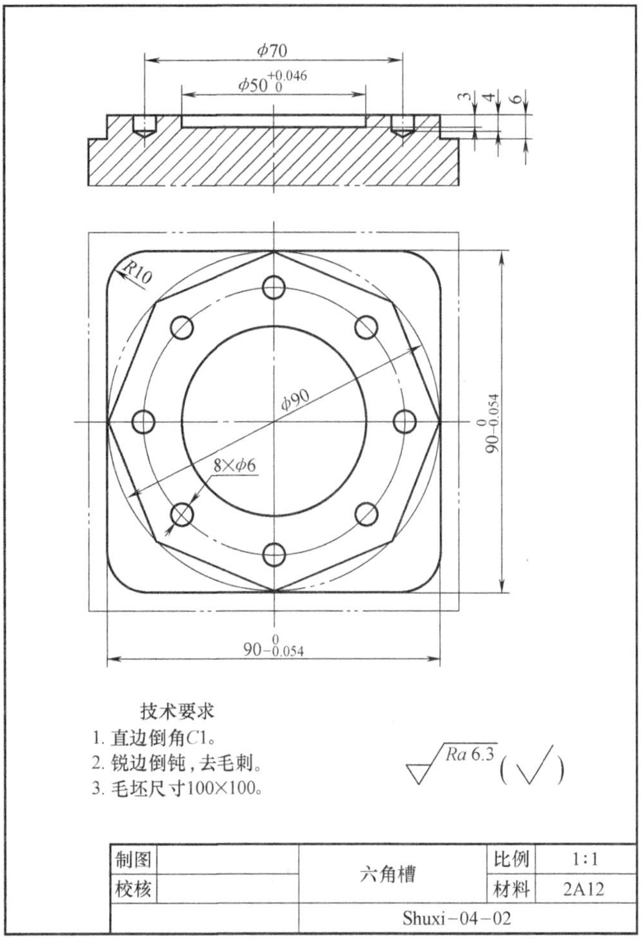

图 4-4　六角槽零件图

任务二　加工导柱孔——G73/G83 指令应用实例

任务描述

本任务为平面零件简单深孔的加工，如图 4-5 所示。根据零件图样进行试样加工，分析零件图样的技术特点，要求采用常用固定循环指令中的 G73 与 G83 指令分别对零件进行编程，同时选用合适的数控刀具，设计合理的走刀路线，选择正确的加工策略，并按要求操作数控机床，完成零件的工艺编制、程序编制、铣削加工与尺寸精度控制。

1. 零件形状分析

图 4-5 所示为典型的通孔（深孔）铣削加工零件，具备通孔、凸台等特征。

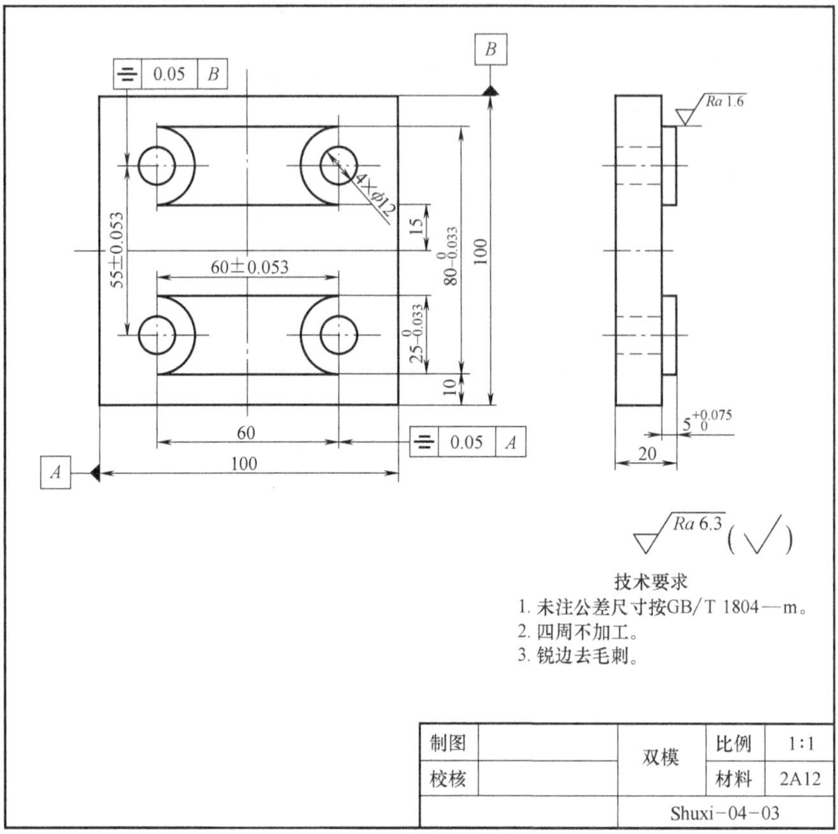

图 4-5　双模零件图

2. 尺寸精度分析

该零件的主要加工要素为通孔和凸台。深孔尺寸精度要求不高，为自由公差，达到表面粗糙度值要求即可。凸台精度要求较高，需合理安排粗、精加工，运用刀补修调尺寸公差。

3. 形位精度分析

两个侧面和内孔轴线需有良好的对称度要求，对称度公差为 0.05mm。

4. 表面粗糙度分析

零件的凸台轮廓表面的表面粗糙度值为 *Ra*1.6μm，其余轮廓平面表面的表面粗糙度值，内孔面的表面粗糙度值为 *Ra*3.2μm。

5. 技术要求分析

直边倒角 *C*1，锐边倒钝，去毛刺。

任务实施

一、毛坯及工、量、刃具准备

本任务所需的材料、设备及工、量、刃具见表 2-1 ~ 表 2-3。

二、制订工序卡片

本任务加工工件装夹方案和工件坐标系原点的设定见表 4-5，工件自动编程数控加工工艺卡片见表 4-6。

表 4-5　加工工件装夹方案和工件坐标系原点的设定

<table>
<tr><td rowspan="2">零件名称 / 加工面</td><td rowspan="2">双　模</td><td rowspan="2">装夹方案和工件坐标系原点的设定</td><td>工 序 号</td><td>1</td></tr>
<tr><td>装 夹 次 数</td><td>1</td></tr>
<tr><td rowspan="3">正面</td><td colspan="2" rowspan="3">1）利用精密机用虎钳对工件进行装夹，采用等高垫块将工件垫起，工件高出机用虎钳钳口 10mm 左右
2）设定工件中心为工件坐标系原点</td><td>夹具</td><td>名称</td></tr>
<tr><td>1</td><td>机用虎钳</td></tr>
<tr><td>2</td><td>等高垫块</td></tr>
</table>

表 4-6　工件自动编程数控加工工艺卡片

<table>
<tr><td colspan="2" rowspan="2">数控加工工艺卡片</td><td>零 件 名 称</td><td>双　模</td><td colspan="2">使 用 设 备</td><td colspan="2">华中世纪星</td></tr>
<tr><td>零 件 图 号</td><td>Shuxi-04-03</td><td colspan="2">车　间</td><td colspan="2">数 铣 车 间</td></tr>
<tr><td>序　号</td><td>程序号</td><td>工 步 内 容</td><td>刀 具 规 格</td><td>主轴转速 /r · min⁻¹</td><td>进给速度 /mm · min⁻¹</td><td>XY 余量/mm</td><td>备　注</td></tr>
<tr><td>1</td><td>%0001</td><td>铣削工件上表面</td><td>φ16mm 立铣刀</td><td>1200</td><td>200</td><td></td><td>精铣</td></tr>
<tr><td>2</td><td>%0002</td><td>粗铣削凸台轮廓</td><td>φ12mm 立铣刀</td><td>1000</td><td>90</td><td>0.5</td><td>粗铣</td></tr>
<tr><td>3</td><td>%0002</td><td>精铣削凸台轮廓</td><td>φ12mm 立铣刀</td><td>1500</td><td>120</td><td>0</td><td>精铣</td></tr>
<tr><td>4</td><td>%0003</td><td>钻 4 个中心孔</td><td>A3 中心钻</td><td>1000</td><td>50</td><td>0</td><td>精铣</td></tr>
<tr><td>5</td><td>%0004</td><td>钻 4 个通孔</td><td>φ12mm 麻花钻</td><td>600</td><td>60</td><td>0</td><td>精铣</td></tr>
<tr><td>编制</td><td colspan="2">审核</td><td></td><td>批准</td><td></td><td>共　页</td><td>第　页</td></tr>
</table>

三、编写参考程序

钻 4 个通孔的参考程序见表 4-7。

表 4-7　钻 4 个通孔的参考程序

程 序 段 号	程 序 内 容	动 作 说 明
	%0004	程序名
N10	G90 G54 G0 X0 Y0 Z50 M03 S600	选择 G54 坐标系，确定主轴转速为 600r/min
N20	G0 X30 Y-27.5	快速移动到第一个孔的上方
N30	G99 G73 Z-20.5 R8 P1 Q-4 K3 F60	用 G73 指令钻第一个通孔
N40	X-30	钻第二个通孔
N50	Y27.5	钻第三个通孔
N60	X30	钻第四个通孔
N70	G80 G0 Z50	取消孔加工固定循环，快速抬刀至 Z50
N80	X0 Y0	快速定位到点（0，0）
N90	M30	程序结束
加工完成		

任务评价

工件质量评价表见表 4-8。

表 4-8　工件质量评价表

<table>
<tr><td>班　级</td><td colspan="2"></td><td>姓　名</td><td></td><td>学　号</td><td></td></tr>
<tr><td>工 件 号</td><td colspan="2"></td><td>机 床 号</td><td></td><td>零件图号</td><td>Shuxi-04-03</td></tr>
<tr><td colspan="3">任务一</td><td colspan="4">双模零件的加工</td></tr>
<tr><td rowspan="8">基本检查</td><td rowspan="4">编程</td><td>序号</td><td>检测内容</td><td>配分</td><td>学生自评</td><td>教师评分</td></tr>
<tr><td>1</td><td>切削加工工艺制订正确</td><td>5</td><td></td><td></td></tr>
<tr><td>2</td><td>切削用量选择合理</td><td>5</td><td></td><td></td></tr>
<tr><td>3</td><td>程序正确、简单、规范</td><td>5</td><td></td><td></td></tr>
<tr><td rowspan="4">操作</td><td>4</td><td>设备操作、维护、保养正确</td><td>3</td><td></td><td></td></tr>
<tr><td>5</td><td>安全、文明生产</td><td>5</td><td></td><td></td></tr>
<tr><td>6</td><td>刀具选择、安装正确、规范</td><td>3</td><td></td><td></td></tr>
<tr><td>7</td><td>工件找正、安装正确、规范</td><td>4</td><td></td><td></td></tr>
<tr><td colspan="2">工作态度</td><td>8</td><td>行为规范、纪律表现良好</td><td>10</td><td></td><td></td></tr>
<tr><td colspan="2" rowspan="12">尺寸</td><td>9</td><td>55 ± 0.053mm</td><td>6</td><td></td><td></td></tr>
<tr><td>10</td><td>$80_{-0.033}^{0}$mm</td><td>8</td><td></td><td></td></tr>
<tr><td>11</td><td>60 ± 0.053mm</td><td>6</td><td></td><td></td></tr>
<tr><td>12</td><td>$5_{0}^{+0.075}$mm</td><td>8</td><td></td><td></td></tr>
<tr><td>13</td><td>$25_{-0.033}^{0}$mm</td><td>5</td><td></td><td></td></tr>
<tr><td>14</td><td>15mm</td><td>5</td><td></td><td></td></tr>
<tr><td>15</td><td>⌯ 0.05 A</td><td>5</td><td></td><td></td></tr>
<tr><td>16</td><td>⌯ 0.05 B</td><td>5</td><td></td><td></td></tr>
<tr><td>17</td><td>$4 \times \phi 12$mm</td><td>4</td><td></td><td></td></tr>
<tr><td>18</td><td>10mm</td><td>2</td><td></td><td></td></tr>
<tr><td>19</td><td>$Ra1.6\mu m$</td><td>3</td><td></td><td></td></tr>
<tr><td>20</td><td>$Ra3.2\mu m$</td><td>3</td><td></td><td></td></tr>
<tr><td colspan="4">综合得分</td><td>100</td><td></td><td></td></tr>
</table>

知识链接

高速深孔钻循环指令 G73

在数控加工中，钻孔、攻螺纹、镗孔、深孔钻削、拉镗等加工工序所需完成的顺序动作十分典型，并且在同一个面完成数个相同的加工顺序动作，每个孔的加工过程相同，需要孔位平面定位、快速进给、工进钻孔和快速退回，然后再在新的位置定位后重复同样的动作。在编写程序时，为了简化程序的编制，可对这一系列的动作预先编制程序，并通过 G 代码的一个程序进行指定。这种包含一系列典型动作循环的 G 代码称为固定循环指令。固定循环能缩短程序、节省存储空间、提高工作效率。本任务所用到的是常用固定循环指令中的 G73 和 G83。

（1）指令用途　G73 循环执行高速深孔钻，每次背吃刀量为 Q（用增量表示，在指令中给定)，退刀量为K。G73指令沿着Z轴执行间歇进给直到孔的底部，同时从孔中排出切屑，有利于断屑、排屑，减少退刀量，适用于深孔加工。

（2）指令格式

G98/G99　G73　X＿　Y＿　Z＿　R＿　Q＿　P＿　K＿　F＿　L＿

（3）指令说明

1）G73用于Z轴的间歇进给，使深孔加工时容易排屑，减少退刀量，可以进行高效率的加工。

2）X、Y：用增量值或绝对值指定孔位置，轨迹及进给速度与G00的定位相同。

3）Z：*R*点到孔底的距离（G91）或孔底坐标（G90）。

4）R：初始点到*R*点的距离（G91）或*R*点的坐标（G90）。

5）P：孔底暂停时间。

6）Q：每次进给深度。

7）K：每次退刀距离。

8）F：指定切削进给速度。

9）L：指定孔加工固定循环的次数，L为1时可以省略。

（4）G73指令循环动作　如图4-6所示

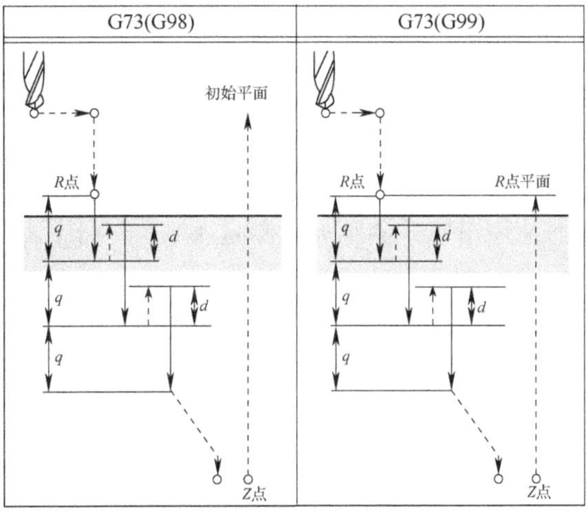

图4-6　G73指令循环动作

（5）注意事项

1）如果Z、K、Q的移动量为零，该指令不执行。

2）每次进给深度的Q值要大于每次退刀距离K值。

3）不能在同一程序段中使用G00、G01和G03等。

4）所用钻孔循环取消均采用G80指令。

任务解析

1. 分析技术要求

图4-5所示为在100mm×100mm×20mm的铝料上加工通孔与两个凸台，保证两个加工

部位的尺寸精度要求。加工对精度要求较高的凸台时，为了控制尺寸精度，不能用相同直径的立铣刀，而应采用直径大些的刀粗铣一遍，然后用直径小点的铣刀按照插补方法走一个完整的轮廓，并用刀补修调尺寸公差，这样才能保证精度要求。为了控制内孔与 *A* 面、*B* 面的对称度，选择在同一平面加工所有轮廓，避免装夹引起的误差。

2. 选择走刀路线

分粗、精加工，采用 G41 刀补，以顺时针方向铣削。对于通孔的加工，需注意在参数选择上的合理性，必须在机床刚性允许范围内尽可能提高生产率，不可一次进给加工深孔。

3. 确定装夹方法

工件毛坯为方形，六面为已加工表面，采用机用虎钳装夹，工件高出钳口 10mm 左右，工件下用垫块支承夹紧。

4. 分组实施项目

采用分小组原则，以小组分析讨论为主，制订具体的实施工艺，编写程序并进行铣削加工，控制轮廓尺寸精度、表面粗糙度与几何公差。

知识拓展

常用的孔的尺寸精度的测量方法

1. 孔距的测量

孔距是指第一个孔的中心到第二个孔中心的距离，其常用的测量方法有下面几种。

1）用游标卡尺。若要精确测量可用电子尺。首先量出两孔最近边的距离，再用这个距离加上每个孔的实际半径。

2）用滑轨式测距尺。使用滑轨式测距尺可测量不在同一平面或中间有障碍物的两孔间的距离，应用灵活、方便。

3）测量大型圆周上的孔距，可用多个直销分别插到相应的销孔中，然后测量孔距，也可以通过专用螺栓，将螺栓拧入螺母内，然后在螺栓上取点测量，间接评价螺母的位置度。

2. 孔径尺寸的简单测量

测量孔的尺寸时，先用千分尺校准内径量表，然后再进行测量，还可以用塞规、孔径规和针规等进行测量，如图 4-7 所示。

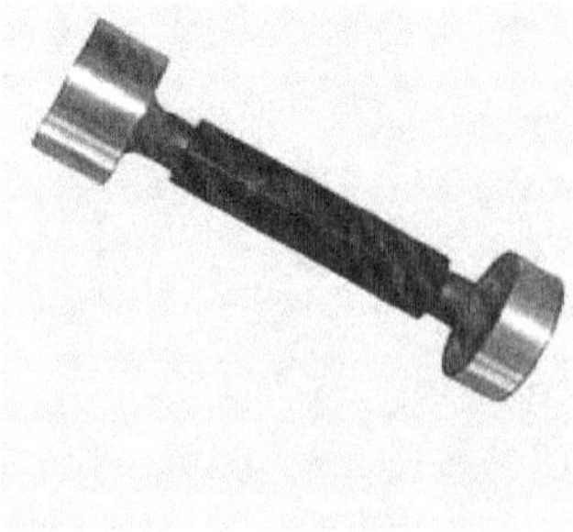

a)

b)

图　4-7

a）塞规　b）针规

想想练练

想一想

在图 4-5 所示的双模零件中，通孔采用 G83 加工，通孔质量如何变化，哪种方法比较好，为什么？

练一练

请按照以上所学知识，给图 4-8 所示零件编制最简化的程序。

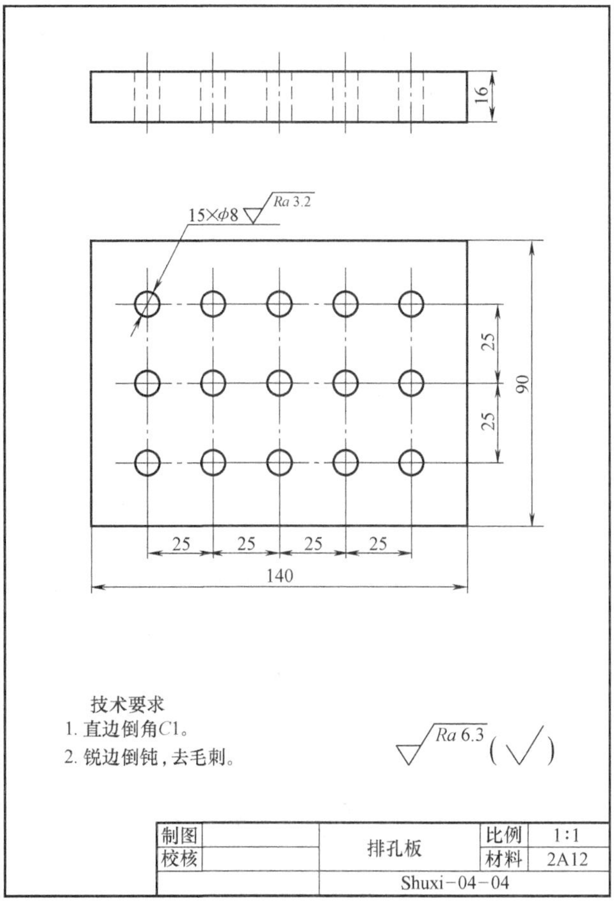

图 4-8 排孔板零件图

*任务三 加工螺纹孔板——G84 指令应用实例

任务描述

本任务为平面零件攻螺纹的加工，如图 4-9 所示。根据零件图样进行试样加工，分析零件图样的技术特点，要求采用常用固定循环指令中的 G84 指令对零件进行程序编制，同时选用合适的数控刀具，设计合理的走刀路线，选择正确的加工策略，并按要求操作数控机床，完成零件的工艺编制、程序编制、铣削加工与尺寸精度控制。

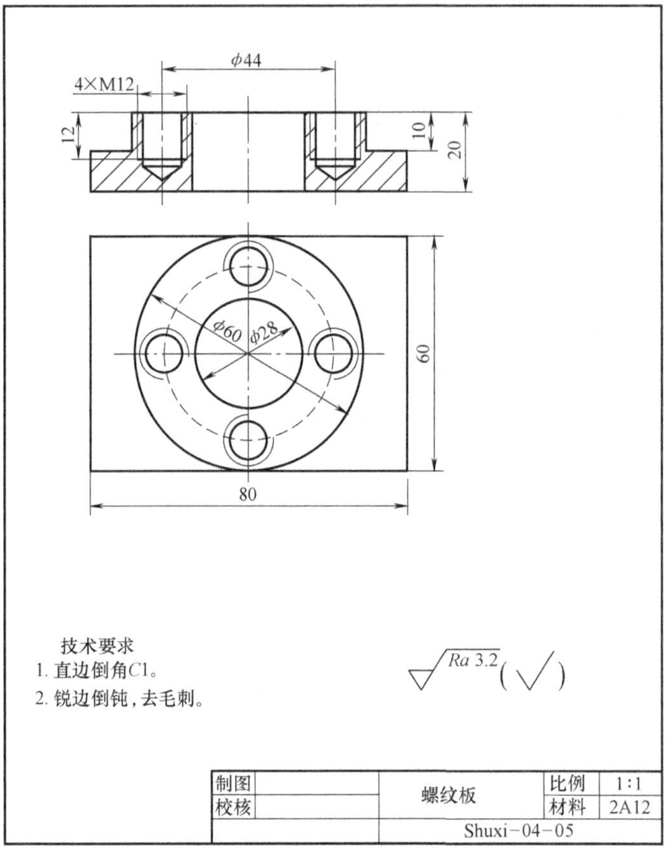

图 4-9　螺纹板零件

1. 零件形状

图 4-9 所示为典型的螺纹铣削加工零件，具备通孔、圆形凸台和螺纹等特征。

2. 尺寸精度

该零件的主要加工要素为通孔、圆形凸台和螺纹。通孔和凸台的尺寸精度要求不高，为自由公差，达到表面粗糙度值要求即可。螺纹精度要求较高，需合理安排粗、精加工，运用刀补修调尺寸公差。

3. 几何精度

无几何公差要求。

4. 表面粗糙度

零件各处表面的表面粗糙度值要求均为 *Ra*3. 2μm。

5. 技术要求

直边倒角 *C*1，锐边倒钝，去毛刺。

任务实施

一、毛坯及工、量、刃具准备

本任务除需准备表 2-1 ~ 表 2-3 所列的材料、设备和工、量、刃具外，还需准备 M12H8

丝锥。

二、制订工序卡片

本任务加工工件装夹方案和工件坐标系原点的设定见表4-9，工件自动编程数控加工工艺卡片见表4-10。

表 4-9　加工工件装夹方案和工件坐标系原点的设定

零件名称 / 加工面	螺　纹　板	装夹方案和工件坐标系原点的设定	工　序　号	1
			装 夹 次 数	1
正面	1）利用精密机用虎钳对工件进行装夹，采用等高垫块将工件垫起，工件高出平口钳口10mm左右 2）设定工件中心为工件坐标系原点		夹具	名称
			1	机用虎钳
			2	等高垫块

表 4-10　工件自动编程数控加工工艺卡片

数控加工工艺卡片		零 件 名 称	螺　纹　板	使 用 设 备		华中世纪星	
		零 件 图 号	Shuxi-04-05	车　　间		数 铣 车 间	
序　　号	程序号	工 步 内 容	刀 具 规 格	主轴转速 /r · min^{-1}	进给速度 /mm · min^{-1}	XY 余量/mm	备　　注
1	%0001	铣削工件上表面	ϕ16mm 立铣刀	1200	200		精铣
2	%0002	粗铣削凸台与外轮廓	ϕ16mm 立铣刀	1000	90	0.5	粗铣
3	%0003	精铣削凸台与外轮廓	ϕ16mm 立铣刀	1500	120	0	精铣
4	%0004	钻5个中心孔	A3 中心钻	1000	50	0	精铣
5	%0005	钻通孔	ϕ28mm 麻花钻	500	30	0	精铣
6	%0006	钻4个盲孔	ϕ10.3mm 麻花钻	700	50	0	精铣
7	%0007	攻螺纹	丝锥 M12H8	100	200	0	精铣
编制		审核		批准		共　页	第　页

三、编写参考程序

钻4个盲孔的加工参考程序见表4-11，攻螺纹的参考程序见表4-12。

表 4-11　钻 4 个盲孔的加工参考程序

程 序 段 号	程 序 内 容	动 作 说 明
	%0006	程序名
N10	G90 G54 G0 X0 Y0 Z50 M03 S700	选择 G54 坐标系，确定主轴转速为 700r/min
N20	G0 Y-22	快速定位到第一个加工孔上方
N30	G99 G81 Z-17 R10 F50	用 G81 指令钻第一个孔
N40	X-22 Y0	钻第二个孔
N50	X0 Y22	钻第三个孔
N60	X22 Y0	钻第四个孔
N70	G80 G0 Z50	取消孔加工固定循环，快速抬刀至 Z50
N80	X0 Y0	快速定位到点（0，0）
N90	M30	程序结束

表 4-12　攻螺纹的参考程序

程序段号	程序内容	动作说明
	%0007	程序名
N10	G90 G54 G0 X0 Y0 Z50 M03 S100	选择 G54 坐标系，确定主轴转速为 100r/min
N20	G0 Y-22	快速定位到第一个加工孔上方
N30	G99 G84 Z-12 R8 P1 F175	用 G84 指令加工第一个螺纹，螺距为 1.75mm
N40	X-22 Y0	用 G84 指令加工第二个螺纹
N50	X0 Y22	用 G84 指令加工第三个螺纹
N60	X22 Y0	用 G84 指令加工第四个螺纹
N70	G80 G0 Z50	取消孔加工固定循环，快速抬刀至 Z50
N80	X0 Y0	快速定位到点（0，0）
N90	M30	程序结束

任务评价

工件质量评价表见表 4-13。

表 4-13　工件质量评价表

班级			姓名		学号	
工件号			机床号		零件图号	Shuxi-04-05
任务一			螺纹板零件的加工			
基本检查	编程	序号	检测内容	配分	学生自评	教师评分
		1	切削加工工艺制订正确	5		
		2	切削用量选择合理	5		
		3	程序正确、简单、规范	5		
	操作	4	设备操作、维护、保养正确	3		
		5	安全、文明生产	5		
		6	刀具选择、安装正确、规范	3		
		7	工件找正、安装正确、规范	4		
工作态度		8	行为规范、纪律表现良好	10		
尺寸		9	80mm	5		
		10	60mm	5		
		11	20mm	5		
		12	12mm（4 处）	8		
		13	10mm	5		
		14	ϕ44mm	5		
		15	4×M12	12		
		16	Φ28mm	5		
		17	Φ60mm	5		
		18	倒角	2		
		19	$Ra3.2\mu m$	3		
综合得分				100		

知识链接

攻右旋螺纹指令 G84

螺纹的加工方法多种多样，传统的螺纹加工方法主要为采用螺纹车刀车削螺纹或采用丝锥、板牙手工攻螺纹及套螺纹。随着数控加工技术的发展，尤其是三轴联动数控加工系统的出现，应用数控铣床对螺纹进行加工已经成为非常重要和使用广泛的方法与手段。在数控铣床上加工螺纹，主要采用攻螺纹循环指令来编制加工程序，本任务学习攻螺纹循环指令中的 G84 指令。

（1）指令用途　G84 循环用于加工右旋螺纹。执行该循环时，主轴正转，在 G17 平面快速定位后快速移动到 *R* 点，执行攻螺纹到达孔底后，主轴反转退回到 *R* 点，完成攻螺纹动作。

（2）指令格式

G98/G99　G84　X__　Y__　Z__　R__　P__　F__　L__

（3）指令说明

1）用 G84 指令攻螺纹时，主轴正转攻螺纹，到孔底时主轴反转退回。

2）X、Y：用增量值或绝对值指定孔位置，轨迹及进给速度与 G00 的定位相同。

3）Z：*R* 点到孔底的距离（G91）或孔底坐标（G90）。

4）R：初始点到 *R* 点的距离（G91）或 *R* 点的坐标（G90）。

5）P：孔底暂停时间。

6）F：螺纹导程。

7）L：指定孔加工固定循环的次数，L 为 1 时可以省略。

（4）G84 指令循环动作　如图 4-10 所示。

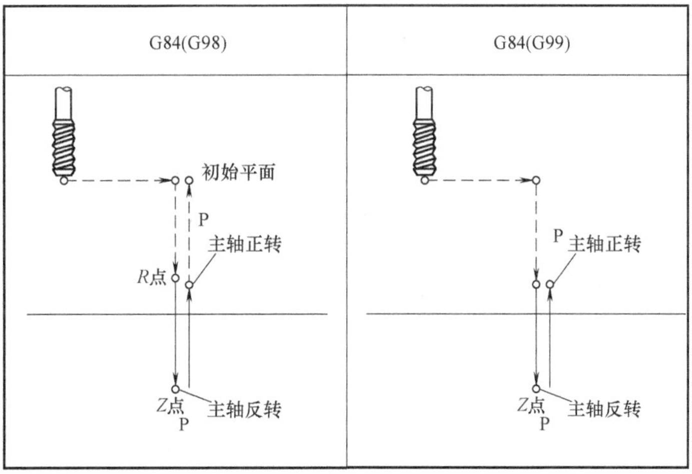

图 4-10　G84 指令循环动作

（5）注意事项

1）攻螺纹时，速度倍率和进给保持均不起作用。

2）R 应选在距工件表面 7mm 以上的位置。

3）如果 Z 的移动量为零，该指令不执行。

任务解析

1. 分析技术要求

图 4-9 所示为在 100mm×100mm×20mm 的铝料上加工通孔、凸台与螺纹，保证三个加工部位的尺寸精度要求。加工对精度要求较高的螺纹时，为了控制尺寸精度，需要用 ϕ10mm 的立铣刀先钻出一个直径为 10.3mm 的孔，然后再用丝锥进行攻螺纹的操作。因为该螺纹的底径是 10.3mm，螺距 1.75mm，所以在加工过程中所钻孔的直径必须≤10.3mm。

2. 选择走刀路线

分粗、精加工，采用 G41 刀补，以顺时针方向铣削。对于通孔加工，需注意在参数选择上的合理性，必须在机床刚性允许范围之下尽可能提高生产率，不可一次进给加工深孔。

3. 确定装夹方法

工件毛坯为方形，六面为已加工表面，采用机用虎钳装夹，工件高出钳口 10mm 左右，工件下用垫块支承夹紧。

4. 分组实施项目

采用分小组原则，以小组分析讨论为主，制订具体的实施工艺，编写程序并进行铣削加工，控制轮廓尺寸精度、表面粗糙度与几何公差。

知识拓展

G84 与 G74 指令的区别

1. 攻螺纹指令格式

G84　X__　Y__　Z__　R__　F__

G74　X__　Y__　Z__　R__　F__

2. 攻螺纹指令说明

1）G84 为攻右旋螺纹，G74 为攻左旋螺纹。

2）G84 指令使主轴从 *R* 点移至 *Z* 点时，刀具正向进给，主轴正转，攻进至孔底时主轴反转，返回到 *R* 点平面后，主轴恢复正转，如图 4-11a 所示。

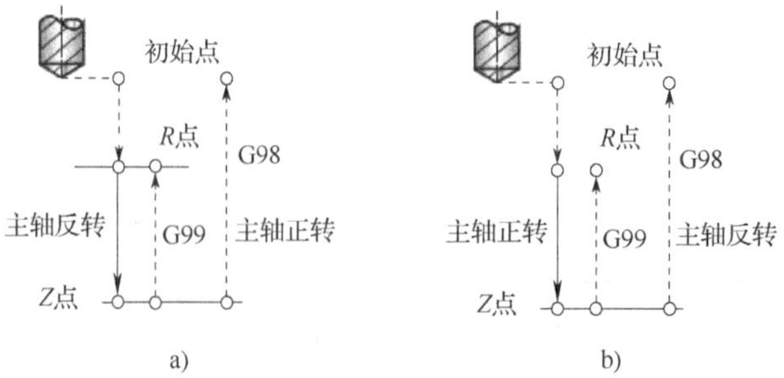

图 4-11　攻螺纹指令

3）G74 指令使主轴攻螺纹时反转，到孔底正转，返回到 R 点时恢复反转，如图 4-11b 所示。

4）与钻孔加工不同的是，攻螺纹结束后的返回过程不是快速运动而是进给速度反转退出。

攻螺纹过程要求主轴转速与进给速度成严格的比例关系，因此编程时要求根据主轴转速计算进给速度，计算公式为

$$v_f = nP$$

式中，v_f——进给速度，单位为 mm/min；

n——主轴转速，单位为 r/min；

P—— 螺纹导程（单线螺纹为螺距），单位为 mm。

想想练练

想一想

在图 4-9 所示的螺纹板零件中，如果用 G74 指令编制零件加工程序可以吗，为什么？如果可以，请写出具体程序。

练一练

请按照以上所学知识，给图 4-12 所示零件编制最简化的程序。

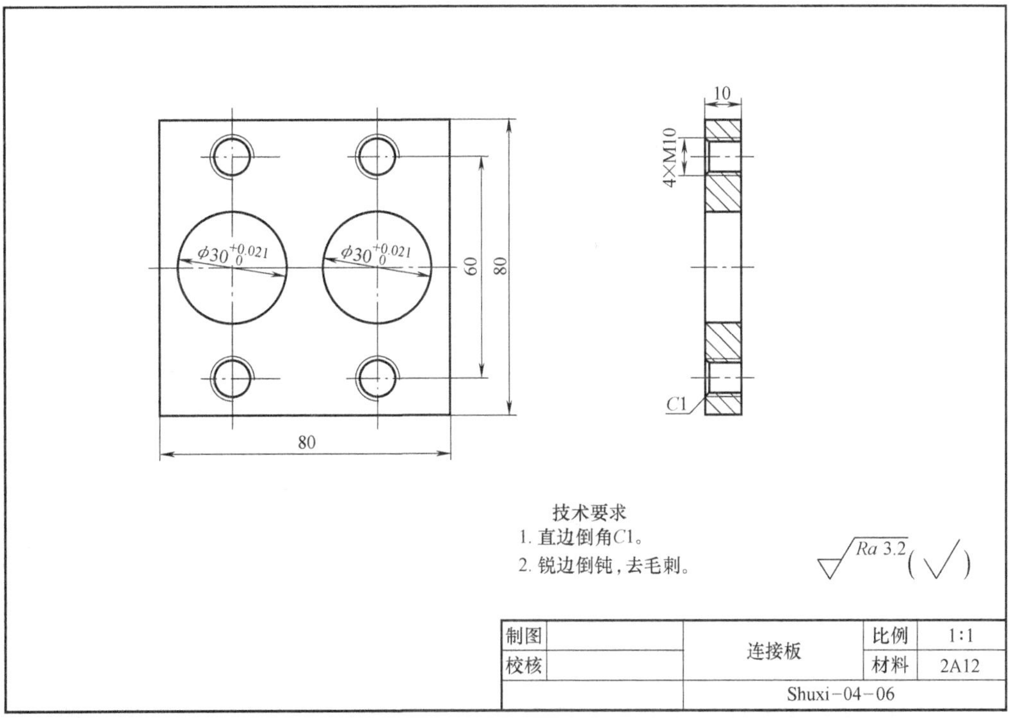

图 4-12　连接板零件图

＊任务四　加工凸轮孔——G76 指令应用实例

任务描述

本任务为平面零件简单镗孔的加工，如图 4-13 所示。根据零件图样进行试样加工，分析零件图样的技术特点，要求采用常用固定循环指令中的 G76 对零件进行程序编制，同时选用合适的数控刀具，设计合理的走刀路线，选择正确的加工策略，并按要求操作数控机床，完成零件的工艺编制、程序编制、铣削加工与尺寸精度控制。

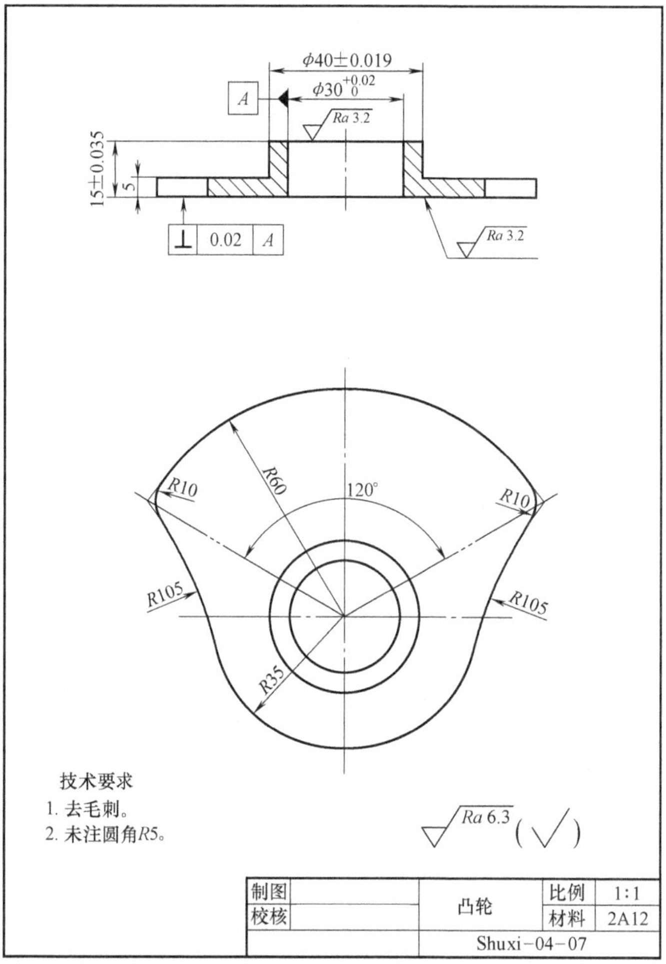

图 4-13　凸轮零件图

1. 零件形状

图 4-13 所示为典型的镗孔铣削加工零件，具备平面外轮廓、凸台和通孔等特征。

2. 尺寸精度

该零件的主要加工要素为平面外轮廓、凸台和通孔。平面外轮廓的尺寸精度要求不高，为自由公差，达到表面粗糙度值要求即可。凸台与通孔的精度要求较高，需合理安排粗、精加工，运用刀补修调尺寸公差。

3. 几何精度

凸轮底面与内孔面有垂直度要求，垂直度公差为0.02mm。

4. 表面粗糙度

零件凸台上、下面的表面粗糙度值为 *Ra*3.2μm，其余轮廓平面、内孔面的表面粗糙度值为 *Ra*6.4μm。

5. 技术要求

锐边去毛刺，未注圆角 *R*5mm。

任务实施

一、毛坯及工、量、刃具准备

本任务除需准备表 2-1 ~ 表 2-3 所列的材料、设备和工、量、刃具外，还需准备单刃镗刀。

二、制订工序卡片

本任务加工工件装夹方案和工件坐标系原点的设定见表4-14，工件自动编程数控加工工艺卡片见表4-15。

表 4-14　加工工件装夹方案和工件坐标系原点的设定

<table>
<tr><td rowspan="2">零件名称
加工面</td><td rowspan="2">双　　模</td><td rowspan="2">装夹方案和工件坐标系原点的设定</td><td>工　序　号</td><td>1</td></tr>
<tr><td>装 夹 次 数</td><td>1</td></tr>
<tr><td rowspan="3">正面</td><td colspan="2" rowspan="3">1）利用精密机用虎钳对工件进行装夹，采用等高垫块将工件垫起，工件高出平口钳口 10mm 左右
2）设定工件中心为工件坐标系原点</td><td>夹具</td><td>名称</td></tr>
<tr><td>1</td><td>机用虎钳</td></tr>
<tr><td>2</td><td>等高垫块</td></tr>
</table>

表 4-15　工件自动编程数控加工工艺卡片

<table>
<tr><td colspan="2" rowspan="2">数控加工工艺卡片</td><td>零 件 名 称</td><td>椭　圆　板</td><td colspan="2">使 用 设 备</td><td colspan="2">华中世纪星</td></tr>
<tr><td>零 件 图 号</td><td>Shuxi-04-07</td><td colspan="2">车　　间</td><td colspan="2">数 铣 车 间</td></tr>
<tr><td>序　　号</td><td>程序号</td><td>工 步 内 容</td><td>刀 具 规 格</td><td>主轴转速
/r · min⁻¹</td><td>进给速度
/mm · min⁻¹</td><td>XY 余量/mm</td><td>备　　注</td></tr>
<tr><td>1</td><td>%0001</td><td>铣削工件上表面</td><td>φ16mm 立铣刀</td><td>1200</td><td>200</td><td></td><td>精铣</td></tr>
<tr><td>2</td><td>%0002</td><td>粗铣削凸台外轮廓</td><td>φ16mm 立铣刀</td><td>1000</td><td>90</td><td>0.5</td><td>粗铣</td></tr>
<tr><td>3</td><td>%0003</td><td>精铣削凸台外轮廓</td><td>φ16mm 立铣刀</td><td>1500</td><td>120</td><td>0</td><td>精铣</td></tr>
<tr><td>4</td><td>%0004</td><td>钻中心孔</td><td>A3 中心钻</td><td>1000</td><td>50</td><td>0</td><td>精铣</td></tr>
<tr><td>5</td><td>%0005</td><td>钻通孔</td><td>φ28mm 麻花钻</td><td>500</td><td>50</td><td>0</td><td>精铣</td></tr>
<tr><td>6</td><td>%0006</td><td>半精镗、精镗孔</td><td>单刃镗刀</td><td>1500</td><td>100</td><td>0</td><td>精铣</td></tr>
<tr><td>7</td><td>%0007</td><td>反向装夹粗铣削轮廓</td><td>φ16mm 立铣刀</td><td>1000</td><td>90</td><td>0.5</td><td>粗铣</td></tr>
<tr><td>8</td><td>%0008</td><td>精铣削轮廓</td><td>φ16mm 立铣刀</td><td>1500</td><td>120</td><td>0</td><td>精铣</td></tr>
<tr><td>编制</td><td colspan="2"></td><td>审核</td><td>批准</td><td></td><td>共　页</td><td>第　页</td></tr>
</table>

三、编写参考程序

钻通孔的参考程序见表 4-16，半精、精镗孔的参考程序见表 4-17。

表 4-16　钻通孔的参考程序

程序段号	程序内容	动作说明
	%0005	程序名
N10	G90 G54 G0 X0 Y0 Z50 M03 S500	选择 G54 坐标系，确定转速为 500r/min
N20	G0 Y-22	定位到第一个钻孔点上方
N30	G99 G81 Z-12 R5 F50	用 G81 指令钻第一个孔
N40	X-22 Y0	钻第二个孔
N50	X0 Y22	钻第三个孔
N60	X22 Y0	钻第四个孔
N70	G80 G0 Z50	取消孔加工固定循环，快速抬刀至 Z50
N80	X0 Y0	快速定位到点（0，0）
N90	M30	程序结束

表 4-17　半精、精镗孔的参考程序

程序段号	程序内容	动作说明
	%0006	程序名
N10	G90 G54 G0 X0 Y0 Z50 M3 S1500	选择 G54 坐标系，确定转速为 100r/min
N20	G0 Y-22	定位到第一个钻孔点上方
N30	G99 G76 Z-16 I-0.2 R8 P1 F100	用 G76 指令镗第一个孔
N40	X-22 Y0	镗第二个孔
N50	X0 Y22	镗第三个孔
N60	X22 Y0	镗第四个孔
N70	G80 G0 Z50	取消孔加工固定循环，快速抬刀至 Z50
N80	X0 Y0	快速定位到点（0，0）
N90	M30	程序结束

任务评价

工件质量评价表见表 4-18。

表 4-18　工件质量评价表

<table>
<tr><td>班　级</td><td colspan="2"></td><td>姓　名</td><td colspan="2"></td><td colspan="2">学　号</td><td></td></tr>
<tr><td>工 件 号</td><td colspan="2"></td><td>机 床 号</td><td colspan="2"></td><td colspan="2">零件图号</td><td>Shuxi-04-07</td></tr>
<tr><td colspan="3">任务一</td><td colspan="6">凸轮零件的加工</td></tr>
<tr><td rowspan="8">基本检查</td><td rowspan="4">编程</td><td>序号</td><td colspan="2">检测内容</td><td colspan="2">配分</td><td>学生自评</td><td>教师评分</td></tr>
<tr><td>1</td><td colspan="2">切削加工工艺制订正确</td><td colspan="2">5</td><td></td><td></td></tr>
<tr><td>2</td><td colspan="2">切削用量选择合理</td><td colspan="2">5</td><td></td><td></td></tr>
<tr><td>3</td><td colspan="2">程序正确、简单、规范</td><td colspan="2">5</td><td></td><td></td></tr>
<tr><td rowspan="4">操作</td><td>4</td><td colspan="2">设备操作、维护、保养正确</td><td colspan="2">3</td><td></td><td></td></tr>
<tr><td>5</td><td colspan="2">安全、文明生产</td><td colspan="2">5</td><td></td><td></td></tr>
<tr><td>6</td><td colspan="2">刀具选择、安装正确、规范</td><td colspan="2">3</td><td></td><td></td></tr>
<tr><td>7</td><td colspan="2">工件找正、安装正确、规范</td><td colspan="2">4</td><td></td><td></td></tr>
<tr><td colspan="2">工作态度</td><td>8</td><td colspan="2">行为规范、纪律表现良好</td><td colspan="2">10</td><td></td><td></td></tr>
</table>

（续）

班　级		姓　名		学　号	
工 件 号		机 床 号		零件图号	Shuxi-04-07
任务一		凸轮零件的加工			
尺寸	9	$\phi 40 \pm 0.019$mm	8		
	10	$\phi 30^{+0.02}_{0}$mm	8		
	11	15 ± 0.035mm	8		
	12	5mm	5		
	13	⊥ 0.02 *A*	5		
	14	*R*105mm	5		
	15	*R*60mm	5		
	16	*R*10mm	5		
	17	*R*35mm	5		
	18	*Ra*3.2μm	3		
	19	*Ra*6.3μm	3		
综合得分			100		

知识链接

精镗孔循环指令 G76

镗孔是对锻出、铸出或钻出孔的进一步加工，可扩大孔径，提高精度，减小表面粗糙度值，还可以较好地纠正原来孔轴线的偏斜。镗孔可以分为粗镗、半精镗和精镗。精镗孔的尺寸精度可达 IT7 ~ IT8，表面粗糙度 *Ra* 值为 0.8 ~ 1.6μm，本任务主要学习精镗孔循环指令 G76 的应用。

（1）指令用途　G76 主要用于精密镗孔加工。执行 G76 循环，刀具以切削进给方式加工至孔底，实现主轴准停，然后使刀头沿孔径方向离开已加工内孔表面后抬刀退出，刀具向刀尖相反方向移动，使刀具脱离工件表面，带有让刀的退刀可保证刀具不擦伤工件的表面，然后快速退回到 R 平面或初始平面。

（2）指令格式

G98/G99　G76　X__　Y__　Z__　R__　P__　I__　J__　F__　L__

（3）指令说明

1）G76 指令执行精镗加工。

2）X、Y：用增量值或绝对值指定孔位置，轨迹及进给速度与 G00 的定位相同。

3）Z：*R* 点到孔底的距离（G91）或孔底坐标（G90）。

4）R：初始点到 *R* 点的距离（G91）或 *R* 点的坐标（G90）。

5）P：孔底暂停时间。

6）I、J：刀具的轴反向位移增量。

7）F：指定切削进给速度。

8）L：指定孔加工固定循环的次数，L 为 1 时可以省略。

（4）G76 指令循环动作　如图 4-14 所示。

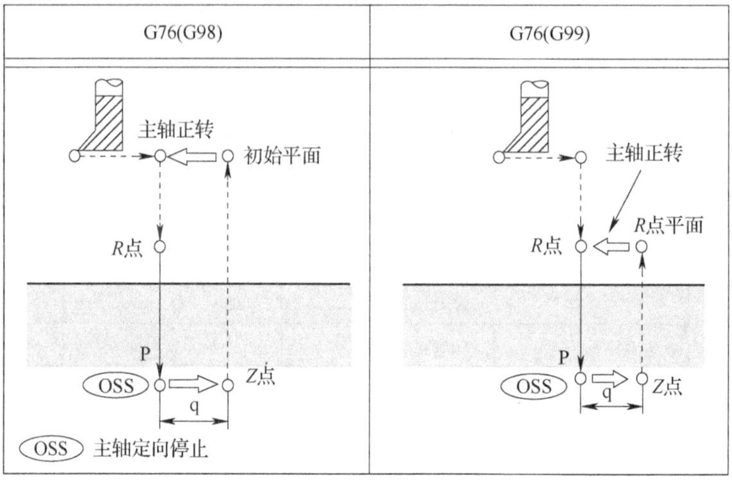

图 4-14　G76 指令循环动作

（5）注意事项　如果 Z 的移动量为零，该指令不执行。

任务解析

1. 分析技术要求

图 4-13 所示为在 100mm×100mm×20mm 的铝料上加工圆弧轮廓、通孔与凸台，保证三个加工部位的尺寸精度要求。加工对精度要求较高的凸台时，为了控制尺寸精度，不能用相同直径的立铣刀，而应采用直径大些的刀粗铣一遍，然后用直径小点的铣刀按照插补方法走一个完整的轮廓，并用刀补修调尺寸公差，这样才能保证精度要求。为了控制底面与 *A* 面的垂直度，选择在同一平面加工所有轮廓，避免装夹引起的误差。

2. 选择走刀路线

分粗、精加工，采用 G41 指令进行刀补，以顺时针方向铣削。对于通孔的加工，需注意在参数选择上的合理性，必须在机床刚性允许范围之下尽可能提高生产率，不可一次进给加工深孔。

3. 确定装夹方法

工件毛坯为方形，六面为已加工表面，采用机用虎钳装夹，工件高出钳口 10mm 左右，工件下用垫块支承夹紧。

4. 分组实施项目

采用分小组原则，以小组分析讨论为主，制订具体的实施工艺，编写程序并进行铣削加工，控制轮廓尺寸精度、表面粗糙度与几何公差。

知识拓展

镗孔刀具及选择

镗刀种类很多，按切削刃数量可分为单刃镗刀和双刃镗刀。

1. 单刃镗刀

单刃镗刀可镗削通孔、阶梯孔和盲孔。单刃镗刀刚性差，切削时易引起振动，因此，一般选用主偏角较大的镗刀，以减小径向力。粗镗铸铁孔或精镗时，主偏角 κ_r 一般取 90°；粗镗钢件孔时，主偏角 κ_r 一般取 60°～75°，以提高刀具的使用寿命。在精镗孔中，目前较多地选用精镗微调镗刀，如图 4-15 所示。

精镗微调镗刀的径向尺寸可以在一定范围内进行微调，调节方便且精度高，其结构如图 4-16 所示。调整尺寸时，先松开紧固螺钉，然后转动带刻度盘的调整螺母，待调至所需尺寸后，再拧紧螺钉。使用时应保证锥面靠近大端接触，且与直孔部分同心。螺纹尾部的两个导向块用来防止刀块转动，导向键与键槽配合间隙不能太大，否则微调时不能达到较高的精度。

图 4-15　精镗微调镗刀

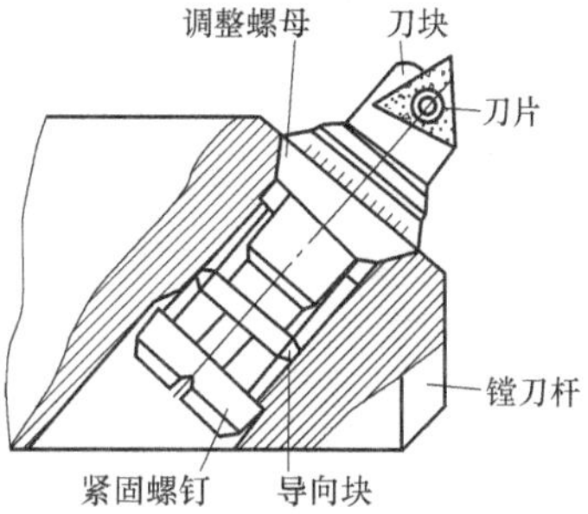

图 4-16　精镗微调镗刀的结构

2. 双刃镗刀

镗削大直径的孔时，可选用双刃镗刀，如图 4-17 所示。这种镗刀头部可以在较大的范围内进行调整，且调整方便，最大镗孔直径可达 1000mm。

双刃镗刀的两端有一对对称的切削刃同时参加切削，与单刃镗刀相比，每转进给量可提高一倍左右，生产率高，同时可以消除径向切削力对镗杆的影响。

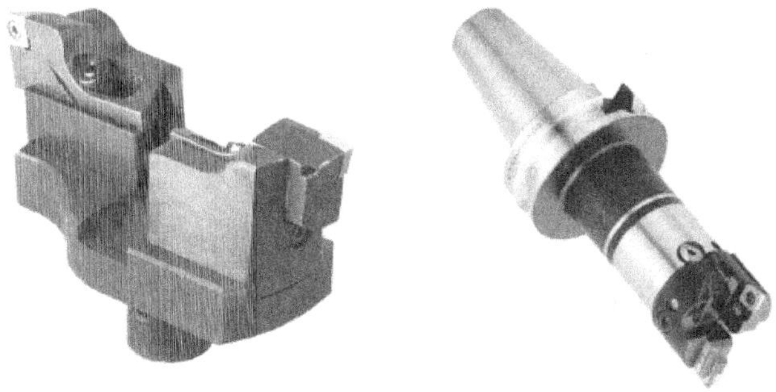

图 4-17　双刃镗刀

3. 镗孔刀具的选择

选择镗孔刀具时，需考虑以下几个问题。

1）在不影响排屑的情况下，尽可能选择大的刀杆直径，接近镗孔直径。

2）尽可能选择短的刀杆臂（工作长度）。加工大孔可用减振刀杆。

3）主偏角 κ_r 一般取 75°～90°。

4）选择涂层的刀片品种（切削刃圆弧小）和小的刀尖圆弧半径（0. 2 mm）。

5）精加工时采用正切削刃（正前角）刀片的刀具，粗加工时采用负切削刃刀片的刀具。

6）镗深的盲孔时，采用压缩空气或切削液来排屑和冷却。

7）选择定位准确、可靠，装夹迅速的镗刀柄夹具。

想想练练

想一想

在图 4-13 所示的凸轮零件中，先加工凸台后装夹凸台加工外轮廓好还是先加工外轮廓再加工凸台好，为什么？

练一练

请按照以上所学知识，给图 4-18 所示的零件编制最简化的程序。

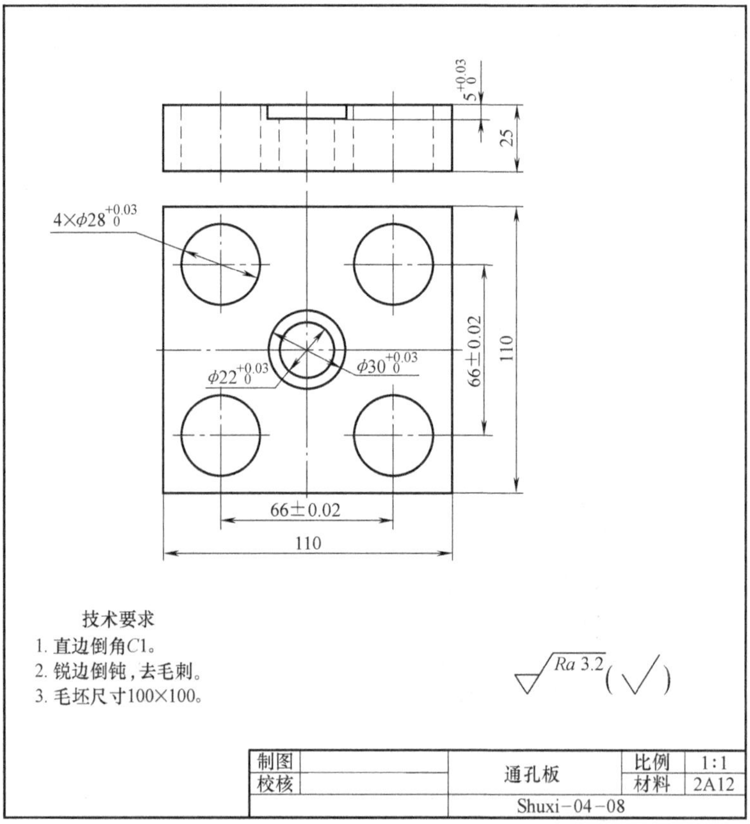

图 4-18　通孔板零件

项目五　对称类零件的高级编程与加工

项目目标

通过项目的学习，学生可以运用子程序调用、坐标旋转和镜像等高级指令来编写各种零件上相似形状的程序，程序编写趋于简单化，提高了操作者的工艺分析能力、程序编写能力及生产效率。

项目任务

1. 能完整掌握高级编程指令的格式。
2. 能合理分析并运用高级编程指令对零件上的相似形状进行简单化编程。
3. 能利用高级编程指令编程并独自完成加工任务。

任务一　加工槽轮板——主子程序应用实例

任务描述

本任务为平面槽轮板的加工，如图5-1所示。根据零件图样进行试样加工，分析零件图

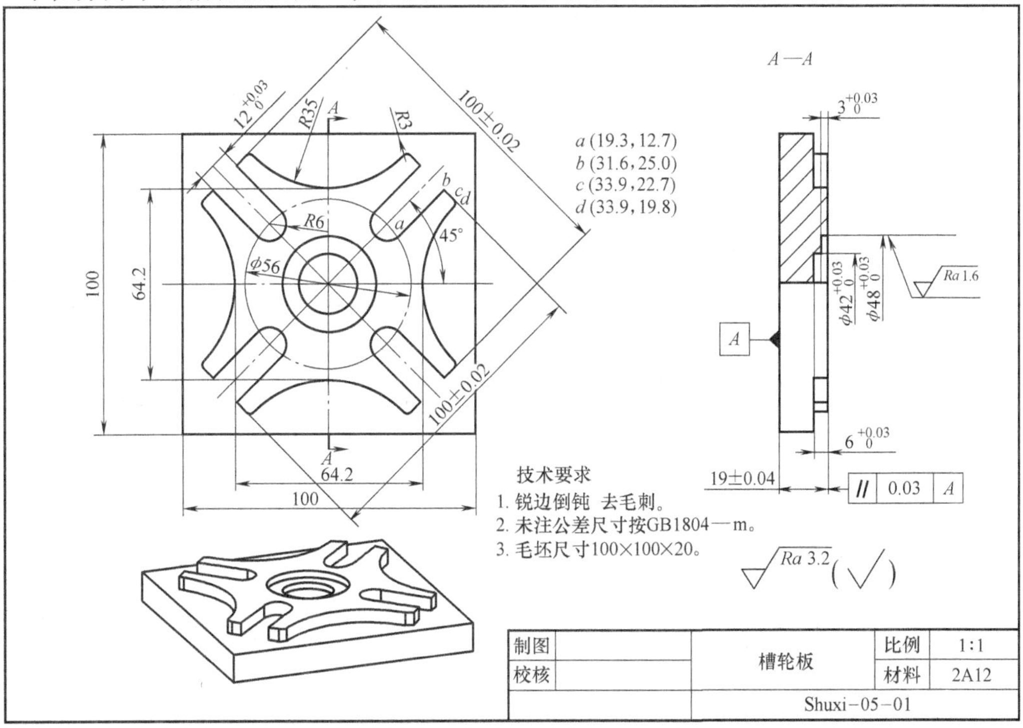

图5-1　槽轮板零件图

样的技术特点，要求采用高级指令主子程序的应用进行编程加工，同时选用合适的数控刀具，设计合理的走刀路线，选择正确的加工策略，并按要求操作数控机床，完成零件的工艺编制、程序编制、铣削加工与尺寸精度控制。

1. 零件形状

图 5-1 所示为典型的二维槽轮板的铣削加工零件，具备圆、U 形槽和平面等特征。

2. 尺寸精度

该零件的主要加工要素为圆和 U 形槽。圆弧精度要求不高，铣削出轮廓即可。U 形槽加工精度要求较高，需合理安排粗、精加工，运用刀补修调尺寸公差。

3. 几何精度

零件的上表面与下表面有平行关系，平行度要求为 0. 03mm。

4. 表面粗糙度

零件孔壁的表面粗糙度值为 $Ra1.6\mu m$，其余轮廓平面、侧面的表面粗糙度值为 $Ra3.2\mu m$。

5. 技术要求

锐边去毛刺。

任务实施

一、毛坯及工、量、刃具准备

本任务所需材料、设备和工、量、刃具见表 2-1 ~ 表 2-3。

二、制订工序卡片

本任务加工工件装夹方案和工件坐标系原点的设定见表 5-1，工件手动编程数控加工工艺卡片见表 5-2。

表 5-1　加工工件装夹方案和工件坐标系原点的设定

零件名称 / 加工面	槽轮板	装夹方案和工件坐标系原点的设定	工　序　号	1
			装 夹 次 数	1
正面	1）利用精密机用虎钳对工件进行装夹，采用等高垫块将工件垫起，工件高出机用虎钳口 10mm 左右。 2. 设定工件中心为工件坐标系原点。		夹具	名称
			1	机用虎钳
			2	等高垫块

表 5-2　工件手动编程数控加工工艺卡片

数控加工工艺卡片		零 件 名 称	槽　轮　板	使 用 设 备		华中世纪星	
		零 件 图 号	Shuxi-05-01	车　　间		数 铣 车 间	
序　　号	程序号	工 步 内 容	刀具规格 /mm	主轴转速 $/r \cdot min^{-1}$	进给速度 $/mm \cdot min^{-1}$	XY 余量/mm	备　　注
1	%0001	铣削工件上表面	ϕ16 立铣刀	1200	200	0. 5	精铣
2	%0001	铣削工件下表面	ϕ16 立铣刀	1200	200	0	精铣
3	%0002	钻削内圆	ϕ10 钻头	500	90		
4	%0003	粗铣削 U 形槽轮廓	ϕ10 立铣刀	1000	90	0. 5	粗铣

（续）

数控加工工艺卡片		零件名称	槽轮板	使用设备		华中世纪星	
		零件图号	Shuxi-05-01	车间		数铣车间	
序号	程序号	工步内容	刀具规格 /mm	主轴转速 /r · min^{-1}	进给速度 /mm · min^{-1}	XY 余量/mm	备注
5	%0004	粗铣削内圆轮廓	ϕ10 立铣刀	1000	90	0.5	粗铣
6	%0003	精铣削 U 形槽轮廓	ϕ10 立铣刀	1500	120	0	精铣
7	%0004	精铣削内圆轮廓	ϕ10 立铣刀	1500	120	0	精铣
编制		审核		批准		共　页	第　页

三、编写参考程序

铣削 U 形槽的参考程序见表 5-3。

表 5-3　铣削 U 形槽的参考程序

程序段号	程序内容	动作说明
	%0003	程序名
N10	G90 G54 G0 X50 Y50 Z50 M03 S1000	ϕ10mm 刀具
N20	M8	开启切削液
N30	G0 Z5	刀具空间快速移动到安全高度
N70	G01 Z-6 F90	以 G01 方式垂直进给至加工深度，进给速度为 90mm/min
N80	M98 P100	调用铣削 U 形子程序
N90	G68 X0 Y0 P90	建立坐标系旋转，旋转角度为 90°
N100	M98 P100	调用铣削 U 形子程序
N110	G68 X0 Y0 P180	建立坐标系旋转，旋转角度为 180°
N120	M98 P100	调用铣削 U 形子程序
N130	G68 X0 Y0 P270	建立坐标系旋转，旋转角度为 270°
N140	M98 P100	调用铣削 U 形子程序
N150	G0 G69 Z50	取消旋转命令，快速抬刀
N160	M30	程序结束
N170	%100	子程序名
N180	G01 X50 Y50	设定下刀点
N190	G01 G41 X31.6 Y25 D1	建立刀具补偿，开始铣削 U 形轮廓 铣削轮廓 取消刀补，使刀具移动到下刀点，为下一次旋转做准备
N200	G01 X19.3 Y12.7	
N210	G02 X12.7 Y19.3 R6	
N220	G01 X25 Y31.6	
N230	G01 X22.7 Y33.9	
N240	G03 X19.8 Y33.9	
N250	G02 X-19.8 Y33.9	
N260	G03 X-22.7 Y33.9	
N270	G01 X-25 Y31.6	
N280	G01 G40 X-50 Y50	
N290	M99	取消子程序调用，返回至主程序

任务评价

工件质量评价表见表 5-4。

表 5-4　工件质量评价表

<table>
<tr><td>班　级</td><td colspan="2"></td><td>姓　名</td><td></td><td>学　号</td><td></td></tr>
<tr><td>工 件 号</td><td colspan="2"></td><td>机 床 号</td><td></td><td>零 件 图 号</td><td>Shuxi-05-01</td></tr>
<tr><td colspan="3">任务一</td><td colspan="4">槽轮板零件的加工</td></tr>
<tr><td rowspan="8">基本检查</td><td rowspan="4">编程</td><td>序号</td><td>检测内容</td><td>配分</td><td>学生自评</td><td>教师评分</td></tr>
<tr><td>1</td><td>切削加工工艺制订正确</td><td>10</td><td></td><td></td></tr>
<tr><td>2</td><td>切削用量选择合理</td><td>5</td><td></td><td></td></tr>
<tr><td>3</td><td>程序正确、简单、规范</td><td>5</td><td></td><td></td></tr>
<tr><td rowspan="4">操作</td><td>4</td><td>设备操作、维护、保养正确</td><td>2</td><td></td><td></td></tr>
<tr><td>5</td><td>安全、文明生产</td><td>4</td><td></td><td></td></tr>
<tr><td>6</td><td>刀具选择、安装正确、规范</td><td>2</td><td></td><td></td></tr>
<tr><td>7</td><td>工件找正、安装正确、规范</td><td>2</td><td></td><td></td></tr>
<tr><td colspan="2" rowspan="11">尺寸</td><td>8</td><td>100 ± 0.02mm（两处）</td><td>10</td><td></td><td></td></tr>
<tr><td>9</td><td>64.2mm（两处）</td><td>6</td><td></td><td></td></tr>
<tr><td>10</td><td>$R35$mm（四处）</td><td>6</td><td></td><td></td></tr>
<tr><td>11</td><td>$12^{+0.03}_{0}$mm</td><td>10</td><td></td><td></td></tr>
<tr><td>12</td><td>$3^{+0.03}_{0}$mm</td><td>6</td><td></td><td></td></tr>
<tr><td>13</td><td>$\phi48^{+0.03}_{0}$mm</td><td>6</td><td></td><td></td></tr>
<tr><td>14</td><td>$\phi42^{+0.03}_{0}$mm</td><td>6</td><td></td><td></td></tr>
<tr><td>15</td><td>19 ± 0.04mm</td><td>6</td><td></td><td></td></tr>
<tr><td>16</td><td>// 0.03 A</td><td>6</td><td></td><td></td></tr>
<tr><td>17</td><td>$Ra3.2\mu m$</td><td>4</td><td></td><td></td></tr>
<tr><td>18</td><td>$Ra1.6\mu m$</td><td>4</td><td></td><td></td></tr>
<tr><td colspan="4">综合得分</td><td>100</td><td></td><td></td></tr>
</table>

知识链接

程 序 指 令

1. 子程序的概念

把程序中某些固定顺序和重复出现的程序单独抽出来，按一定格式编成一个程序供调用，这个程序就是常说的子程序，这样可以简化主程序的编制。子程序可以被主程序调用，同时子程序也可以调用另一个子程序，其调用格式及含义见表 5-5。

表 5-5　调用程序格式及含义

子程序的格式	含　　义
Oxxxx N1000— N1010——— N1020——— N1030 __ N1040 M99	在子程序的开头，继“O”之后规定子程序号，子程序号由 4 位数字组成，前边的“0”可省略，如“O0011”可写成“O11”。M99 为子程序结束指令。M99 不一定要独立占用一个程序段，如 G00 X　Y __ Z __ M99 也是可以的
主程序的调用格式	**含义**
Oxxxx N1000— N1010——— N1020——— M98　Pxxxx　Lxxxx	其中 M98 是调用子程序指令，地址 P 后面的 4 位数字为子程序号，地址 L 为重复调用次数，若调用次数为“1”可省略不写，系统允许调用次数为 9999 次 主程序调用某一子程序需要在 M98 后面写上对应的子程序号，如调用的子程序为 O1010，则主程序段中要写“M98　P1010”

2. 子程序的执行过程

以下面的程序为例，说明子程序的执行过程，如图 5-2 所示。

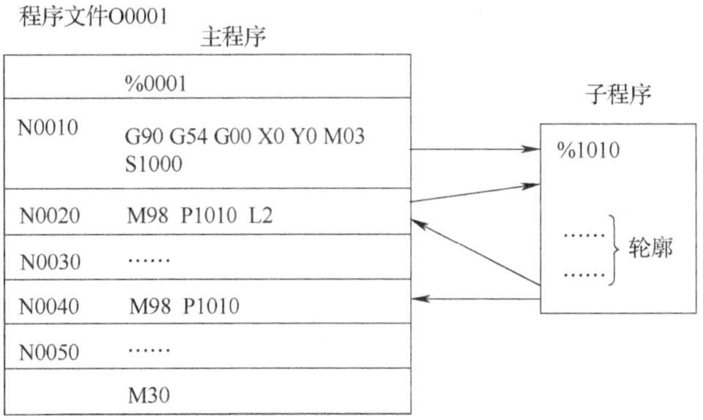

图 5-2　子程序的执行过程

主程序执行到 N0020 时就调用执行% 1010 子程序，重复执行两次后，返回主程序，继续执行 N0020 后面的程序段，在 N0040 时再次调用 P1010 子程序一次，返回时又继续执行 N0050 及其后面的程序。当一个子程序调用另一个子程序时，其执行过程同上。

3. 程序应用举例

一次装夹加工多个相同零件或一个零件有重复加工部分的情况下，可使用子程序。每次调用子程序时的坐标系、刀具半径补偿值、坐标位置、切削用量等可根据情况改变，甚至对子程序进行镜像、缩放、旋转和复制等。

【例】　编制表 5-6 中两个工件的加工程序，设 Z 轴开始点为工件上方 100mm 处，切削深度为 10mm。

表 5-6　两个工件的加工程序

图　形	主　程　序	子　程　序
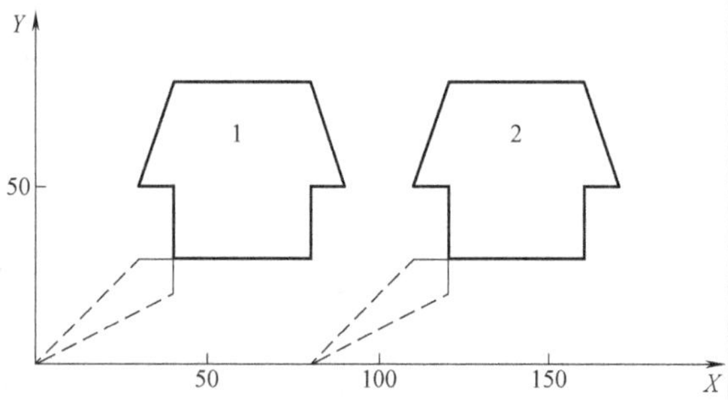 	O0661 %0001 G90G54G00X0Y0 S1000M03 Z100 M98P100 G90G00X80 M98P100 G00X0Y0 M30	%0100 G91G00Z－95 G41X40Y20D01 G01Z－15F100 Y30 X－10 X10Y30 X40 X10Y－30 X－10 Y－20 X－50 G00Z110 G40X－30Y－30 M99

任务解析

1. 分析技术要求

图 5-1 所示为在 100mm×100mm×20mm 的铝料上加工槽轮形状，槽轮的 4 个槽形都相同，编制程序可以采用子程序调用功能。4 个槽形和两个内圆精度要求较高，在加工时要有效利用刀具半径补偿控制尺寸精度，深度方向平行度的保证需要采用反面加工，装夹应平整牢靠。

2. 选择走刀路线

采用相同的走刀路线，分粗、精铣削加工，然后通过调用子程序的方法进行加工，选取毛坯上表面的对称中心为编程原点。

3. 确定装夹方法

工件毛坯为方形，六面为已加工表面，采用机用虎钳装夹，工件高出钳口 10mm 左右，工件下用垫块支承夹紧。

4. 分组实施项目

采用分小组原则，以小组分析讨论为主，制订具体的实施工艺，编写程序并进行铣削加工，控制轮廓尺寸精度、表面粗糙度与几何公差。

知识拓展

数控加工工艺的概念

数控加工工艺是采用数控机床加工零件时所运用的方法和技术手段的总和。

数控加工与通用机床加工相比较，在许多方面遵循的原则基本一致。但由于数控机床本身自动化程度较高，控制方式不同，设备费用也高，因此数控加工工艺有以下几个特点。

1. 工艺的内容十分具体

用普通机床加工时，许多具体的工艺问题，如工艺中各工步的划分与顺序安排、刀具的几何形状、走刀路线及切削用量等，在很大程度上都是由操作人员根据自己的实践经验和习惯自行考虑而决定的，一般无需工艺人员在设计工艺规程时进行过多的规定。而在数控加工时，上述这些具体工艺问题不仅成为数控工艺设计时必须认真考虑的内容，而且还必须做出正确的选择并将其编入加工程序中。也就是说，本来是由操作人员在加工中灵活掌握并可通过适时调整来处理的许多具体工艺问题和细节，在数控加工时就转变为编程人员必须事先设计和安排的内容。

2. 工艺的设计非常严密

数控机床虽然自动化程度较高，但自适应性差。它不能像通用机床一样，在加工时可以根据加工过程中出现的问题，比较灵活自由地适时进行人为调整。即使现代数控机床在自适应调整方面做出了不少努力与改进，但其自由度也不大。比如说，数控机床在镗削盲孔时，它就不知道孔中是否已挤满了切屑，是否需要退一下刀，而是一直镗到结束为止。所以，在数控加工的工艺设计中必须注意加工过程中的每一个细节。同时，在对图形进行数学处理、计算和编程时，都要力求准确无误，以使数控加工顺利进行。在实际工作中，一个小数点或一个正负号的差错就可能酿成重大机床事故和质量事故。

3. 注重加工的适应性

要根据数控加工的特点，正确选择加工方法和加工内容。

数控加工自动化程度高、质量稳定、可多坐标联动、便于工序集中，但其价格昂贵，操作技术要求高，加工方法和加工对象选择不当往往会造成较大损失。为了既能充分发挥出数控加工的优点，又能达到较好的经济效益，在选择加工方法和对象时要特别慎重，甚至有时还要在基本不改变工件原有性能的前提下，对其形状、尺寸和结构等作适应数控加工的修改。

一般情况下，在选择和决定数控加工内容的过程中，有关工艺人员必须对零件图或零件模型作足够具体和充分的工艺性分析。在进行数控加工的工艺性分析时，编程人员应根据所掌握的数控加工基本特点及所用数控机床的功能和实际工作经验，力求把前期准备工作做得更仔细、更扎实一些，以便为下面要进行的工作铺平道路，减少失误和返工，不留遗患。

也就是说，数控加工的工艺设计必须在程序编制工作开始以前完成。因为只有工艺方案确定以后，编程才有依据。工艺方案的好坏不仅会影响机床效率的发挥，而且将直接影响零件的加工质量。根据大量加工实例分析，工艺设计考虑不周是造成数控加工差错的主要原因之一，因此在编程前做好工艺分析规划是十分必要的。

数控加工工艺设计主要包括如下内容。

1）选择适合在数控机床上加工的零件，确定工序内容。

2）分析被加工零件的图样，明确加工内容及技术要求，确定零件的加工方案，制订数控加工工艺路线。如划分工序、处理与非数控加工工序的衔接等。

3）加工工序、工步的设计。如零件定位基准的选取，夹具、辅具方案的确定和切削用量的确定等。

4）数控加工程序的调整。选取对刀点和换刀点，确定刀具补偿，确定加工路线。

5）分配数控加工中的加工余量。

6）处理数控机床上的部分工艺指令。

7）首件试加工与现场问题处理。

8）数控加工工艺文件的定型与归档。

不同的数控机床，工艺文件的内容也有所不同。一般来讲，数控铣床的工艺文件应包括以下内容。

1）编程任务书。

2）数控加工工艺卡片。

3）数控机床调整单。

4）数控加工刀具卡片。

5）数控加工进给路线图。

6）数控加工程序单。

其中以数控加工工艺卡片和数控刀具卡片最为重要。前者是说明数控加工顺序和加工要素的文件，后者是刀具使用的依据。

为了加强技术文件管理，数控加工工艺文件也应向标准化、规范化方向发展，但目前尚无统一的国家标准。目前在企业中，一般是根据自身的实际情况来制订上述有关工艺文件。

想想练练

想一想

在图 5-1 所示的槽轮板零件中，槽形轮廓不采用子程序调用编程加工，程序该如何编写？与子程序调用编程相比，哪个更简单？

练一练

请按照以上所学知识，给图 5-3 所示的零件编制最简化的程序。

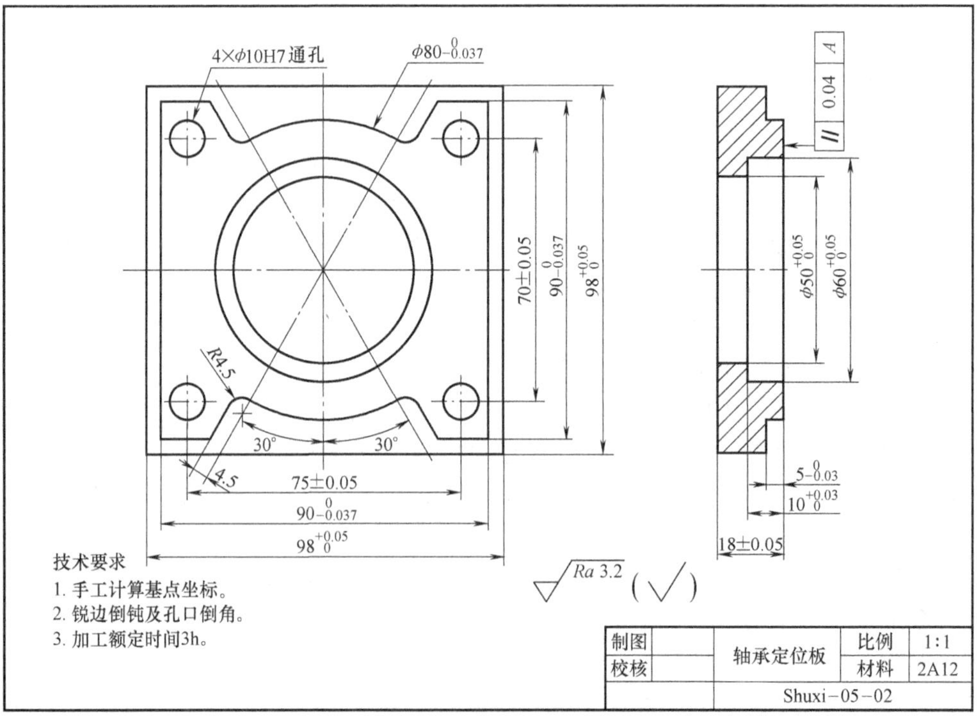

图 5-3　轴承定位板零件图

任务二　加工薄壁板——旋转指令应用实例

任务描述

本任务为平面薄壁板的加工，如图 5-4 所示。根据零件图样进行试样加工，分析零件图样的技术特点，要求采用高级指令旋转指令应用进行编程加工，同时选用合适的数控刀具，设计合理的走刀路线，选择正确的加工策略，并按要求操作数控机床，完成零件的工艺编制、程序编制、铣削加工与尺寸精度控制。

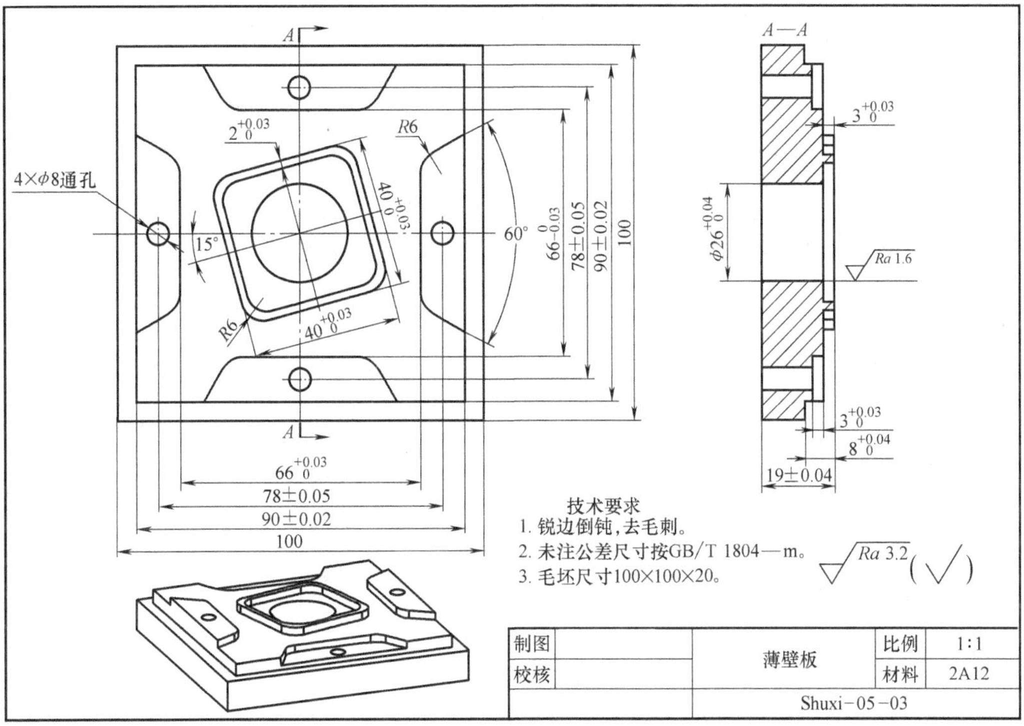

图 5-4　薄壁板零件图

1. 零件形状

图 5-5 所示为典型的二维薄壁板的铣削加工零件，具备圆、薄壁四方、凸台和平面等特征。

2. 尺寸精度

该零件的主要加工要素为凸台和薄壁四方。凸台圆弧加工要求不是很高，薄壁四方的加工精度要求较高，需合理安排粗、精加工，运用刀补修调尺寸公差。

3. 表面粗糙度

零件孔壁的表面粗糙度值为 *Ra*1. 6μm，其余轮廓平面和侧面的表面粗糙度值为 *Ra*3. 2μm。

4. 技术要求

锐边去毛刺。

任务实施

一、毛坯及工、量、刃具准备

本任务除需准备表 2-1 ~ 表 2-3 所列的材料、设备和工、量、刃具外，还需准备 ϕ8mm 铰刀。

二、制订工序卡片

本任务加工工件装夹方案和工件坐标系原点的设定见表 5-7，工件手动编程数控加工工艺卡片见表 5-8。

表 5-7　加工工件装夹方案和工件坐标系原点的设定

零件名称 / 加工面	薄　壁　板	装夹方案和工件坐标系原点的设定	工　序　号	1
			装 夹 次 数	1
正面	1. 利用精密机用虎钳对工件进行装夹，采用等高垫块将工件垫起，等高垫块所放位置不得与孔加工产生干涉，工件高出钳口 12mm 左右。 2. 设定工件中心为工件坐标系原点。		夹具	名称
			1	机用虎钳
			2	等高垫块

表 5-8　工件手动编程数控加工工艺卡片

数控加工工艺卡片		零 件 名 称	薄　壁　板	使 用 设 备		华中世纪星	
		零 件 图 号	Shuxi-05-03	车　　间		数 铣 车 间	
序　　号	程序号	工 步 内 容	刀具规格 /mm	主轴转速 /r · min^{-1}	进给速度 /mm · min^{-1}	XY 余量/mm	备　　注
1	%0001	铣削工件上表面	ϕ16 立铣刀	1200	200	0. 5	精铣
2	%0001	铣削工件下表面	ϕ16 立铣刀	1200	200	0	精铣
3	%0002	钻削 5 个通孔	ϕ7. 8 钻头	500	90	0. 2	
4	%0003	粗铣削 90mm 四方	ϕ10 立铣刀	1000	90	0. 5	粗铣
5	%0004	粗铣削 ϕ26mm 圆	ϕ10 立铣刀	1000	90	0. 5	粗铣
6	%0005	粗铣削两凸台	ϕ10 立铣刀	1000	90	0. 5	粗铣
7	%0006	粗铣削两凹台	ϕ10 立铣刀	1000	90	0. 5	粗铣
8	%0007	粗铣削薄壁四方	ϕ8 立铣刀	900	80	0. 5	粗铣
9	%0002	铰削 4 个通孔	ϕ8 铰刀	400	50	0	
10	%0003	精铣削 90mm 四方	ϕ8 立铣刀	1600	150	0	精铣
11	%0004	精铣削 ϕ26mm 圆	ϕ8 立铣刀	1600	150	0	精铣
12	%0005	精铣削两凸台	ϕ8 立铣刀	1600	150	0	精铣
13	%0006	精铣削两凹台	ϕ8 立铣刀	1600	150	0	精铣

（续）

数控加工工艺卡片		零件名称	薄壁板	使用设备		华中世纪星	
		零件图号	Shuxi-05-03	车间		数铣车间	
序号	程序号	工步内容	刀具规格/mm	主轴转速/r·min^{-1}	进给速度/mm·min^{-1}	XY余量/mm	备注
14	%0007	精铣削薄壁四方	ϕ8立铣刀	1600	150	0	精铣
编制		审核		批准		共　页	第　页

三、编写参考程序

精铣薄壁四方的参考程序见表5-9。

表5-9　精铣薄壁四方的参考程序

程序段号	程序内容	动作说明
	%0007	程序名
N10	G90 G54 G0 X0 Y0 Z50 M03 S1600	Φ8mm 刀具
N20	M8	开启切削液
N30	G0 Z5	刀具空间快速移动到安全高度
N70	G01 Z-3 F90	以G01方式垂直进给至加工深度，进给速度为90mm/min
N80	G68 X0 Y0 P15	建立坐标系旋转，旋转角度为15°
N90	M98 P100	调用子程序铣削薄壁四方内壁
N100	G0 G69 Z50	取消坐标旋转，快速抬刀
N110	M30	程序结束
N120	%100	子程序号
N130	G01 G41 X18 Y0 D1 F150	建立刀具半径补偿 加工轮廓 取消刀具半径补偿，回到坐标中心点
N140	G01 X18 Y18 R6	
N150	G01 X-18 Y18 R6	
N160	G01 X-18 Y-18 R6	
N170	G01 X18 Y-18 R6	
N180	G01 X18 Y0	
N190	G01 G40 X0 Y0	
N200	M99	取消子程序调用，返回至主程序

任务评价

工件质量评价表见表5-10。

表 5-10　工件质量评价表

班　　级			姓　　名		学　　号	
工　件　号			机　床　号		零件图号	Shuxi-05-03
任务二			薄壁板零件的加工			
基本检查		序号	检测内容	配分	学生自评	教师评分
	编程	1	切削加工工艺制订正确	10		
		2	切削用量选择合理	5		
		3	程序正确、简单、规范	5		
	操作	4	设备操作、维护、保养正确	2		
		5	安全、文明生产	4		
		6	刀具选择、安装正确、规范	2		
		7	工件找正、安装正确、规范	2		
尺寸		8	$40^{+0.03}_{0}$mm（两处）	8		
		9	$2^{+0.03}_{0}$mm（四处）	8		
		10	90 ± 0.02mm（两处）	8		
		11	78 ± 0.05mm（两处）	8		
		12	$66^{0}_{-0.03}$mm（两处）	8		
		13	$R6$mm（两处）	6		
		14	$\phi26^{+0.04}_{0}$mm	5		
		15	$3^{+0.03}_{0}$mm（两处）	6		
		16	$8^{+0.04}_{0}$mm	3		
		17	19 ± 0.04mm	6		
		18	$Ra3.2\mu m$	2		
		19	$Ra1.6\mu m$	2		
综合得分				100		

知识链接

坐标系旋转指令 G68 、G69

1. 指令格式

G17　G68　X__　Y__　P__

G18　G68　X__　Z__　P__

G19　G68　Y__　Z__　P__

M98　P_

G69

2. 指令说明

G68：建立旋转；

G69：取消旋转；

X、Y、Z：旋转中心的坐标值；

P：旋转角度，单位为（°），0 ≤P≤360。

在有刀具补偿的情况下，先旋转刀具后进行刀具补偿（包括半径补偿和长度补偿）；在有缩放功能的情况下，先缩放后旋转。

G68 、G69 为模态指令，可相互注销，G69 为默认值。

【例】 使用旋转功能编制表 5-11 中轮廓的加工程序。设刀具起点距工件上表面 50mm，切削深度为 5mm。

表 5-11　轮廓的加工程序

图　形	主　程　序	子　程　序
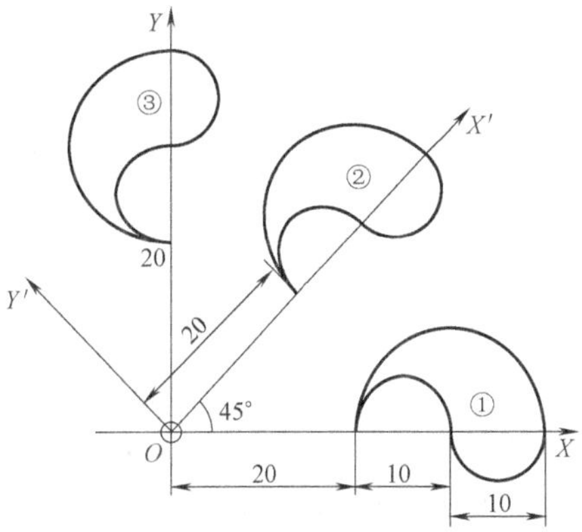	O0662	
	%0001	%0200
	N10 G92 X0 Y0 Z50	N100 G41 G01 X20 Y-5 D02
	N15 G90 G17 M03 S600	F300
	N20 G43 Z-5 H02	N105 Y0
	N25 M98 P200	N110 G02 X40 I10
	N30 G68 X0 Y0 P45	N120 X30 I-5
	N40 M98 P200	N130 G03 X20 I-5
	N60 G68 X0 Y0 P90	N140 G00 Y-6
	N70 M98 P200	N145 G40 X0 Y0
	N20 G49 Z50	N150 M99
	N80 G69 M05 M30	

任务解析

1. 分析技术要求

图 5-4 所示为在 100mm×100mm×20mm 的铝料上加工薄壁四方形状，要求保证薄壁的尺寸精度，凹凸台保证对称性以及孔的位置度，深度尺寸需要反面加工以控制精度。

2. 选择走刀路线

加工时分粗、精铣削加工，然后通过编辑旋转程序进行加工，选取毛坯上表面的对称中心为编程原点。

3. 确定装夹方法

工件毛坯为方形，六面为已加工表面，采用机用虎钳装夹，工件高出钳口 10mm 左右，工件下用垫块支承夹紧，等高垫块所放位置不得与孔加工产生干涉。

4. 分组实施项目

采用分小组原则，以小组分析讨论为主，制订具体的实施工艺，编写程序并进行铣削加工，控制轮廓尺寸精度、表面粗糙度与几何公差。

知识拓展

数控铣削加工的工艺适应性

根据数控加工的优缺点及国内外大量应用实践，一般可按工艺适应程度将零件分为下列

3 类。

1. 最适应类

1）形状复杂，加工精度要求高，用通用加工设备无法加工或虽然能加工但很难保证产品质量的零件。

2）用数学模型描述的复杂曲线或曲面轮廓零件。

3）具有难测量、难控制进给、难控制尺寸的不敞开内腔的壳体或盒形零件。

4）须在一次装夹中合并完成铣、镗、铰或攻螺纹等多工序加工的零件。

对于上述零件，可以先不要过多地考虑生产率与经济上是否合理，而首先应考虑能不能把它们加工出来，要着重考虑可能性的问题。只要有可能，都应把采用数控加工作为优选方案。

2. 较适应类

较适应数控加工的零件大致有下列几种。

1）在通用机床上加工时易受人为因素干扰，零件价值又高，一旦质量失控便造成重大经济损失的零件。

2）在通用机床上加工必须制造复杂的专用工装的零件。

3）需要多次更改设计后才能定型的零件。

4）在通用机床上加工需要做长时间调整的零件。

5）用通用机床加工时，生产率很低或体力劳动强度很大的零件。

这类零件在首先分析其可加工性以后，还要在提高生产率及经济效益方面做全面衡量，一般可把它们作为数控加工的主要选择对象。

3. 不适应类

1）生产批量大的零件（当然不排除其中个别工序用数控机床加工）。

2）装夹困难或完全靠找正定位来保证加工精度的零件。

3）加工余量很不稳定，且数控机床上无在线检测系统可自动调整零件坐标位置的零件。

4）必须用特定的工艺装备协调加工的零件。

以上零件采用数控加工后，在生产率与经济性方面一般无明显改善，更有可能弄巧成拙或得不偿失，故一般不应作为数控加工的选择对象。

想想练练

想一想

在图 5-4 所示的薄壁板零件中，四方薄壁件的内、外加工程序是否可以采用同一个程序，如果旋转角度为 76°，该如何编程？

练一练

请按照以上所学知识，给图 5-5 所示的零件编制最简化的程序。

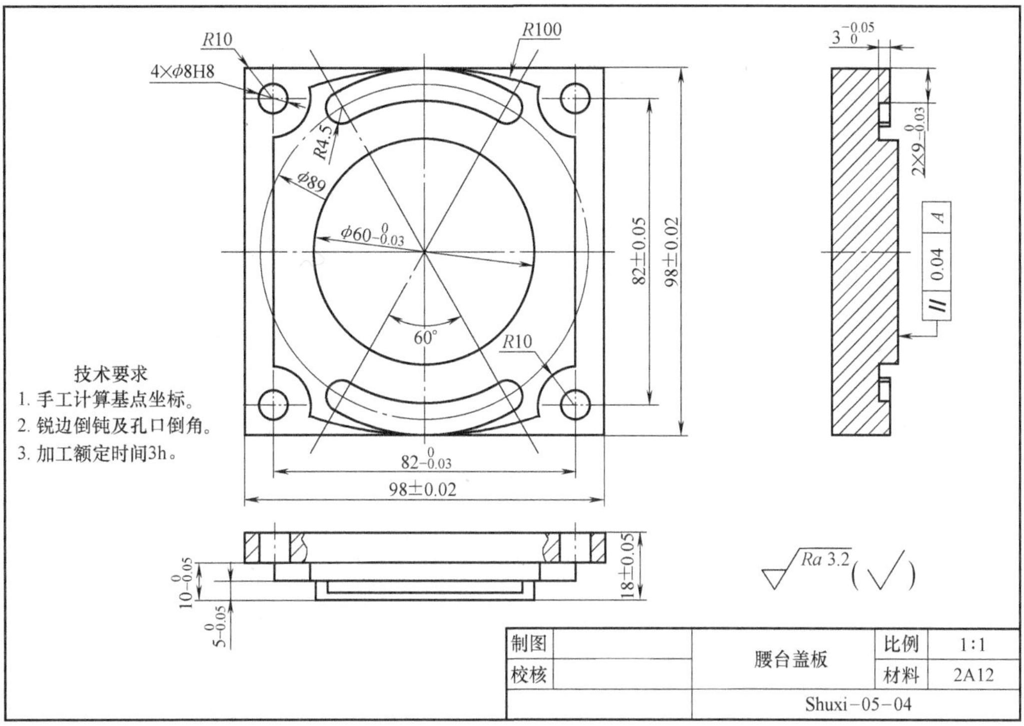

图 5-5　腰台盖板零件图

任务三　加工花形板——镜像指令应用实例

任务描述

本任务为平面花形板的加工，如图 5-6 所示。根据零件图样进行试样加工，分析零件图样的技术特点，要求采用高级指令旋转指令进行编程加工，同时选用合适的数控刀具，设计合理的走刀路线，选择正确的加工策略，并按要求操作数控机床，完成零件的工艺编制、程序编制、铣削加工与尺寸精度控制。

1. 零件形状

图 5-7 所示为典型的二维花形板的铣削加工零件，具备圆柱、方台和平面等特征。

2. 尺寸精度

该零件的主要加工要素为方台和圆柱。整个零件的尺寸精度要求都较高，需合理安排粗、精加工，运用刀补修调尺寸公差。

3. 表面粗糙度

零件的轮廓平面和侧面的表面粗糙度值为 Ra3. 2μm。

4. 技术要求

锐边去毛刺。

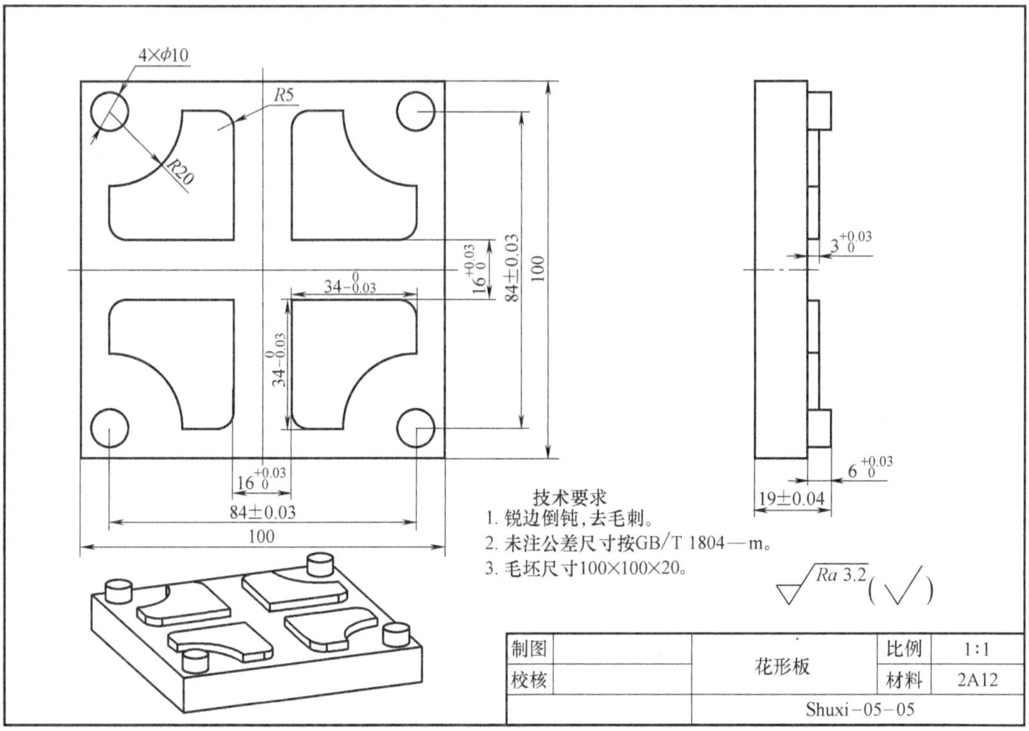

图 5-6 花形板零件图

任务实施

一、毛坯及工、量、刃具准备

本任务所需的材料、设备及工、量、刃具见表 2-1 ~ 表 2-3。

二、制订工序卡片

本任务加工工件装夹方案和工件坐标系原点的设定见表 5-12，工件手动编程数控加工工艺卡片见表 5-13。

表 5-12 加工工件装夹方案和工件坐标系原点的设定

零件名称 / 加工面	花 形 板	装夹方案和工件坐标系原点的设定	工 序 号	1
			装 夹 次 数	1
正面	1）利用精密机用虎钳对工件进行装夹，采用等高垫块将工件垫起，工件高出钳口 10mm 左右 2）设定工件中心为工件坐标系原点		夹具	名称
			1	机用虎钳
			2	等高垫块

表 5-13 工件手动编程数控加工工艺卡片

数控加工工艺卡片		零 件 名 称	花 形 板	使 用 设 备		华中世纪星	
		零 件 图 号	Shuxi-05-05	车 间		数 铣 车 间	
序 号	程序号	工 步 内 容	刀具规格 /mm	主轴转速 $/r \cdot min^{-1}$	进给速度 $/mm \cdot min^{-1}$	XY 余量/mm	备 注
1	%0001	铣削工件上表面	ϕ16 立铣刀	1200	200	0.5	精铣

（续）

数控加工工艺卡片		零件名称	花形板	使用设备		华中世纪星	
		零件图号	Shuxi-05-05	车间		数铣车间	
序号	程序号	工步内容	刀具规格/mm	主轴转速/r·min^{-1}	进给速度/mm·min^{-1}	XY余量/mm	备注
2	%0001	铣削工件下表面	ϕ16立铣刀	1200	200	0	精铣
3	%0002	粗铣削花瓣形	ϕ10立铣刀	1000	90	0.5	粗铣
4	%0003	粗铣削四圆柱	ϕ10立铣刀	1000	90	0.5	粗铣
5	%0002	铣削花瓣形	ϕ8立铣刀	1600	150	0	精铣
6	%0003	精铣削四圆柱	ϕ8立铣刀	1600	150	0	精铣
7	%0004	精铣削花瓣上表面	ϕ8立铣刀	1600	150	0	精铣
编制		审核		批准		共　页	第　页

三、编写参考程序

铣削花形的参考程序见表5-14。

表5-14　铣削花形的参考程序

程序段号	程序内容	动作说明
	%0002	程序名
N10	G90 G54 G0 X0 Y0 Z50 M03 S1000	ϕ10mm刀具
N20	M8	开启切削液
N30	G0 Z5	刀具空间快速移动到安全高度
N70	M98 P100	调用铣削花形子程序
N80	G24 X0	以Y轴为对称中心镜像
N90	M98 P100	调用铣削花形子程序
N100	G25 Y0	以X、Y轴为对称镜像
N110	M98 P100	调用铣削花形子程序
N120	G24 Y0	以X轴为对称中心镜像
N130	M98 P100	调用铣削花形子程序
N140	G0 Z50	快速抬刀
N150	M30	程序结束
N160	%100	子程序名
N170	G01 Z-6 F90	以G01方式垂直进给至加工深度，进给速度为90mm/min
N180	G41 X8 Y0 D1	建立刀具补偿，开始铣削U形轮廓 铣削轮廓 取消刀补，使刀具移动到下刀点，为下一次旋转做准备
N190	G01 Y42 R5	
N200	G01 X22 Y42	
N210	G03 X42 Y22 R20	
N220	G01 X42 Y8 R5	
N230	G01 X0 Y8	
N240	G01 G40 X0 Y0	
N250	M99	取消子程序调用，返回至主程序

任务评价

工件质量评价表见表 5-15。

表 5-15　工件质量评价表

班　级			姓　名		学　号	
工　件　号			机　床　号		零 件 图 号	Shuxi-05-05
任务三			花形板零件的加工			
基本检查		序号	检测内容	配分	学生自评	教师评分
	编程	1	切削加工工艺制订正确	10		
		2	切削用量选择合理	5		
		3	程序正确、简单、规范	5		
	操作	4	设备操作、维护、保养正确	2		
		5	安全、文明生产	4		
		6	刀具选择、安装正确、规范	2		
		7	工件找正、安装正确、规范	2		
尺寸		8	$16^{+0.03}_{0}$mm（两处）	10		
		9	84 ± 0.03mm（两处）	8		
		10	$34^{0}_{-0.03}$mm（八处）	8		
		11	$R20$mm	6		
		12	$4\times\phi10$mm	8		
		13	$R5$mm	6		
		14	$3^{+0.03}_{0}$mm	7		
		15	$6^{+0.03}_{0}$mm	7		
		16	19 ± 0.04mm	6		
		17	$Ra3.2\mu m$	4		
综合得分				100		

知识链接

FANUC 镜像功能指令 G50.1、G51.1

1. 指令格式

G51.1　X__　Y__　Z__　A__

M98　P_

G50.1　X__　Y__　Z__　A__

2. 指令说明

G51.1：建立镜像；

G50.1：取消镜像；

X 、Y、Z 、A：镜像位置。

当工件相对于某一轴具有对称形状时，可以利用镜像功能和子程序，只对工件的一部分进行编程，而能加工出工件的对称部分，这就是镜像功能。当某一轴的镜像有效时，该轴执行与编程方向相反的运动。

G51.1、G50.1 为模态指令，可相互注销，G50.1 为默认值。

注意：1）在指定平面对某个轴镜像时，使下列指令发生变化：圆弧指令 G02 和 G03 互换、刀具半径补偿指令 G41 和 G42 互换、坐标旋转指令 CW 和 CCW（旋转方向）互换。

2）CNC 的数据处理顺序是从程序镜像到比例缩放和坐标系旋转，应按该顺序指定指令。取消时，按相反顺序。在比例缩放或坐标系旋转方式下，不能指定 G50.1 或 G51.1。

3）在可编程镜像方式中，与返回参考点（G27、G28、G29、G30 等）和改变坐标系（G52 ~ G59，G92 等）有关的 G 代码不准指定。如果需要这些 G 代码的任意一个，必须在取消可编程镜像方式之后再进行指定。

【例】　使用镜像功能编制表 5-16 中轮廓的加工程序。设刀具起点距工件上表面 100mm，切削深度为 5mm。

表 5-16　镜像功能

图　形	主　程　序	子　程　序
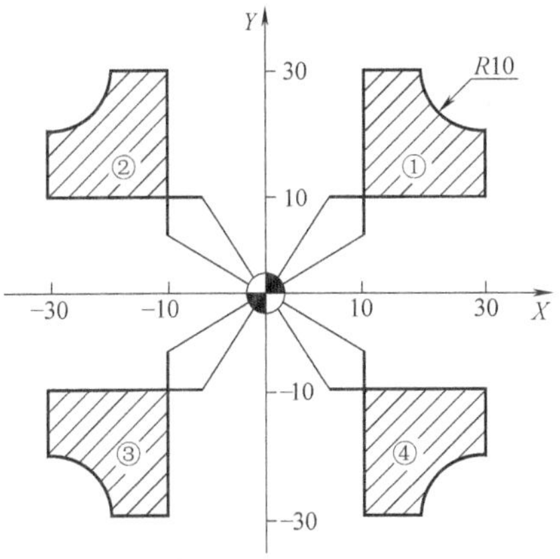	O0664 G92 X0 Y0 Z0 G91 G17 M03 S600 M98　P100 G51.1　X0 M98　P100 G51.1　Y0 M98 P100 G50.1 X0 M98 P100 G50.1 Y0 M30	O400 N100　G41　G00　X10 Y4 D01 N120　G43 Z -98 H01 N130　G01 Z -7 F300 N140　Y26 N150　X10 N160　G03　X10　Y - 10 I10 J0 N170　G01 Y -10 N180　X -25 N185　G49 G00 Z105 N200　G40 X -5 Y -10 N210　M99

任务解析

1. 分析技术要求

图 5-7 所示为在 100mm × 100mm × 20mm 的铝料上加工花形板对称性轮廓，需要保证薄壁的尺寸精度，凹凸台保证对称性以及孔的位置度，深度尺寸需要反面加工，以控制精度。

2. 选择走刀路线

加工时分粗、精铣削加工，然后通过编辑旋转程序进行加工，选取毛坯上表面的对称中心为编程原点。

3. 确定装夹方法

工件毛坯为方形，六面为已加工表面，采用机用虎钳装夹，工件高出钳口 10mm 左右，工件下用垫块支承夹紧。

4. 分组实施项目

采用分小组原则，以小组分析讨论为主，制订具体的实施工艺，编写程序并进行铣削加工，控制轮廓尺寸精度、表面粗糙度与几何公差。

知识拓展

数控铣削加工零件的工艺性分析

数控加工工艺性分析涉及的内容很多，从数控加工的可能性和方便性分析，应主要考虑以下问题。

1. 零件图样上尺寸数据的标注原则

1）零件图上的尺寸标注应符合编程方便的特点　在数控加工图上，宜采用同一基准引注尺寸或直接给出坐标尺寸。这种标注方法，既便于编程，也便于协调设计基准、工艺基准、检测基准与编程零点的设置和计算。如图 5-7 所示为某元件安装底板图，采用坐标法标注零件尺寸，编程十分方便。

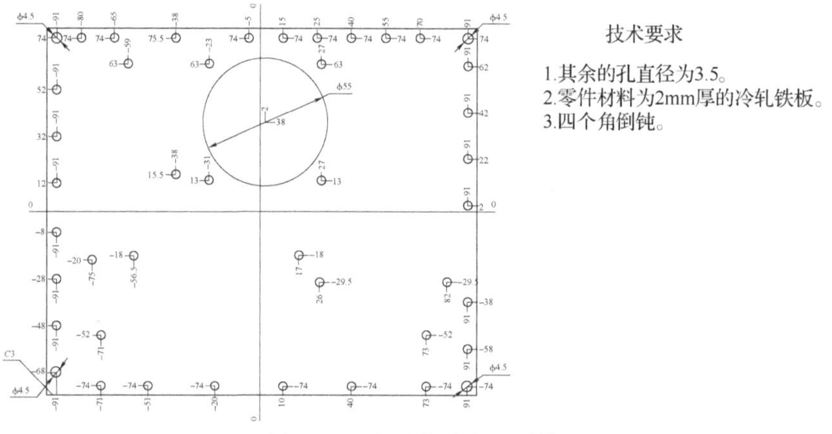

图 5-7　坐标法标注加工零件

2）构成零件轮廓的几何元素的条件应充分　自动编程时，要对构成零件轮廓的所有几何元素进行定义。在分析零件图时，要分析几何元素的给定条件是否充分。如果不充分，则无法对被加工零件进行造型，也就无法编程。

2. 零件各加工部位的结构工艺性应符合数控加工的特点

1）零件所要求的加工精度和尺寸公差应能得到保证。

2）零件的内腔和外形最好采用统一的几何类型和尺寸，尽可能减少刀具规格和换刀次数。

3）零件的工艺结构设计应确保能采用较大直径的刀具进行加工。采用大直径铣刀加工，能减少加工次数，提高表面的加工质量。

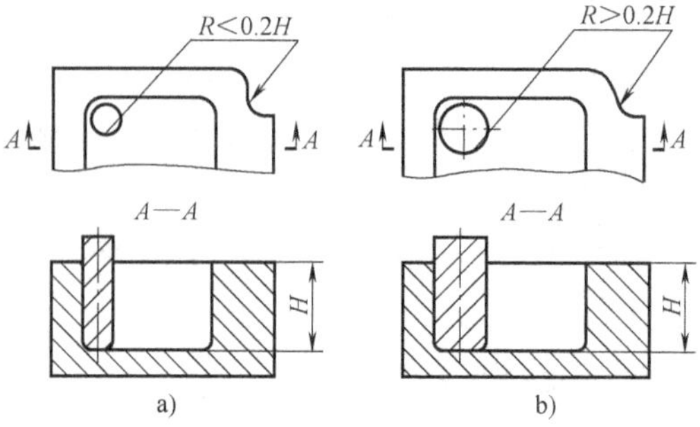

图 5-8　内槽结构工艺性对比

如图 5-8 所示，零件的被加工轮廓面越低、内槽圆弧越大，则可以采用大直径的铣刀进行加工。因此，内槽圆角半径 R 不宜太小，且应尽可能使被加工零件轮廓面的最大高度 $R>0.2H$，以获得良好的加工工艺性。刀具半径 r 一般取为内槽圆角半径 R 的 0.8～0.9 倍。

4）零件铣削面的槽底圆角半径或腹板与缘板相交处的圆角半径 r 不宜太大。由于铣刀与铣削平面接触的最大直径 $d=D-2r$，其中 D 为铣刀直径。因此，当 D 一定时，圆角半径 r 越大，铣刀端刃铣削平面的面积就越小，铣刀端刃铣削平面的能力就越差，效率越低，工艺性也越差，如图 5-9 所示。

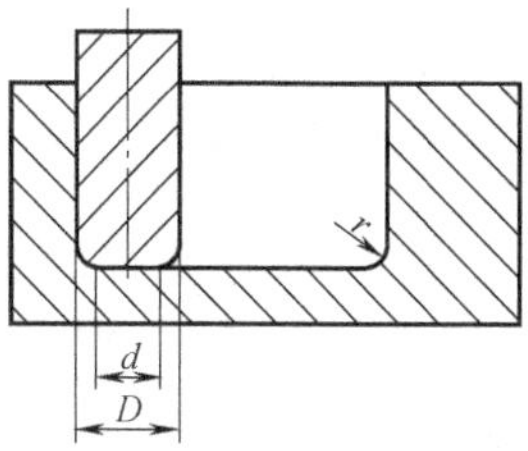

图 5-9　零件槽底平面圆弧对工艺的影响

5）应采用统一的基准定位。在数控加工过程中，若零件需重新定位安装而没有统一的定位基准，会导致加工结束后正反两面的轮廓位置及尺寸的不协调。因此，要尽量利用零件本身具有的合适的孔或设置专门的工艺孔或以零件轮廓的基准边等作为定位基准，保证两次装夹加工后相对位置的准确。

想想练练

想一想

在图 5-6 所示的花形板零件加工中，还可以采用哪种方式进行编程？程序如何编写？

练一练

请按照以上所学知识，给图 5-10 所示的零件编制最简化的程序。

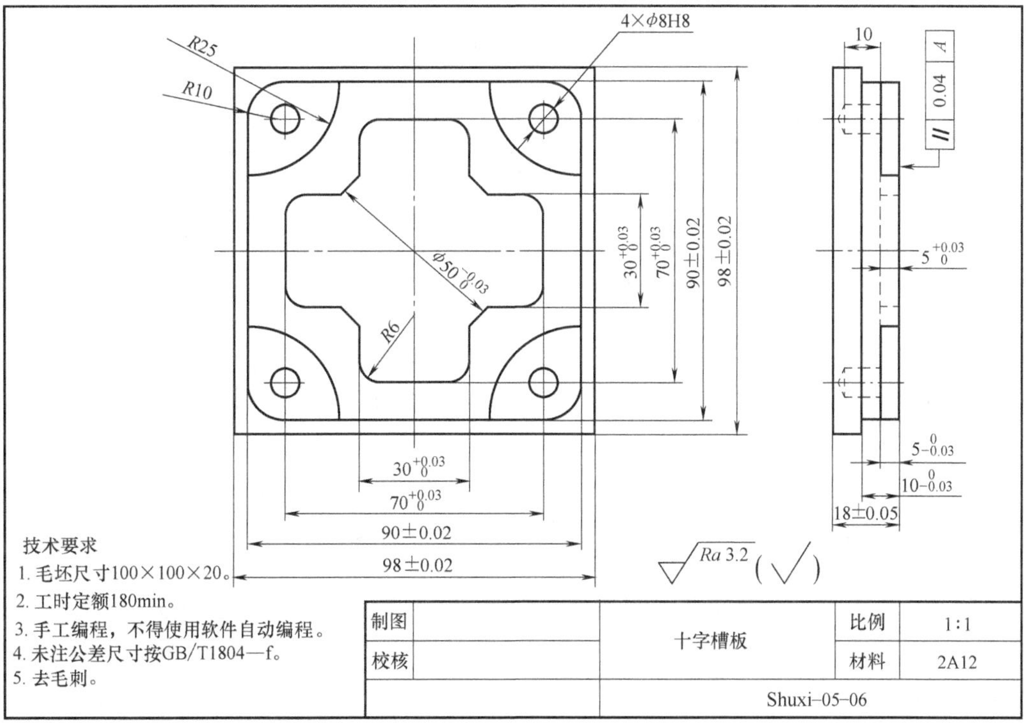

图 5-10　十字槽板零件图

任务四　加工钻孔板——极坐标编程应用实例

任务描述

本任务为平面钻孔板的加工，如图 5-11 所示。根据零件图样进行试样加工，分析零件图样的技术特点，要求采用高级指令旋转指令进行编程加工，同时选用合适的数控刀具，设计合理的走刀路线，选择正确的加工策略，并按要求操作数控机床，完成零件的工艺编制、程序编制、铣削加工与尺寸精度控制。

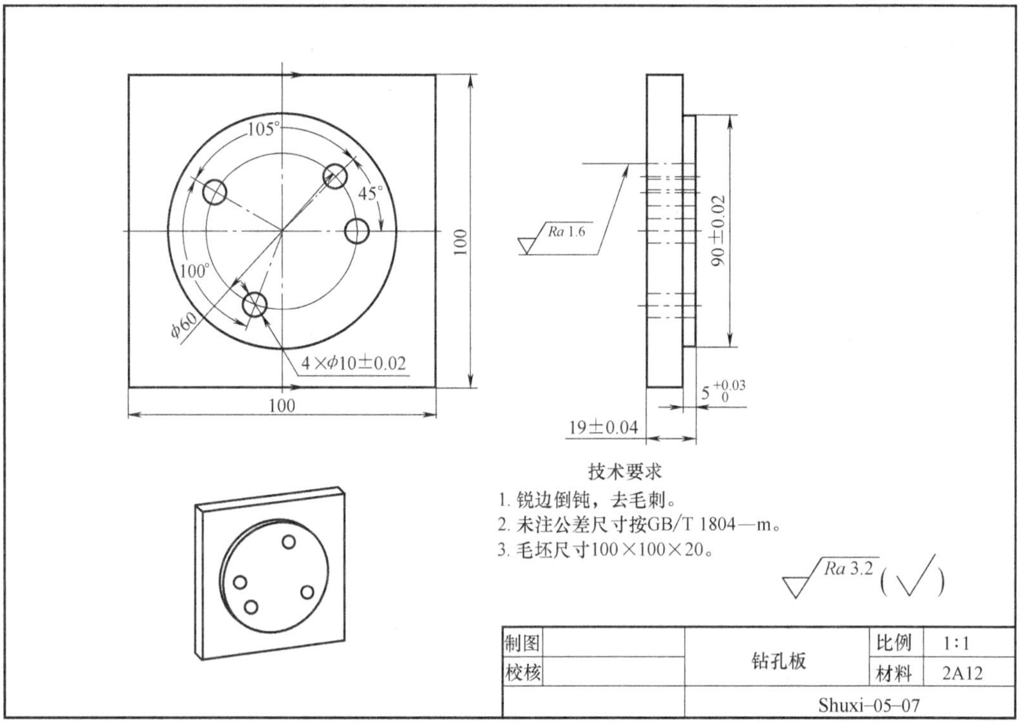

图 5-11　钻孔板零件图

1. 零件形状

图 5-11 所示为典型的二维孔类板形铣削加工零件，具备钻孔、凸台和平面等特征。

2. 尺寸精度

该零件的主要加工要素为钻孔。整个零件的尺寸精度要求都较高，最关键的是 4 个孔的位置关系，需合理安排粗、精加工，运用刀补修调尺寸公差。

3. 表面粗糙度

零件的孔壁表面粗糙度值要求为 $Ra1.6\mu m$，其余轮廓平面和侧面的表面粗糙度值为 $Ra3.2\mu m$。

4. 技术要求

锐边去毛刺。

任务实施

一、毛坯及工、量、刃具准备

本任务所需材料、设备及工、量、刃具见表 2-1 ~ 表 2-3。

二、制订工序卡片

本任务加工工件装夹方案和工件坐标系原点的设定见表 5-17，工件手动编程数控加工工艺卡片见表 5-18。

表 5-17　加工工件装夹方案和工件坐标系原点的设定

零件名称 / 加工面	钻　孔　板	装夹方案和工件坐标系原点的设定	工　序　号	1
			装 夹 次 数	1
正面	1）利用精密机用虎钳对工件进行装夹，采用等高垫块将工件垫起，等高垫块所放位置不得与孔加工产生干涉，工件高出钳口 10mm 左右 2）设定工件中心为工件坐标系原点		夹具	名称
			1	机用虎钳
			2	等高垫块

表 5-18　工件手动编程数控加工工艺卡片

数控加工工艺卡片		零 件 名 称	钻　孔　板	使 用 设 备		华中世纪星	
		零 件 图 号	Shuxi-05-07	车　　间		数 铣 车 间	
序　　号	程序号	工 步 内 容	刀具规格 /mm	主轴转速 /r · min⁻¹	进给速度 /mm · min⁻¹	XY 余量/mm	备　　注
1	%0001	铣削工件上表面	ϕ16 立铣刀	1200	200	0.5	精铣
2	%0001	铣削工件下表面	ϕ16 立铣刀	1200	200	0	精铣
3	%0002	粗铣削 ϕ90mm 圆	ϕ16 立铣刀	900	100	0.2	粗铣
4	%0003	钻削 4 个通孔	ϕ6.8 钻头	500	50		
5	%0004	粗铣削 4 个通孔	ϕ6 立铣刀	1000	90	0.5	粗铣
6	%0004	精铣削 4 个通孔	ϕ6 立铣刀	1600	150	0	精铣
7	%0002	精铣削 ϕ90mm 圆	ϕ6 立铣刀	1600	150	0	精铣
编制		审核		批准		共　页	第　页

三、编写参考程序

极坐标钻孔的参考程序见表 5-19。

表 5-19　极坐标钻孔的参考程序

程 序 段 号	程 序 内 容	动 作 说 明
	%0003	程序名
N10	G90 G54 G0 X0 Y0 Z50 S500 M03	ϕ6.8mm 钻头
N20	M08	开启切削液
N30	Z5	刀具空间快速移动到安全高度
N70	G98 G81 X30 Z－21 R5 F50	钻孔程序
N80	G16	极坐标指令

（续）

程序段号	程序内容	动作说明
N90	G81 X30 Y45 Z－21 R5 F50	钻孔程序
N100	Y150	
N110	Y250	
N120	G15 G80	取消极坐标指令
N130	G0 Z50	抬刀
N250	M30	程序结束

任务评价

工件质量评价表见表 5-20。

表 5-20　工件质量评价表

班　级			姓　名		学　号	
工　件　号			机　床　号		零件图号	Shuxi-05-07
任务四			钻孔板零件的加工			
基本检查		序号	检测内容	配分	学生自评	教师评分
基本检查	编程	1	切削加工工艺制订正确	10		
基本检查	编程	2	切削用量选择合理	5		
基本检查	编程	3	程序正确、简单、规范	5		
基本检查	操作	4	设备操作、维护、保养正确	2		
基本检查	操作	5	安全、文明生产	4		
基本检查	操作	6	刀具选择、安装正确、规范	2		
基本检查	操作	7	工件找正、安装正确、规范	2		
尺寸		8	$5^{+0.03}_{0}$ mm	10		
尺寸		9	90 ±0.02mm	10		
尺寸		10	4 × ϕ10 ±0.02mm	12		
尺寸		11	45°	5		
尺寸		12	105°	7		
尺寸		13	100°	7		
尺寸		14	19 ±0.04mm	7		
尺寸		15	*Ra*1.6μm	6		
尺寸		16	*Ra*3.2μm	6		
综合得分				100		

知识链接

FANUC 极坐标指令

1. 指令格式

G16　启动极坐标指令；

G15　取消极坐标指令。

2. 指令说明

1）终点的坐标值可以用极坐标（半径和角度）输入。

2）角度的正向是所选平面的第一轴正向沿逆时针转动的转向，而负向是沿顺时针转动的转向。

3）半径和角度均可以用绝对值指令或增量值指令（G90、G91）。

4）用绝对值编程指令指定半径（零点和编程点之间的距离），工件坐标系的零点被设定为极坐标系的原点。当使用局部坐标系（G52）时，局部坐标系的原点变成极坐标的中心。用增量值编程指令指定半径（当前位置和编程点之间的距离），当前的位置指定为极坐标系的原点。

5）在极坐标方式中，对圆弧插补或螺旋线进行插补（G02，G03），用 R 指定半径。

6）在极坐标方式中，不能指定任意角度倒角和拐角圆弧过渡。

7）G04、G10、G52、G92、G53、G22、G68、G51 指令指定的轴，不属于极坐标指令的部分。

【例】　加工轮圆上的螺栓孔，深度为 20mm，见表 5-21。

表 5-21　螺栓孔零件

图　　形	程　　序
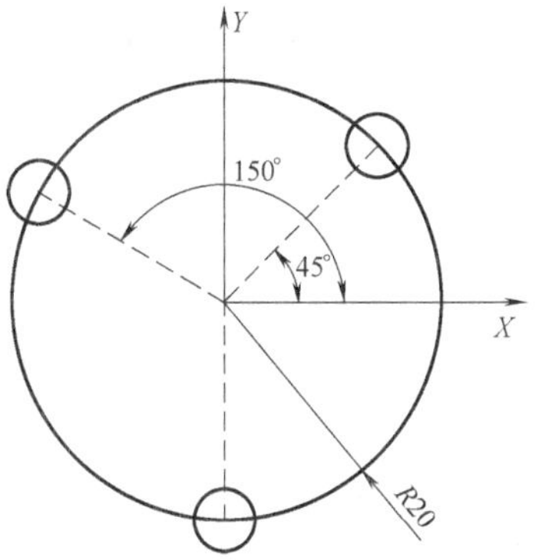	用绝对值指令指定角度和半径 G17 G90 G16；指定极坐标指令和选择 XY 平面，设定工件坐标系零点作为极坐标系的原点 G81　X20. Y45. Z －20. R5. F200.；指定 20mm 的距离（极径）和 45° 的角度 Y150；指定 20mm 的距离和 150° 的角度 Y270；指定 20mm 的距离和 270° 的角度 G15G80；取消极坐标指令 用增量值指令指定角度，用绝对值指令指定半径 G17 G90 G16；指定极坐标指令和选择 XY 平面，设定工件坐标系零点作为极坐标系的原点 G81　X20. Y45. Z －20. R5. F200.；指定 20mm 的距离（极径）和 45° 的角度 G91 Y105；指定 20mm 的距离和 +105° 的增量角度 Y120；指定 20mm 的距离和 +120° 的增量角度 G15G80；取消极坐标指令

任务解析

1. 分析技术要求

图 5-9 所示为在 100mm × 100mm × 20mm 的铝料上加工 4 个大小相同的孔，保证各个孔的精度及位置度，采用极坐标编程方式进行定位加工。

2. 选择走刀路线

加工时分粗、精铣削加工，孔加工时采用中心钻定位，再钻孔，最后铰孔，选取毛坯上表面的对称中心为编程原点。

3. 确定装夹方法

工件毛坯为方形，六面为已加工表面，采用机用虎钳装夹，工件高出钳口 10mm 左右，工件下用垫块支承夹紧。

4. 分组实施项目

采用分小组原则，以小组分析讨论为主，制订具体的实施工艺，编写程序与铣削加工，控制轮廓尺寸精度、表面粗糙度与几何公差。

知识拓展

加工方法的选择及加工方案的确定

1. 加工方法的选择

在数控机床上加工零件，一般有以下两种情况：一是有零件图样和毛坯，要选择适合加工该零件的数控机床；二是已经有了数控机床，要选择适合该机床加工的零件。无论哪种情况，都应根据零件的种类和加工内容选择合适的数控机床和加工方法。

平面轮廓零件的轮廓多由直线、圆弧和曲线组成，一般在两坐标联动的数控铣床上加工；具有三维曲面轮廓的零件，多采用三坐标或三坐标以上联动的数控铣床或加工中心加工。经粗铣的平面，尺寸精度可达 IT12 ~ IT14 级（指两平面之间的尺寸），表面粗糙度 Ra 值可达 12.5 ~ 50μm。经粗、精铣的平面，尺寸精度可达 IT7 ~ IT9 级，表面粗糙度 Ra 值可达 1.6 ~ 3.2μm。

孔加工的方法比较多，有钻削、扩削、铰削和镗削等。大直径孔还可采用圆弧插补方式进行铣削加工。

对于直径大于 ϕ30mm 已铸出或锻出毛坯孔的孔加工，一般采用粗镗→半精镗→孔口倒角→精镗加工方案。孔径较大的可采用立铣刀粗铣→精铣加工方案。有空刀槽时，可用锯片铣刀在半精镗之后、精镗之前铣削完成，也可用镗刀进行单刃镗削，但效率低。

对于直径小于 ϕ30mm 的无毛坯孔的孔加工，通常采用平端面→钻中心孔→钻→扩→孔口倒角→铰加工方案。

有同轴度要求的小孔，须采用平端面→钻中心孔→钻→半精镗→孔口倒角→精镗（或铰）加工方案。为提高孔的位置精度，在钻孔工步前须安排平端面和钻中心孔工步。孔口倒角安排在半精加工之后、精加工之前，以防孔内产生毛刺。

螺纹的加工根据孔径大小而定。一般情况下，直径为 M5 ~ M20 的螺纹，通常采用攻螺纹的方法加工。直径在 M6 以下的螺纹，在加工中心上完成底孔加工后，通过其他手段攻螺纹。因为在加工中心上攻螺纹不能随机控制加工状态，小直径丝锥容易折断。直径在 M25 以上的螺纹，可采用螺纹铣刀铣削加工。

加工方法的选择原则是保证加工表面的精度和表面粗糙度值的要求。由于获得同一级精度及表面粗糙度值的加工方法一般有许多，因而在实际选择时，要结合零件的形状、尺寸和热处理要求全面考虑。例如，对于 IT7 级精度的孔采用镗削、铰削、磨削等方法加工均可达到精度要求，但箱体上的孔一般采用镗削或铰削，而不采用磨削。一般小尺寸的箱体孔选择铰削，当孔径较大时则应选择镗削。此外，还应考虑生产率和经济性的要求以及工厂的生产设备等实际情况。

2. 加工方案的确定

确定加工方案时，首先应根据主要表面的精度和表面粗糙度值的要求，初步确定为达到这些要求所需要的加工方法，即精加工的方法，再确定从毛坯到最终成型的加工方案。

在加工过程中，按表面轮廓，工件可分为平面类零件和曲面类零件，其中平面类零件中的斜面轮廓又分为有固定斜角和变斜角的外形轮廓面。外形轮廓面的加工，若单纯从技术上考虑，最好的加工方案是采用多坐标联动的数控机床，这样不但生产率高，而且加工质量好。但由于一般中小企业无力购买这种价格昂贵、生产费用高的机床，因此应考虑采用两轴半控制和三轴控制机床加工。

在两轴半控制和三轴控制机床上加工曲面类的零件，通常采用球头铣刀，轮廓面的加工精度主要通过控制走刀步长和加工带宽度来保证。加工精度越高，走刀步长和加工带宽度越小，编程效率和加工效率越低。图 5-12 所示为曲面加工示意图。

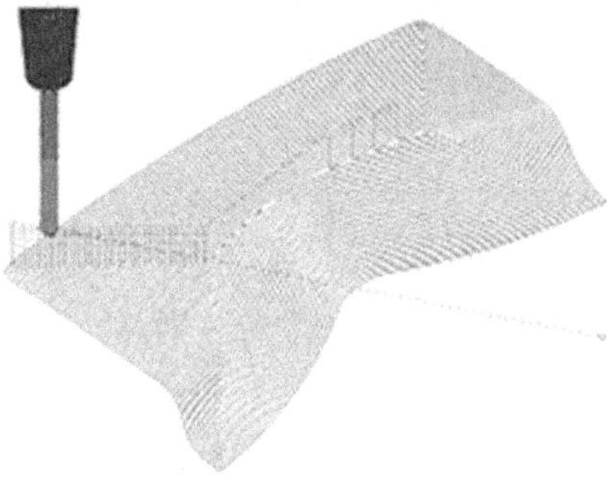

图 5-12　曲面加工示意图

想想练练

想一想

在图 5-11 所示的钻孔板零件中，G54 坐标不在工件中心该如何来计算编程？

练一练

请按照以上所学知识，给图 5-13 所示零件编制最简化的程序。

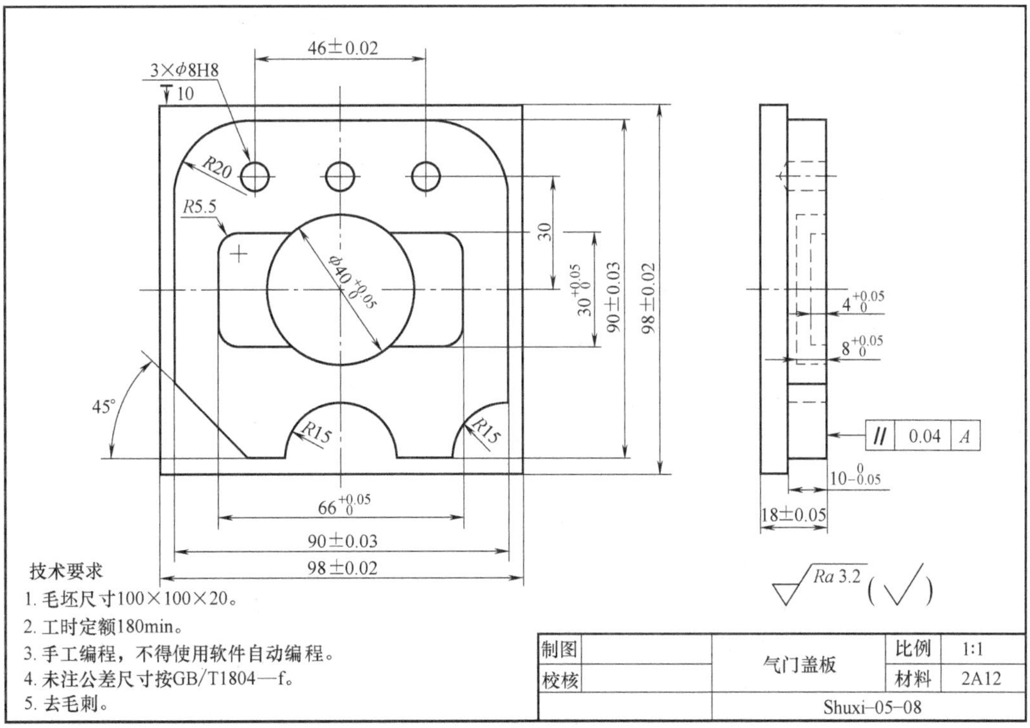

图 5-13　气门盖板零件图

项目六　宏程序的运用与加工

项目目标

通过此项目的学习学生可以运用宏程序这一程序编制的高级形式，编制并加工椭圆、球面、轮廓倒直角、倒圆角等规则的平面类非圆曲线轮廓、空间凸凹半球面及平面任意轮廓的倒角。

项目任务

1. 能完整掌握宏程序的指令格式。
2. 能合理运用参数方程编制平面类非圆曲线轮廓和球面的加工程序。
3. 能合理采用宏程序结合刀具半径补偿编制任意轮廓的倒直角与倒圆角程序。

任务一　加工椭圆板——平面非圆曲线宏实例

任务描述

本任务为平面非圆曲线椭圆板的加工，如图 6-1 所示。根据零件图样进行试样加工，分

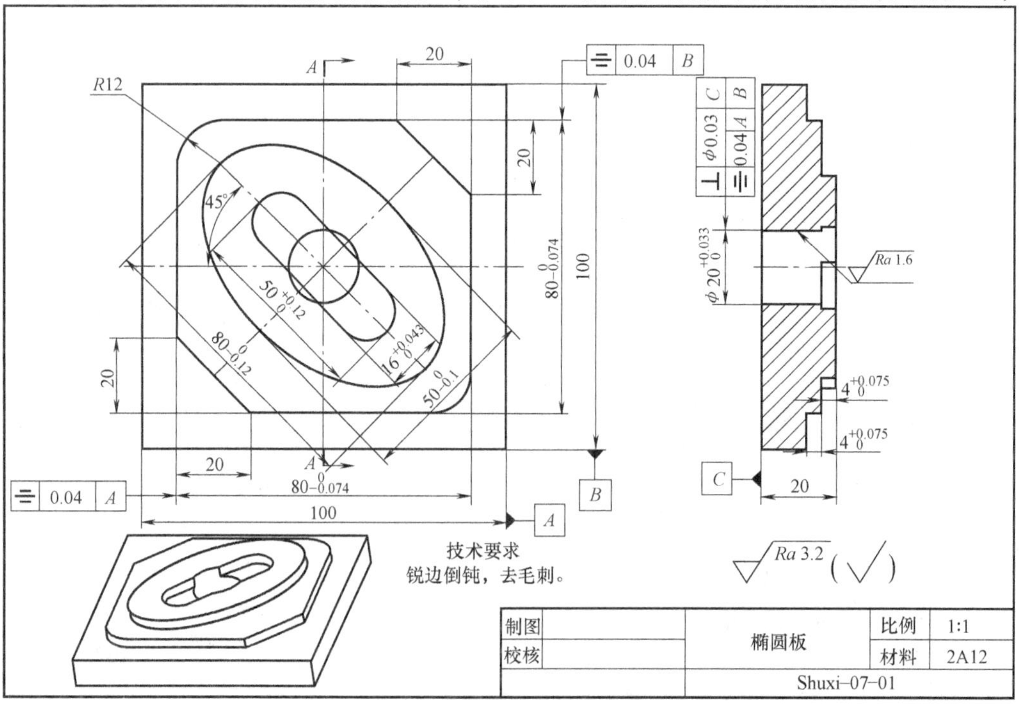

图 6-1　椭圆板零件图

析零件图样的技术特点，要求采用椭圆的参数方程，结合宏程序加工原理，编制椭圆的宏程序，同时选用合适的数控刀具，设计合理的走刀路线，选择正确的加工策略，并按要求操作数控机床，完成零件的工艺编制、程序编制、铣削加工与尺寸精度控制。

1. 零件形状

图 6-1 所示为典型的二维椭圆板的铣削加工零件，具备椭圆、一字槽、内孔、倒斜角和倒圆角等特征。

2. 尺寸精度

该零件的主要加工要素为椭圆、一字槽和内孔。椭圆尺寸精度要求不高，铣削出轮廓即可。一字槽加工精度要求较高，需合理安排粗、精加工，运用刀补修调尺寸公差。内孔需要通过合理的工艺设计和正确的操作来保证要求。

3. 几何精度

零件大平面与内孔轴线形成相互垂直的关系，垂直度公差为 0.03mm。两个侧面和内孔轴线需有良好的对称要求，对称度公差为 0.04mm。

4. 表面粗糙度

零件孔壁表面的表面粗糙度值为 $Ra1.6\mu m$，其余轮廓平面和侧面的表面粗糙度值为 $Ra3.2\mu m$。

5. 技术要求

锐边去毛刺。

任务实施

一、毛坯及工、量、刃具准备

本任务除需准备表 2-1 ~ 表 2-3 所列材料、设备及工、量、刃具外，还需准备 ϕ12mm 键槽铣刀。

二、制订工序卡片

本任务加工工件装夹方案和工件坐标系原点的设定见表 6-1，工件自动编程数控加工工艺卡片见表 6-2。

表 6-1　加工工件装夹方案和工件坐标系原点的设定

<table>
<tr><td rowspan="2">零件名称
加工面</td><td rowspan="2">椭　圆　板</td><td rowspan="2">装夹方案和工件坐标系原点的设定</td><td>工　序　号</td><td>1</td></tr>
<tr><td>装 夹 次 数</td><td>1</td></tr>
<tr><td rowspan="3">正面</td><td colspan="2" rowspan="3">该工件为规则四方形，所以工件坐标原点设定在几何对称中心上，采用通用夹具进行定位与装夹。根据加工要求选用机用虎钳作为夹具。为保证工件定位准确，钳口平面与底面要用百分表进行找正。工件夹紧过程中要对工件上表面及侧面进行找正</td><td>夹具</td><td>名称</td></tr>
<tr><td>1</td><td>机用虎钳</td></tr>
<tr><td>2</td><td>等高垫块</td></tr>
</table>

表 6-2　工件自动编程数控加工工艺卡片

<table>
<tr><td colspan="2" rowspan="2">数控加工工艺卡片</td><td>零 件 名 称</td><td>椭　圆　板</td><td colspan="2">使 用 设 备</td><td colspan="2">华中世纪星</td></tr>
<tr><td>零 件 图 号</td><td>Shuxi-07-01</td><td colspan="2">车　　间</td><td colspan="2">数 铣 车 间</td></tr>
<tr><td>序　　号</td><td>程序号</td><td>工 步 内 容</td><td>刀具规格 /mm</td><td>主轴转速 /r · min^{-1}</td><td>进给速度 /mm · min^{-1}</td><td>XY 余量/mm</td><td>备　　注</td></tr>
<tr><td>1</td><td>%0001</td><td>铣削工件上表面</td><td>ϕ16 立铣刀</td><td>1200</td><td>200</td><td></td><td>精铣</td></tr>
</table>

（续）

数控加工工艺卡片		零件名称	椭圆板	使用设备		华中世纪星	
		零件图号	Shuxi-07-01	车间		数铣车间	
序号	程序号	工步内容	刀具规格/mm	主轴转速/r·min⁻¹	进给速度/mm·min⁻¹	XY余量/mm	备注
2	%0003	粗铣削方形轮廓	ϕ12 立铣刀	1000	90	0.5	粗铣
3	%0004	粗铣削椭圆轮廓	ϕ12 立铣刀	1000	90	0.5	粗铣
4	%0005	粗铣削一字方形	ϕ12 键槽铣刀	1000	90	0.5	粗铣
5	%0006	钻削内孔	ϕ18 钻头	500	90		
6	%0003	精铣削方形轮廓	ϕ12 立铣刀	1500	120	0	精铣
7	%0004	精铣削椭圆轮廓	ϕ12 立铣刀	1500	120	0	精铣
8	%0005	精铣削一字方形	ϕ12 立铣刀	1500	120	0	精铣
9	%0006	精铣削内孔	ϕ12 立铣刀	1500	120	0	精铣
编制		审核		批准		共　页	第　页

三、编写参考程序

椭圆宏程序参考见表6-3。

表6-3　椭圆宏程序参考

程序段号	程序内容	动作说明
	%0004	程序名
N10	G90 G54 G0 X0 Y0 Z50 M03 S1000	2号刀具
N20	M8	开启切削液
N30	G0 X70 Y0	刀具空间快速移动到P1点上方
N70	G01 Z5 F90	以G01方式垂直进给至参考平面，进给速度为90mm/min
N80	G68　X0　Y0　P135	建立坐标系旋转，旋转角度为135°，编写椭圆
N90	G0 X70 YO	设定下刀点
N100	#1 =0	设定角度变化量为变量，初始角度为0°
N110	WHILE[#1LE360]	建立循环体语句，初始角度小于360°，判别语句真假
N120	#2 =40 * COS[#1 * PI/180]	椭圆X轴长半轴变量
N130	#3 =25 * SIN[#1 * PI/180]	椭圆Y轴短半轴变量
N140	G1 Z-4 F90	切削深度为4mm，常量
N150	G42 G1 X[#2] Y[#3] D1 F90	以右刀补逆时针铣削椭圆轮廓，依次走椭圆上每个变化的坐标点，以走细小的直线度去逼近椭圆（非圆曲线）轮廓
N160	#1 =#1 +1	角度递增
N170	ENDW	循环体语句结束
N180	G40 G1 X70 Y0	取消刀补
N190	G69	取消旋转
N200	G0 Z50	抬刀

（续）

程序段号	程序内容	动作说明
N350	M30	程序结束
加工完成后工件的形状		

任务评价

工件质量评价表见表 6-4。

表 6-4　工件质量评价表

班　级			姓　名		学　号	
工 件 号			机 床 号		零件图号	Shuxi-07-01
任务一			椭圆板的加工			
基本检查		序号	检测内容	配分	学生自评	教师评分
	编程	1	切削加工工艺制订正确	10		
		2	切削用量选择合理	5		
		3	程序正确、简单、规范	5		
	操作	4	设备操作、维护、保养正确	2		
		5	安全、文明生产	4		
		6	刀具选择、安装正确、规范	2		
		7	工件找正、安装正确、规范	2		
工件加工	外形轮廓	8	$80_{-0.074}^{0}$ mm（两处）	6		
		9	$80_{-0.12}^{0}$ mm	4		
		10	$50_{-0.1}^{0}$ mm	4		
		11	$R12$mm（两处）	4		
		12	$C20$（两处）	6		
		13	$4_{0}^{-0.075}$ mm（两处）	4		
		14	对称度公差 0.04mm	2		
		15	侧面 $Ra3.2\mu m$	2		
		16	底面 $Ra3.2\mu m$	2		
	内形轮廓	17	$\phi20_{0}^{+0.033}$ mm	6		
		18	$16_{0}^{+0.043}$ mm	5		

（续）

班　级			姓　名		学　号	
工 件 号			机 床 号		零 件 图 号	Shuxi-07-01
任务一			椭圆板的加工			
工件加工	内形轮廓	19	$50^{+0.12}_{0}$ mm	4		
		20	$4^{+0.075}_{0}$ mm	3		
		21	20mm	2		
		22	垂直度公差为 0.03mm	2		
		23	对称度公差为 0.04mm	2		
		24	侧面 $Ra3.2\mu m$	2		
		25	底面 $Ra3.2\mu m$	2		
		26	孔 $Ra1.6\mu m$	4		
	其他	24	工件按时完成	2		
		25	工件无缺陷	2		
综合得分				100		

知识链接

1. 宏变量与常量

宏程序是程序编制的高级形式，宏程序里应用了大量的数学建模、数学关系的表达式、加工刀具与走刀路径的选择等。所以使用宏程序编程，加工的精度很高。特别是对一些形状类似但大小不同、大小相同但位置不同或者特殊形状（椭圆、球面等）的零件，编制一个好的宏程序，可达到事半功倍的效果。FANUC0i 系统提供了两种用户宏程序，即通常所说的 A 类宏程序和 B 类宏程序。A 类宏程序需要使用“G65Hm”格式的宏指令来表达各种数学运算和逻辑关系，极不直观，且可读性差，实际中很少人应用。由于华中数控系统的变量指令与 FANUC 系统基本相似，因此这里就简单介绍 B 类宏程序。

在常规的主程序和子程序内，总是将一个具体的数值赋给一个地址。为了使程序更具有通用性，更加灵活，在宏程序中设置了变量，即将变量赋给一个地址。

（1）变量的表示　变量可以用“#”号和跟随其后的变量序号来表示，即#i（i = 1，2，3，…）。如：#5、#10、#101、#501、#[2003-1]、#[6/2]等。

（2）变量的类型　变量根据变量号可以分成四种类型，详见表 6-5。

表 6-5　变量的类型

变 量 号	变 量 类 型	功　能
#0	空变量	该变量总是空，没有值赋给该变量
#1 ~ #33	局部变量	局部变量只能用在宏程序中存储数据，例如运算结果 当断电时，局部变量初始化为空；调用宏程序时，自变量对局部变量赋值
#100 ~ #199 #500 ~ #999	公共变量	公共变量在不同的宏程序中的意义相同 当断电时，变量#100 ~ #199 初始化为空。变量#500 ~ #999 的数据保存，即使断电也不会丢失
#1000 以上	系统变量	系统变量用于读和写 CNC 的各种数据，例如刀具的当前位置和补偿值等

（3）变量的引用　将跟随在一个地址后的数值用一个变量来代替，即引入了变量 i。

例如：对于 F#105，若 105 =60 时，相当于 F60；

对于 Z -#110，若#110 =50，相当于 Z -50；

对于 G#12，若#12 =2 时，相当于 G02。

（4）变量的赋值

1）直接赋值。在程序中采用赋值号（ = ）对变量直接赋值，要注意赋值号左边不可以是表达式。

例如：#1 =30；

#2 =#2 +42。

2）引数赋值。当调用宏程序时，必须对宏程序中的变量进行初始化，方法是在调用指令中给出各变量的初始值，通过对应的引数向宏程序内传递。

2. 运算指令

在变量之间、变量与常量之间，可以进行的运算主要是赋值运算、算术运算、逻辑运算和函数运算等。此处只列出算术运算的指令表，见表 6-6。

表 6-6　算术运算指令表

名　　称	表示方式	注　　解
变量的定义和替换	#i = #j	
加减运算	#i = #j + #k	加
	#i = #j - #k	减
乘除运算	#i = #j * #k	乘
	#i = #j/#k	除
函数运算	#i = SIN[#j]	正弦函数，单位为°
	#i = COS[#j]	余弦函数，单位为°
	#i = TANN[#j]	正切函数，单位为°
	#i = ATANN[#j/#k]	反正切函数，单位为°
	#i = SQRT[#j]	平方根
	#i = ABS[#j]	取绝对值
运算的组合	以上算术运算和函数运算可以结合在一起使用，运算的先后顺序是：函数运算、乘除运算、加减运算	
括号的应用	表达式中括号的运算将优先进行。连同函数中使用的括号在内，括号在表达式中最多可用 5 层	

3. 控制指令

（1）条件转移指令（见表 6-7）

表 6-7　条件转移指令

编程格式	含　　义
IF[条件表达式] GOTO　n	1）如果条件表达式的条件得以满足，则转而执行程序中程序号为 n 的相应操作，程序段号 n 可以由变量或表达式替代 2）如果表达式中条件未满足，则顺序执行下一段程序 3）如果程序作无条件转移，则条件部分可以被省略

条件表达式可按表 6-8 所示书写。

表 6-8　表达式表示

#j　EQ　#k	表示 =
#j　NE　#k	表示 ≠
#j　GT　#k	表示 >
#j　LT　#k	表示 <
#j　GE　#k	表示 ≥
#j　LE　#k	表示 ≤

（2）循环指令（见表 6-9）

表 6-9　循环语句表达式

编程格式	含　义
WHILE[条件表达式] DO m END m （其中 m = 1，2，3）	1）条件表达式满足时，程序段 DO m 至 END m，即重复执行 2）条件表达式不满足时，程序转到 END m 后处执行 3）如果 WHILE[条件表达式] 部分被省略，则程序段 DO m 至 END m 之间的部分将一直重复执行

在数控编程中，遇到由非圆曲线组成的工件轮廓或者三维曲面轮廓时，可以用宏程序或使用参数方程编程的方法来实现。

当工件的切削轮廓是非圆曲线时，不能直接用圆弧插补指令来编程，这时候可以设想将这一段非圆曲线轮廓分成若干微小的线段，在这每一段微小的线段上作直线插补或圆弧插补来近似表示这一非圆曲线段。如果分成的线段足够小，则这个近似的曲线就能完全满足该曲线轮廓的精度要求。

本任务中加工的椭圆外轮廓，可以将椭圆的中心设为工件坐标系的原点，椭圆轮廓上点的坐标值可以用多种方法表示。此处给出椭圆的参数方程

$$X = a * \mathrm{COS}\theta;\ Y = b * \mathrm{SIN}\theta$$

编程加工时，根据椭圆曲线精度的要求，通过选择极角 θ 的增量将椭圆分成若干线段或圆弧，利用上述公式分别计算轮廓上点的坐标。本任务从 $\theta = 0°$ 开始，将椭圆分成 360 段线段（每段线段对应的 θ 角增加 1°），每个循环切削一段，当 $\theta \leqslant 360°$ 时，铣削结束。

任务解析

1. 分析技术要求

图 6-1 所示为在 100mm × 100mm × 20mm 的铝料上加工椭圆、一字槽、内孔和方形，保证此四个内外轮廓的尺寸精度要求。加工对精度要求较高的一字槽时，为了控制尺寸精度，不能用等同于槽直径的立铣刀，而应采用直径小些的刀粗铣一遍，然后按照插补方法走一个完整的轮廓，并用刀补修调尺寸公差，这样才能保证精度要求。为了控制 C 面的垂直度，采用同一把立铣刀进行加工，避免刀具误差和换刀的装夹误差。为了控制内孔与 A 面、B 面

的对称度，选择在同一平面加工所有轮廓，避免装夹引起的误差。

2. 选择走刀路线

分粗、精加工，采用 G41 刀补，以顺时针方向铣削。对于椭圆加工，需注意若以角度变化量来作为变量，则角度需从 360°减至 0°。加工路线根据相关知识自行制订，选择工件中心为工件原点。

3. 确定装夹方法

工件毛坯为方形，六面为已加工表面，采用机用虎钳装夹，工件高出钳口 10mm 左右，工件下用垫块支承夹紧。

4. 分组实施项目

采用分小组原则，以小组分析讨论为主，制订具体的实施工艺，编写程序并进行铣削加工，控制轮廓尺寸精度、表面粗糙度与几何公差。

知识拓展

五轴联动加工中心介绍

五轴联动加工中心是一种科技含量高、精密度高、专门用于加工复杂曲面的机床。这种机床系统对一个国家的航空、航天、军事、科研、精密器械、高精医疗设备等行业有着举足轻重的影响力。现在，大家普遍认为，五轴联动数控机床系统是解决叶轮、叶片、船用螺旋桨、重型发电机转子、汽轮机转子、大型柴油机曲轴等加工的唯一手段。图 6-2 所示为五轴联动加工中心加工的产品。

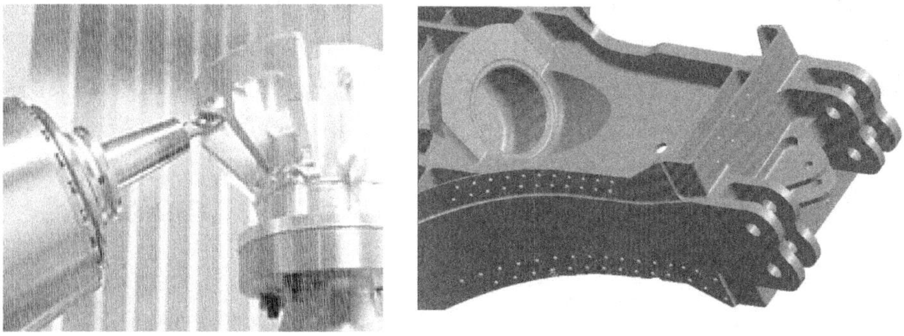

图 6-2　五轴联动加工中心加工的产品

五轴联动加工中心的种类：摇篮式、立式、卧式、NC 工作台 + NC 分度头、NC 工作台 +90°B 轴、NC 工作台 +45°B 轴、NC 工作台 + A 轴°、二轴 NC 主轴等。如图 6-3 所示为 DMG 五轴加工中心。

五轴联动加工中心有高效率、高精度的特点，工件一次装夹就可完成五面体的加工。若配以五轴联动的高档数控系统，还可以对复杂的空间曲面进行高精度加工，更能够适应像汽车零部件和飞机结构件等现代模具的加工。立式五轴加工中心的回转轴有两种方式，一种是工作台回转轴，设置在床身上的工作台可以环绕 *X* 轴回转，定义为 A 轴。A 轴一般的工作

图 6-3　DMG 五轴加工中心

范围为 +30° ~ -120°。工作台的中间还设有一个回转台，在图 6-3 所示的位置上环绕 *Z* 轴回转，定义为 C 轴，C 轴都是 360°回转。这样，通过 A 轴与 C 轴的组合，固定在工作台上的工件除了底面之外，其余的五个面都可以由立式主轴进行加工。A 轴和 C 轴的最小分度值一般为 0.001°，这样又可以把工件细分成任意角度，加工出倾斜面和倾斜孔等。A 轴和 C 轴如与 *XYZ* 三直线轴实现联动，就可加工出复杂的空间曲面，当然这需要高档的数控系统、伺服系统以及软件的支持。这种设置方式的优点是主轴的结构比较简单，主轴刚性非常好，制造成本比较低。但一般工作台不能设计太大，承重也较小，特别是当 A 轴回转大于等于 90°时，切削工件时会对工作台带来很大的承载力矩。另一种是依靠立式主轴头的回转。主轴前端是一个回转头，能自行环绕 *Z* 轴 360°，成为 C 轴，回转头上还有带可环绕 *X* 轴旋转的 A 轴，一般可旋转 ±90°以上，实现与第一种方式相同的功能。这种设置方式的优点是主轴加工非常灵活，工作台也可以设计得非常大，客机庞大的机身、巨大的发动机壳都可以在这类加工中心上加工。

想想练练

想一想

在图 6-1 所示的椭圆板零件中，椭圆轮廓采用 G42 指令加工，角度变化如何？哪种方法比较好？为什么？

练一练

请按照以上所学知识，给图 6-4 所示的零件编制最简化的程序。

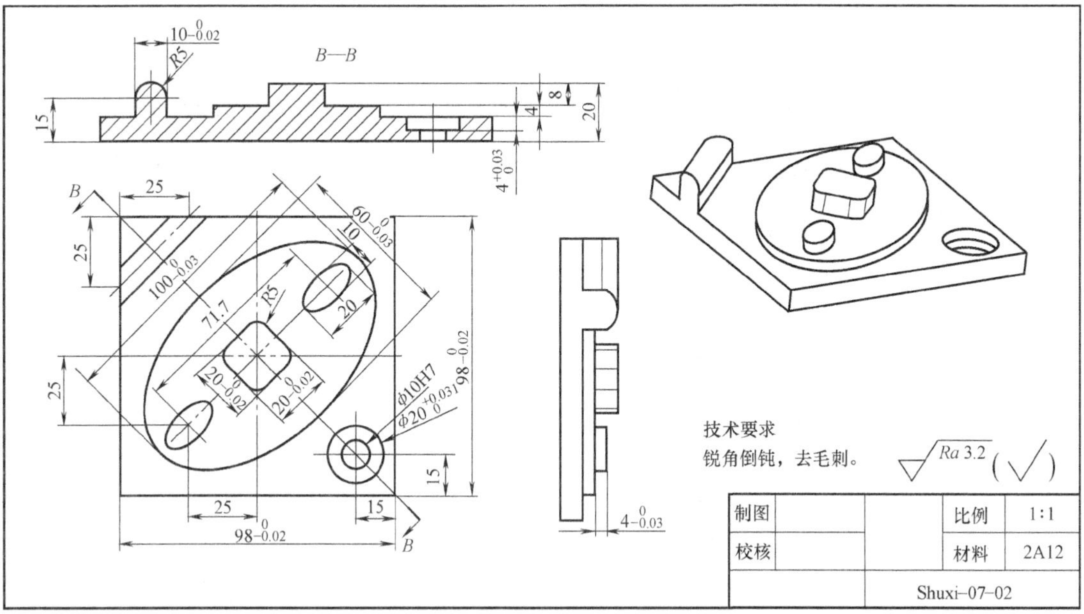

图 6-4　零件图

任务二　加工爱心——倒直角/倒圆角宏实例

项目目标

通过此项目的学习，学生可以在充分理解刀具半径补偿原理的基础上，运用倒直角的高度变化和倒圆角的角度变化来作为变量，结合相应的三角函数，构建刀补变量表达式，来编制内外爱心倒直角和倒圆角的宏程序。

项目任务

1. 能合理运用倒直角高度变化量作为变量构建刀补变量表达式。
2. 能合理采用倒圆角角度变化量作为变量构建刀补变量表达式。
3. 能合理采用宏程序，并结合刀具半径补偿编制任意轮廓的倒直角与倒圆角程序。

任务描述

本任务为内、外爱心轮廓、外轮廓爱心的倒直角和内轮廓爱心的倒圆角加工，如图 6-5 所示。根据零件图样进行试样加工，分析零件图样的技术特点，要求采用宏程序加工内、外爱心的倒直角与倒圆角，编制内、外爱心加工的所有程序，同时选用合适的数控刀具，设计合理的走刀路线，选择正确的加工策略，并按要求操作数控机床，完成零件的工艺编制、程序编制、铣削加工与尺寸精度控制。

1. 零件形状

图 6-5 所示为典型的内、外轮廓爱心的铣削加工零件，具备外轮廓爱心、内轮廓爱心、

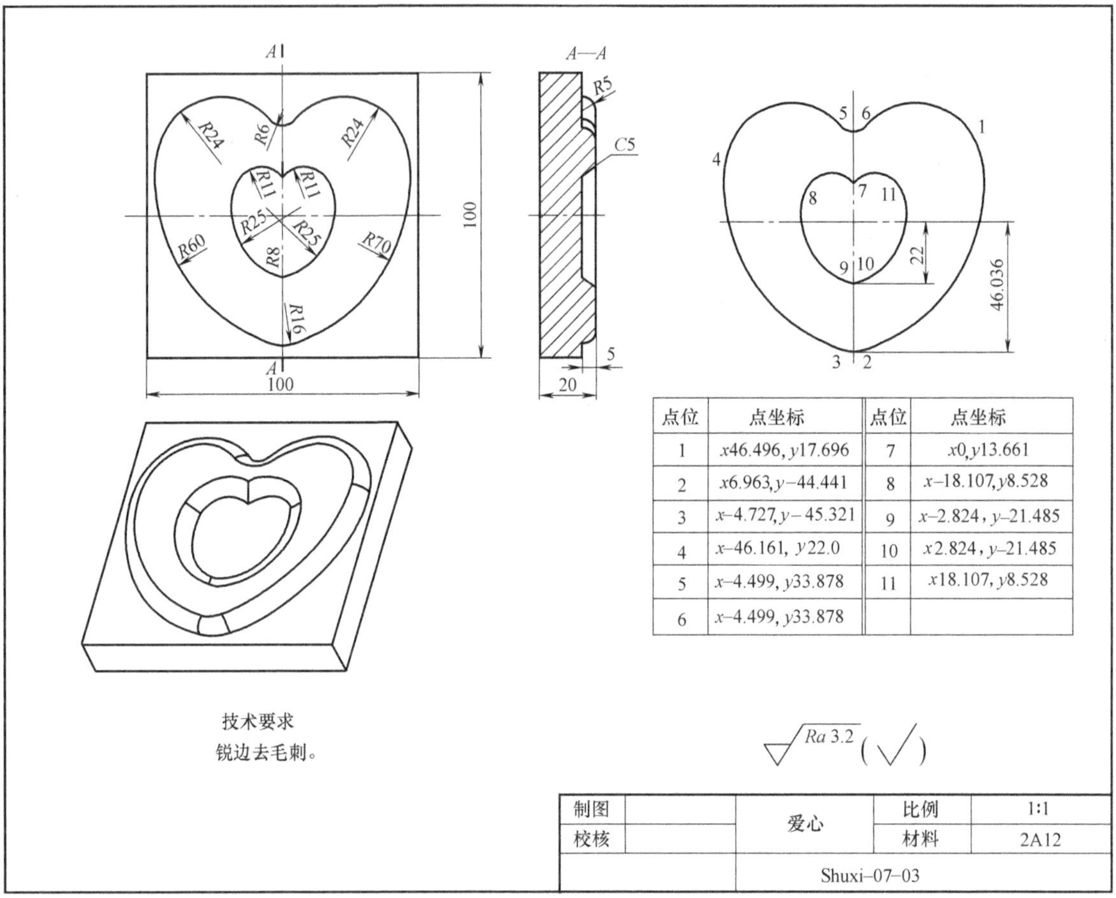

点位	点坐标	点位	点坐标
1	x46.496, y17.696	7	x0, y13.661
2	x6.963, y–44.441	8	x–18.107, y8.528
3	x–4.727, y–45.321	9	x–2.824, y–21.485
4	x–46.161, y22.0	10	x2.824, y–21.485
5	x–4.499, y33.878	11	x18.107, y8.528
6	x–4.499, y33.878		

图 6-5　爱心零件图

外轮廓倒直角和内轮廓倒圆角这些特征。

2. 尺寸精度

该零件的主要加工要素为外轮廓爱心、内轮廓爱心、外轮廓倒圆角和内轮廓倒直角。外轮廓爱心、内轮廓爱心的尺寸精度要求不高，铣削出轮廓即可。外轮廓倒圆角和内轮廓倒直角加工出相应的公称尺寸即可。

3. 几何精度

零件内、外轮廓有一定的对称度即可。

4. 表面粗糙度

零件的轮廓平面和侧面的表面粗糙度值为 *Ra*3. 2μm。

5. 技术要求

锐边去毛刺。

任务实施

一、毛坯及工、量、刃具准备

本任务所需材料、设备及工、量、刃具见表 2-1 ~ 表 2-3。

二、制订工序卡片

本任务加工工件装夹方案和工件坐标系原点的设定见表6-10，工件自动编程数控加工工艺卡片见表6-11。

表6-10　加工工件装夹方案和工件坐标系原点的设定

零件名称 / 加工面	爱　心	装夹方案和工件坐标系原点的设定	工　序　号	1
			装 夹 次 数	1
正面	该工件为规则四方形，所以工件坐标原点设定在几何对称中心上，采用通用夹具进行定位与装夹。根据加工要求选用机用虎钳作为夹具。为保证工件定位准确，钳口平面与底面要用百分表进行找正。工件夹紧过程中要对工件上表面及侧面进行找正		夹具	名称
			1	机用虎钳
			2	等高垫块

表6-11　工件自动编程数控加工工艺卡片

数控加工工艺卡片		零 件 名 称	爱　心	使 用 设 备		华中世纪星	
		零 件 图 号	Shuxi-07-03	车　间		数 铣 车 间	
序　号	程序号	工 步 内 容	刀具规格 /mm	主轴转速 /r·min⁻¹	进给速度 /mm·min⁻¹	XY余量/mm	备　注
1	%0001	铣削工件上表面	ϕ16 立铣刀	1200	200		精铣
2	%0002	粗铣削外轮廓爱心	ϕ10 立铣刀	1000	60	0.5	粗铣
3	%0003	粗铣削内轮廓爱心	ϕ10 立铣刀	1000	60	0.5	粗铣
4	%0004	精铣削外轮廓爱心	ϕ10 立铣刀	1000	60	0.5	精铣
5	%0005	精铣削内轮廓爱心	ϕ10 立铣刀	1000	60	0	精铣
6	%0006	外轮廓爱心倒圆角	ϕ10 立铣刀	1500	500	0	精铣
7	%0007	内轮廓爱心倒直角	ϕ10 立铣刀	1500	500	0	精铣
编制		审核		批准		共　页	第　页

三、编写参考程序

外轮廓爱心倒圆角的参考程序见表6-12，内轮廓爱心倒直角的参考程序见表6-13。

表6-12　外轮廓爱心倒圆角的参考程序

程 序 段 号	程 序 内 容	动 作 说 明
	%0006	程序名（外轮廓爱心倒圆角）
N10	G90 G54 G0 X0 Y0 Z50 M03 S1500	2号刀具
N20	M8	开启切削液
N30	G0 X0 Y－61.036	设定下刀点
N40	G0 Z5	以G0方式快速定位至工件下刀点上方
N50	#1 =0	设定角度变化量为变量，初始角度为0°
N60	WHILE[#1LE90]	建立循环体语句，初始角度小于90°，判别语句真假
N70	#2 =5 * SIN[#1 * PI/180]	构建Z方向高度变化参数表达式，依据角度变化而变化
N80	#3 =5 * COS[#1 * PI/180]	构建XY方向变化参数表达式，依据角度变化而变化

（续）

程序段号	程序内容	动作说明
N90	#101 = 5 - [5 - #3]	构建刀具半径补偿变化参数表达式
N100	G1 Z[#2 - 5] F90	以 G01 方式垂直进给至 Z 向对应变化深度平面
N110	G64 G41 G1 X15 Y - 61.036 D101 F500	直线建立刀补，采用连续切削方式走刀，刀补在相应深度不断变化
N120	G3 X0 Y - 46.036 R15	采用圆弧光滑切入，尽量避免工件侧面切入痕迹
N130	G2 X - 4.727 Y - 45.321 R16	顺时针走轮廓节点
N140	G2 X - 46.161 Y22 R60	顺时针走轮廓节点
N150	G2 X - 4.499 Y33.878 R24	走轮廓节点
N160	G3 X4.499 R6	走轮廓节点
N170	G2 X46.496 Y17.696 R24	走轮廓节点
N180	G2 X6.963 Y - 44.441 R70	走轮廓节点
N190	G2 X0 Y - 46.036 R16	走轮廓节点
N200	G3 X - 15 Y - 61.036 R15	圆弧光滑切出，避免工件侧面切出痕迹
N210	G40 G1 X0	直线方式取消刀补
N220	#1 = #1 + 1	角度递增
N230	ENDW	循环体语句结束
N240	G0 Z50	抬刀
N250	M30	程序结束

加工完成后工件的形状

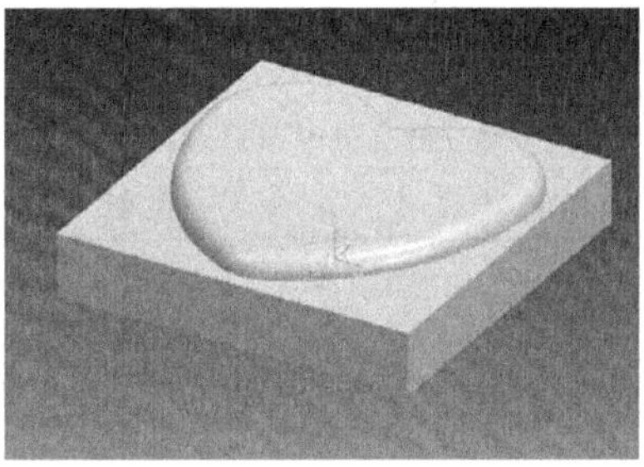

表 6-13　内轮廓爱心倒直角的参考程序

程序段号	程序内容	动作说明
	%0007	程序名（内轮廓爱心倒直角）
N10	G90 G54 G0 X0 Y0 Z50 M03 S1500	2 号刀具
N20	M8	开启切削液
N30	G0 X0 Y0	设定下刀点
N40	#1 = 0	设定角度变化量为变量，初始角度为 0°
N50	WHILE[#1LE90]	建立循环体语句，初始角度小于 90°，判别语句真假
N60	#2 = 5 * TAN[#1 * PI/180]	构建 Z 方向高度变化参数表达式，依据角度变化而变化
N70	#3 = 5 * TAN[#1 * PI/180]	构建 XY 方向变化参数表达式，依据角度变化而变化

（续）

程序段号	程序内容	动作说明
N80	#101 = 5 - #3	构建刀具半径补偿变化参数表达式
N90	G1 Z[#2 - 5] F90	以 G01 方式垂直进给至 Z 向对应变化深度平面
N100	G64 G41 G1 X0 Y - 22 D101 F500	直线建立刀补，采用连续切削方式走刀，刀补在相应深度不断变化
N110	G3 X2. 824 Y - 21. 485 R8	走轮廓节点
N120	G3 X18. 107 Y8. 528 R25	走轮廓节点
N130	X0 Y13. 661 R17	走轮廓节点
N140	X - 18. 107 Y8. 528 R11	走轮廓节点
N150	X - 2. 824 Y - 21. 485 R25	走轮廓节点
N160	X0 Y22 R8	走轮廓节点
N170	G40 G1 X0 Y0	直线取消刀补
N180	#1 = #1 + 1	角度递增
N190	ENDW	循环体语句结束
N200	G0 Z50	抬刀
N210	M30	程序结束
加工完成后工件的形状		

任务评价

工件质量评价表见表 6-14。

表 6-14 工件质量评价表

班级			姓名		学号	
工件号			机床号		零件图号	Shuxi-07-03
任务二			爱心零件的加工			
基本检查		序号	检测内容	配分	学生自评	教师评分
	编程	1	切削加工工艺制订正确	10		
		2	切削用量选择合理	5		
		3	程序正确、简单、规范	5		
	操作	4	设备操作、维护、保养正确	2		
		5	安全、文明生产	4		
		6	刀具选择、安装正确、规范	2		
		7	工件找正、安装正确、规范	2		

（续）

班　　级			姓　　名		学　　号	
工　件　号			机　床　号		零件图号	Shuxi-07-03
任务二			爱心零件的加工			
工件尺寸	外形轮廓	8	5mm	6		
		9	*R*5mm	6		
		10	*R*6mm	3		
		11	*R*24mm（两处）	4		
		12	*R*70mm	4		
		13	*R*60mm	4		
		14	*R*16mm	3		
		15	侧面 *Ra*3.2μm	2		
		16	底面 *Ra*3.2μm	2		
	内形轮廓	17	5mm	6		
		18	*R*5mm	6		
		19	*R*11mm（两处）	4		
		20	*R*25mm（两处）	4		
		21	*R*8mm	4		
		22	侧面 *Ra*3.2μm	2		
		23	底面 *Ra*3.2μm	2		
	其他	24	工件按时完成	4		
		25	工件无缺陷	4		
综合得分				100		

知识链接

在 FANUC 系统中，常运用 G10 功能实现三维倒直角和倒圆角。G10 功能是用程序输入刀具半径补偿指令，也称可编程数据输入功能。它可以从连续指定这一指令的程序中，一次次地输入不同的偏置值以取代从 MDI 方式下一次一次地输入这些偏置值。利用此功能，可把轮廓不断地等距偏置，从而加工出倒直角与倒圆角。但是，G10 较于使用 FANUC 刀具补偿值的系统变量而言，运用刀具半径补偿中的外形补偿（#13001～#13400），类似于华中 HNC21 \ 22 系统中的刀具半径补偿指令#101，直接将#101 作为刀具半径补偿值变量来得更为方便，省去了格式上编写的麻烦之处，使得程序简洁、易懂。因此，此处只就 G10 作简单介绍，而较方便的刀具半径补偿指令中，外形补偿（#13001～#13400）与#101 类似，故将#101 展开作一定程度的介绍。

1. G10 功能编程格式

刀具长度的几何补偿值编程格式：G10　L10　P__　R__;

刀具长度的磨损补偿值编程格式：G10　L11　P__　R__;

刀具直径的几何补偿值编程格式：G10　L12　P__　R__;

刀具直径的磨损补偿值编程格式：G10　L13　P＿　R＿；

其中，P 为刀具补偿号；R 为刀具补偿量，在 G90 有效时，R 后的数值直接输入到相应的位置，在 G91 有效时，R 后的数值与相应位置原有的数值叠加，并替换原来的位置。

2. #101 功能的编程技巧

倒圆角或倒直角时，关键在于找出刀具中心线到已加工侧轮廓之间的法向距离。在倒圆角时，把#1，即角度作为主变量，#2 和#3 作为从变量，推算出#101 的计算公式。表 6-15 中分别列出了倒凸、凹圆弧和任意角的变量和计算方法。

表 6-15　倒凸、凹圆弧和任意角的变量和计算方法

图　示	变量和计算方法
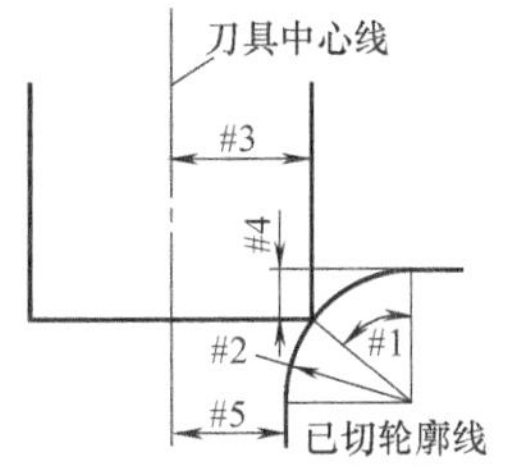	#1：角度变量 #2：倒圆角半径 #3：刀具半径 #4 = #2 * [1 - COS[#1]] 刀具切削刃尖到上表面的距离 #101 = #3 - #2 * [1 - SIN[#1]]　刀具中心线到已加工侧轮廓的法向距离
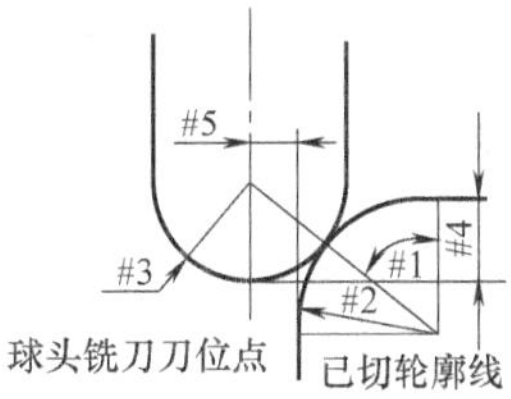	#1：角度变量 #2：倒圆角半径 #3：刀具半径 #4 = [#2 + #3] * [1 - COS[#1]]　球头铣刀刀位点到上表面的距离 #101 = [#2 + #3] * SIN[#1] - #2　球头铣刀刀位点到已加工侧轮廓的法向距离
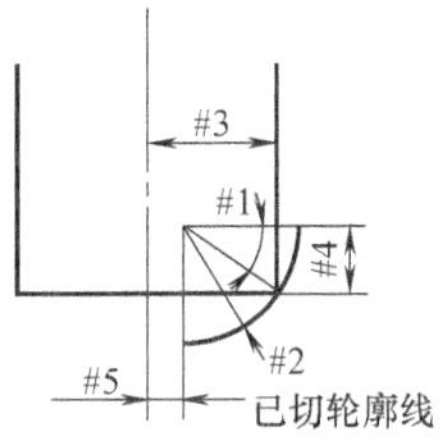	#1：角度变量 #2：倒圆角半径 #3：刀具半径 #4 = #2 * SIN[#1] 刀具切削刃尖到上表面的距离 #101 = #3 - #2 * COS[#1]　刀具中心线到已加工侧轮廓的法向距离
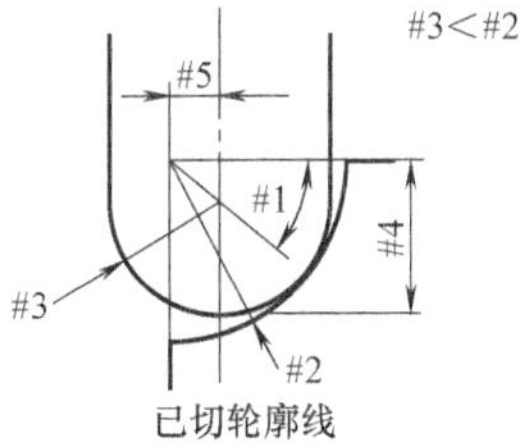	#1：角度变量 #2：倒圆角半径 #3：刀具半径（小于圆角半径） #4 = #2 * SIN[#1] + #3 * [1 - SIN[#1]]　球头铣刀刀位点到上表面的距离 #101 = [#2 - #3] * COS[#1]　球头铣刀刀位点到已加工侧轮廓的法向距离
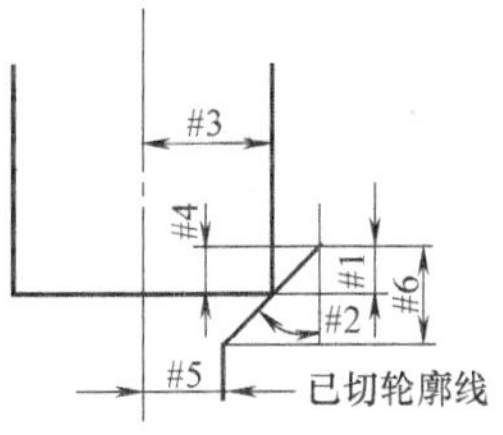	#1：深度变量 #2：倒圆角度 #3：刀具半径 #6：倒角高度 #4 = #1　刀具切削刃尖到上表面的距离 #101 = #3 - [#6 - #1] * TAN[#2]　刀具中心点到已加工侧轮廓的法向距离

（续）

<table>
<tr><th>图　示</th><th>变量和计算方法</th></tr>
<tr><td>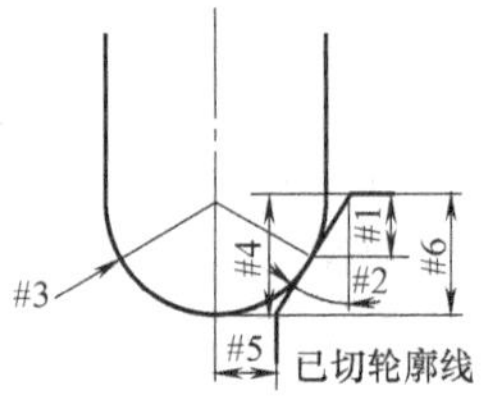
</td><td>#1：深度变量
#2：倒圆角度
#3：刀具半径
#6：倒角高度
#4 = #1 + #3 * [1 - SIN[#2]]　球头铣刀刀位点到上表面的距离
#101 = #3 * COS[#2] - [#6 - #1] * TAN[#2]　球头铣刀刀位点到已加工侧轮廓的法向距离</td></tr>
</table>

注：此表对于未指定具体数值的倒圆角半径、刀具半径、倒角高度等参数，仅用变量代替。实际编程加工中，应尽量少设变量为宜，主要考虑程序简洁，控制指令语句调用明朗，程序编制修调方便等因素。

任务解析

1. 分析技术要求

图 6-5 所示为在 100mm×100mm×20mm 的铝料上加工外轮廓爱心及其倒直角、内轮廓爱心及其倒圆角，保证此两个轮廓的尺寸精度要求。根据轮廓图样的要求，结合选刀具原则，选铣刀半径小于所加工轮廓凹圆弧半径的立铣刀。同时，为了方便倒直角和倒圆角，也可以用同一把铣刀，主要为避免刀具误差和换刀的装夹误差。当然在考虑刀具磨损的情况下，也可以另外选择合适的铣刀。立铣刀加工倒直角和圆角，常作为粗加工用，精加工常采用球头立铣刀，此处只对平底立铣刀作相应阐述，球头立铣刀编程可以结合表 6-15 进行。

2. 选择走刀路线

分别采用粗、精加工，采用 G41 刀补，以顺时针方向铣削外轮廓爱心，以逆时针方向铣削内轮廓爱心。倒直角和倒圆角时，可以从上往下加工，也可以从下往上加工。此处采用从下往上加工方式，Z 方向原点设定在工件表面。

3. 确定装夹方法

工件毛坯为方形，六面为已加工表面，采用机用虎钳装夹，工件高出钳口 10mm 左右，工件下用垫块支承夹紧。

4. 分组实施项目

采用分小组原则，以小组分析讨论为主，制订具体的实施工艺，编写程序并进行铣削加工，控制轮廓尺寸精度、表面粗糙度与几何公差。

知识拓展

世界知名数控刀具厂商简介

数控刀具指的是数控机床和加工中心用刀具。在我国，由于对数控刀具的研究开发起步较晚，数控刀具成了工具行业中最薄弱的一环。在国外，数控刀具发展很快，品种较多，已形成系列。国内数控刀具市场大部分被国外产品占据，其中瑞典（山特维克刀具）和以色列（伊斯卡刀具）为最典型的代表。

1. 山特维克刀具

1862 年，当山特维克集团（SANDVIKGROUP）成立于瑞典的湖边小镇山特维肯市时，不过是一个几十人的小型特种钢厂。而 100 多年之后，当山特维克走出这个小镇时，已经是世界知名的专业工业机械制造商，业务遍及全球 130 个国家。作为山特维克集团所从事的行业之一，山特维克刀具在全球市场独占鳌头。山特维克集团在刀具这一行业主要从事金属切割工具和刀具设备的制造以及刀具刀片和刀杆的制造。其产品由硬质合金、高速钢以及包括钻石和特殊陶瓷在内的其他硬质材料加工制造而成，成熟的品牌有山特维克可乐满、山特维克硬质材料、Walter、万耐特、Safety 和多马，如图 6-6 所示。

2. 伊斯卡刀具

ISCAR（伊斯卡）公司是世界著名的金属切削刀具制造商，总部设在以色列。伊斯卡在全球 50 多个主要国家和地区设有子公司或办事机构。20 世纪 90 年代以来，一些在专业领域表现优异的刀具公司相继加入伊斯卡，如铣削镗削领域的领导者——德国英格索尔（INGERSOLL）和 INNOTOOL，高精度动平衡镗刀及刀柄的制造商——以色列 ETM，高质量硬质合金钻头及铰刀和 CBN、PCD 刀片的制造商——德国 HORNUNG，著名的枪钻制造商——法国 OUTILTEC，精密复合孔加工刀具的制造商——意大利 IT. TE. DI 等。这些刀具制造商的加盟壮大了伊斯卡 IMC 集团，并提高了其在市场上的竞争力。使伊斯卡 IMC 集团在短短 50 年里，就步入世界切削刀具行业的领导行列，引领着切削技术的变革。自 2000 年以来，其销售额排名居世界第二位，增长速度则位居世界各大刀具公司之首。伊斯卡刀具如图 6-7 所示。

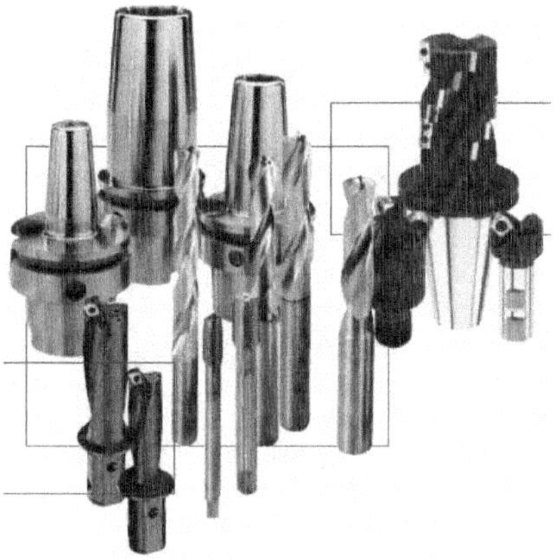

图 6-6　山特维克刀具

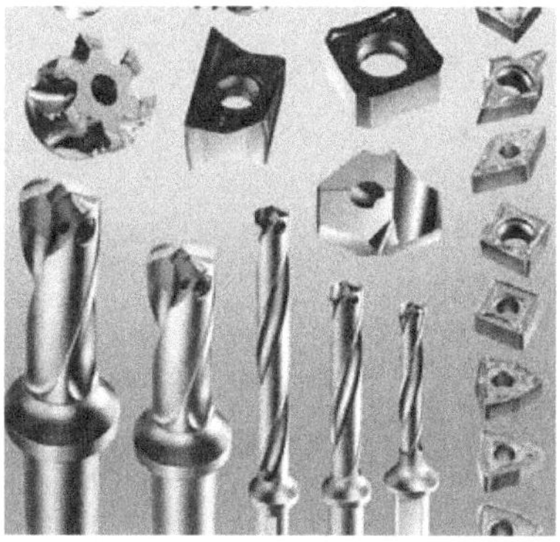

图 6-7　伊斯卡刀具

想想练练

想一想

在图 6-5 所示的爱心零件中，爱心轮廓倒斜角采用角度变化量加工，表达式如何构建？Z 高度方向从上往下加工和从下往上加工如何设定？

练一练

请按照以上所学知识，给图 6-8 所示零件编制最简化的程序。

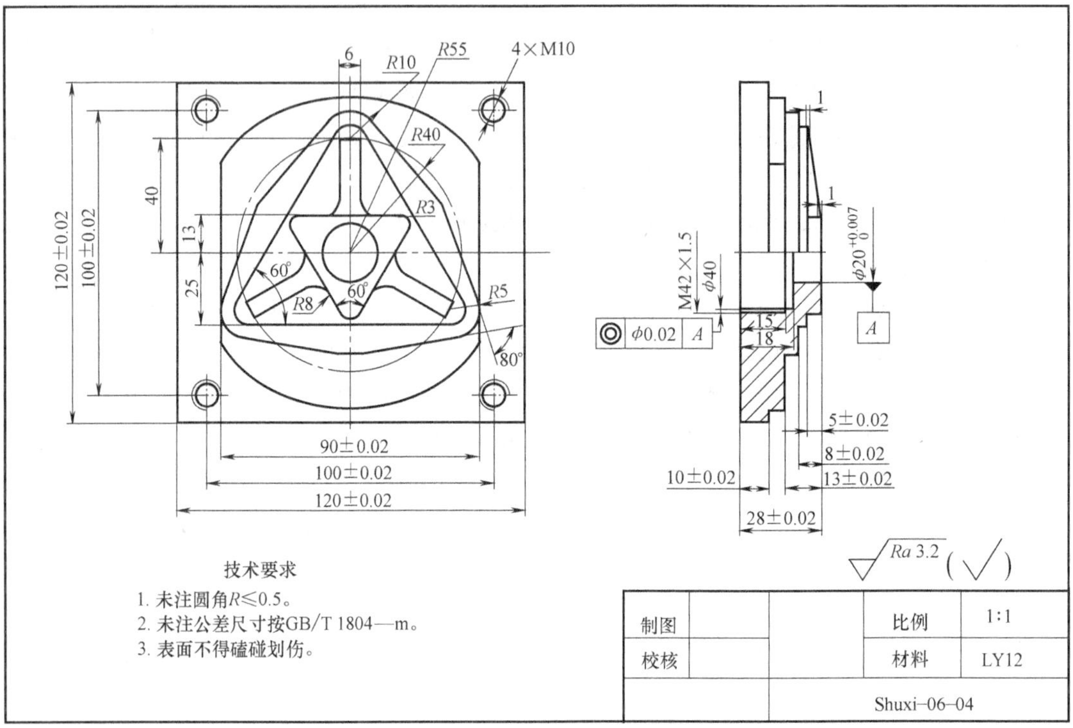

图 6-8　实操题

任务三　加 工 球 面

项目目标

通过此项目的学习，学生可以在充分理解刀具半径补偿原理的基础上，结合圆弧指令，运用高度方向角度变化量作为变量，结合相应的三角函数，构建空间凸凹球面加工变量表达式，来编制空间球面轮廓并进行加工。

项目任务

1. 能合理运用用户变量构建高度变化量。
2. 能合理采用高度自变化量构建变量表达式。
3. 能合理采用变量表达式结合圆弧插补指令加工空间凸凹球面轮廓。

任务描述

本任务为球面加工，如图 6-9 所示。根据零件图样进行试样加工，分析零件图样的技术特点，要求采用圆的参数方程，结合宏程序加工原理，编制球面的宏程序，同时选用合适的数控刀具，设计合理的走刀路线，选择正确的加工策略，并按要求操作数控机床，完成零件的工艺编制、程序编制、铣削加工与尺寸精度控制。

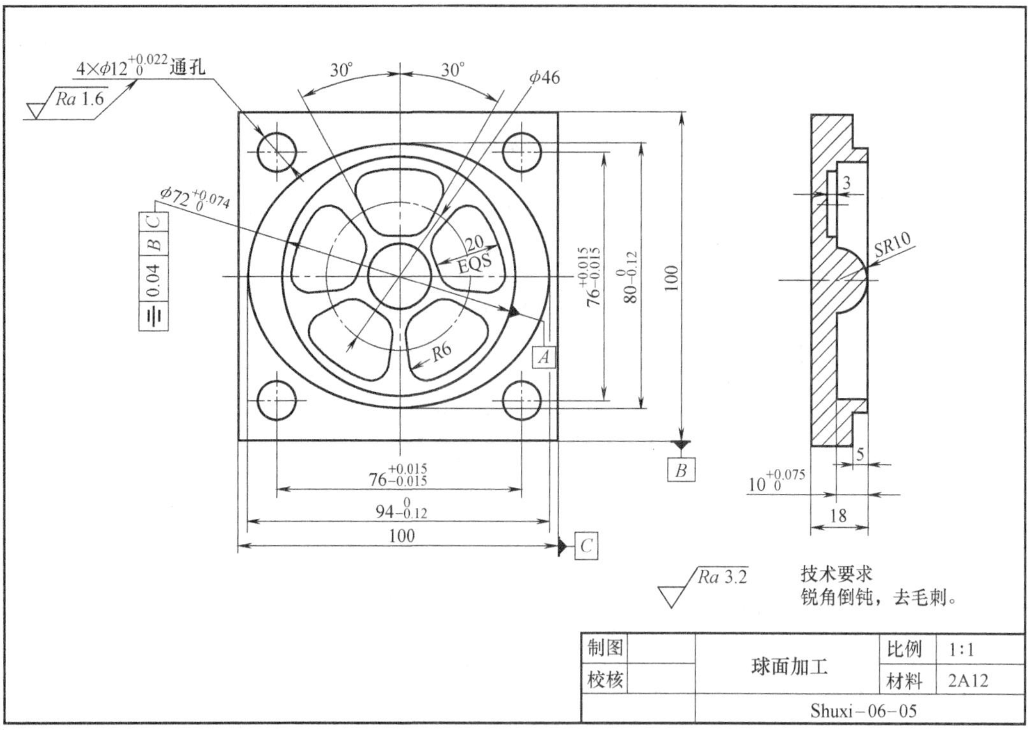

图 6-9　球面加工零件图

1. 零件形状

图 6-9 所示为典型的三维球面的铣削加工零件，具备椭圆、内圆、球面、扇形块和孔等特征。

2. 尺寸精度

该零件的主要加工要素为椭圆、内圆、球面、扇形块和孔。椭圆尺寸精度要求一般，铣削出轮廓即可，刀补稍许修调即可。内圆和扇形块的加工精度要求较高，需安排粗、精加工，运用刀补修调尺寸公差。孔加工需要通过合理的切削用量和正确的操作来保证要求。

3. 几何精度

两个侧面和内孔轴线需有良好的对称度要求，对称度公差为 0.04mm。

4. 表面粗糙度

零件孔壁表面的表面粗糙度值为 *Ra*1.6μm，其余轮廓平面和侧面的表面粗糙度值为 *Ra*3.2μm。

5. 技术要求

锐边去毛刺。

任务实施

一、毛坯及工、量、刃具准备

本任务除需准备表 2-1 ~ 表 2-3 所列材料、设备及工、量、刃具外，还需准备 φ12mm 机用铰刀。

二、制订工序卡片

本任务加工工件装夹方案和工件坐标系原点的设定见表6-16，工件自动编程数控加工工艺卡见6-17。

表6-16　加工工件装夹方案和工件坐标系原点的设定

零件名称 / 加工面	球面加工	装夹方案和工件坐标系原点的设定	工序号	1
			装夹次数	1
正面	该工件为规则四方形，所以工件坐标原点设定在几何对称中心上，采用通用夹具进行定位与装夹。根据加工要求选用机用虎钳作为夹具。为保证工件定位准确，钳口平面与底面要用百分表进行找正。工件夹紧过程中要对工件上表面及侧面进行找正		夹具	名称
			1	机用虎钳
			2	等高垫块

表6-17　工件自动编程数控加工工艺卡片

数控加工工艺卡片		零件名称	球面	使用设备		华中世纪星	
		零件图号	Shuxi-06-05	车间		数铣车间	
序号	程序号	工步内容	刀具规格/mm	主轴转速/r · min^{-1}	进给速度/mm · min^{-1}	XY余量/mm	备注
1	%0001	铣削工件上表面	ϕ16立铣刀	1200	200		精铣
2	%0003	粗铣削椭圆轮廓	ϕ16立铣刀	1000	90	0.5	粗铣
3	%0004	粗铣削内圆轮廓	ϕ16立铣刀	1000	90	0.5	粗铣
4	%0005	粗铣圆柱（球面）轮廓	ϕ16立铣刀	1000	90	0.5	粗铣
5	%0006	粗铣扇形块轮廓	ϕ10立铣刀	1000	90	0.5	粗铣
6	%0007	钻削内孔	ϕ11.8钻头	800	60	0.2	
7	%0008	精铣削椭圆轮廓	ϕ16立铣刀	1500	120	0	精铣
8	%0009	精铣削内圆轮廓	ϕ16立铣刀	1500	120	0	精铣
9	%0010	精铣圆柱（球面）轮廓	ϕ16立铣刀	1500	120	0	精铣
10	%0011	精铣扇形块轮廓	ϕ10立铣刀	1500	120	0	精铣
11	%0012	钻削内孔	ϕ12机用铰刀	850	70	0	精铣
编制		审核		批准		共　页	第　页

三、编写参考程序

椭圆、内圆、球面和扇形块加工的参考程序见表6-18～表6-21。

表6-18　椭圆加工的参考程序

程序段号	程序内容	动作说明
	%0008	程序名——椭圆
N10	G90 G54 G0 X0 Y0 Z50 M03 S1500	按G54设定坐标，主轴正转，刀具运动至相应坐标位置
N20	M8	开启切削液
N30	G0 X0 Y0	刀具空间快速移动到X轴、Y轴原点上方

（续）

程序段号	程序内容	动作说明
N70	G0 Z5	以 G0 方式垂直进给至参考平面
N80	G0 X60 Y0	快速定位至工件下刀点上方
N90	#1 =0	设定角度变化量为变量，初始角度为 0°
N100	WHILE[#1LE360]	建立循环体语句，初始角度小于 360°，判别语句真假
N110	#2 =47 * COS[#1 * PI/180]	椭圆 X 轴长半轴变量
N120	#3 =40 * SIN[#1 * PI/180]	椭圆 Y 轴短半轴变量
N130	G1 Z-5 F90	以 G1 方式进给至切削深度平面，进给速度为 90mm/min
N140	G42 G1 X[#2] Y[#3] D1 F120	以右刀补逆时针铣削椭圆轮廓，依次走椭圆上每个变化的坐标点，以走细小的直线度去逼近椭圆（非圆曲线）轮廓
N150	#1 =#1 +1	角度递增
N160	ENDW	循环体语句结束
N170	G40 G1 X70 Y0	取消刀补
N180	G0 Z50	抬刀
N190	M30	程序结束
加工完成后工件的形状		

表 6-19　内圆加工的参考程序

程序段号	程序内容	动作说明
	%0009	程序名——内圆
N10	G90 G54 G0 X0 Y0 Z50 M03 S1500	按 G54 设定坐标，主轴正转，刀具运动至相应坐标位置
N20	M8	开启切削液
N30	G0 X20 Y0	刀具空间快速移动到下刀点上方
N40	G0 Z5	以 G0 方式垂直进给至参考平面
N50	G1　Z-10 90	以 G1 方式进给至切削深度平面，进给速度为 90mm/min
N50	G41 G1 X36 Y0 D1 F120	建立左刀补，进给速度为 120mm/min
N60	G3 I-36	逆时针铣削内圆，刀补进行
N70	G40 G01 X20 Y0	取消刀补
N80	G0 Z50	抬刀
N90	M30	程序结束

（续）

加工完成后工件的形状	

表 6-20　球面加工的参考程序

程序段号	程序内容	动作说明
	%0010	程序名——球面
N10	G90 G54 G0 X0 Y0 Z50 M03 S1500	按 G54 设定坐标，主轴正转，刀具运动至相应坐标位置
N20	M8	开启切削液
N30	G0 X25 Y0	刀具空间快速移动到下刀点上方
N70	G0 Z5	以 G0 方式垂直进给至参考平面
N80	#1 =0	设定角度变化量为变量，初始角度为 0°
N90	WHILE[#1LE90]	建立循环体语句，初始角度小于 90°，判别语句真假
N100	#2 =10 * COS[#1 * PI/180]	半球半径变量
N110	#3 =10 * SIN[#1 * PI/180]	半球 Z 轴变量
N120	G1 Z[#3 -10] F90	切削深度至半球底面，自下而上铣削，进给速度为 90mm/min
N130	G41 G1 X[#2] Y0 D1 F120	左刀补运动至半球半径最大处，X 轴坐标点为变化量
N140	G2 I[-#2]	顺时针圆弧铣削，半径为 X 轴或者 Y 轴变化量
N150	#1 =#1 +1	角度递增，变化量越小、轮廓节点越密、越趋近于光滑曲面
N150	ENDW	循环体语句结束
N160	G40 G1 X25 Y0	取消刀补
N170	G0 Z50	抬刀
N180	M30	程序结束
加工完成后工件的形状	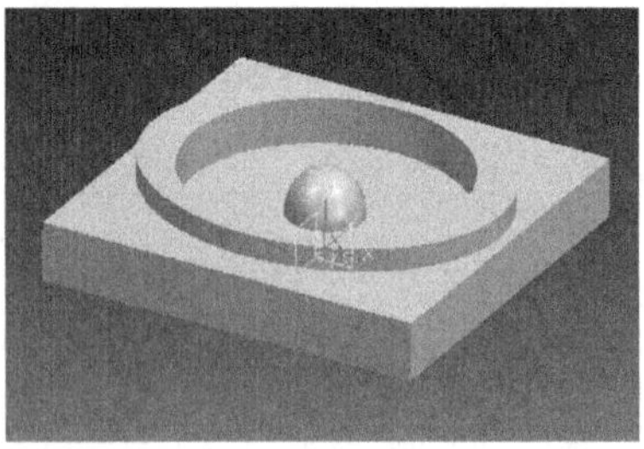	

表 6-21　扇形块加工的参考程序

程序段号	程序内容	动作说明
	%0011	主程序名——扇形块
N10	G90 G54 G0 X0 Y0 Z50 M03 S1500	按 G54 设定坐标，主轴正转，刀具运动至相应坐标位置
N20	M8	开启切削液

（续）

程序段号	程序内容	动作说明
N30	G0 X0 Y23	快速定位到下刀点
N70	G0 Z5	刀具空间快速移动到下刀点上方
N80	M98 P1000	运用主子程序加工扇形模块，为第一个扇形块
N90	G68 X0 Y0 P72	调用坐标系旋转指令，旋转角度为72°
N100	M98 P1000	调用子程序加工扇形模块，为第二个扇形块
N110	G68 X0 Y0 P144	调用坐标系旋转指令，旋转角度为144°
N120	M98 P1000	调用子程序加工扇形模块，为第三个扇形块
N130	G68 X0 Y0 P216	调用坐标系旋转指令，旋转角度为216°
N140	M98 P1000	调用子程序加工扇形模块，为第四个扇形块
N150	G68 X0 Y0 P288	调用坐标系旋转指令，旋转角度为288°
N160	M98 P1000	调用子程序加工扇形模块，为第五个扇形块
N150	G69	取消坐标系旋转指令
N150	G0 Z50	抬刀
N160	M30	取消刀补
	%1000	子程序名——扇形块
N10	G0 X0 Y23	设定子程序下刀点
N20	G1 Z-13 F90	以G1直线方式进给至对应深度，进给速度为90mm/min
N30	G41 G1 X0 Y33 D1 F120	刀具左补偿直线建立刀补，进给速度为120mm/min
N10	G2 X9.737 Y31.531 R33	圆弧走至坐标点
N20	G2 X13.162 Y22.798 R6	圆弧走至坐标点
N30	G1 X9.014 Y15.613	直线走至坐标点
N10	G2 X2.612 Y12.735 R6	圆弧走至坐标点
N20	G3 X-2.612 Y12.735 R13	圆弧走至坐标点
N30	G2 X-9.014 Y15.613 R6	圆弧走至坐标点
N10	G1 X-13.162 Y22.798	直线走至坐标点
N20	G2 X-9.737 Y31.531 R6	圆弧走至坐标点
N30	G2 X0 Y33 R23	圆弧走至坐标点
N10	G40 G1 X0 Y23	取消刀具补偿
N20	G0 Z5	抬刀至安全高度
N180	M99	程序结束

加工完成后工件的形状

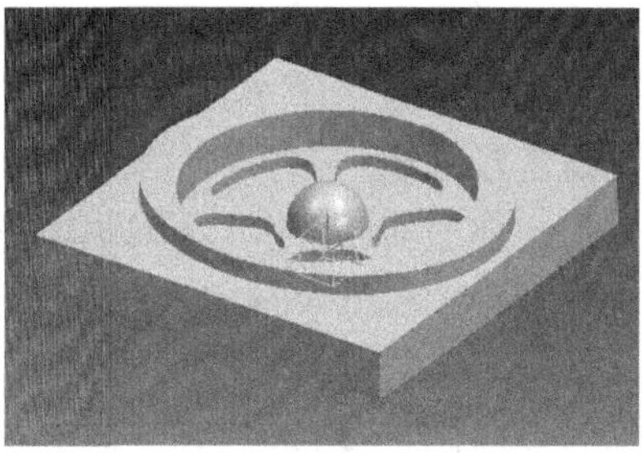

任务评价

工件质量评价表见表6-22。

表 6-22　工件质量评价表

班　级			姓　名		学　号	
工 件 号			机 床 号		零件图号	Shuxi-06-05
任务三			球面零件的加工			
		序号	检测内容	配分	学生自评	教师评分
基本检查	编程	1	切削加工工艺制订正确	10		
		2	切削用量选择合理	5		
		3	程序正确、简单、规范	5		
	操作	4	设备操作、维护、保养正确	2		
		5	安全、文明生产	4		
		6	刀具选择、安装正确、规范	2		
		7	工件找正、安装正确、规范	2		
工件尺寸	外形轮廓	8	$94^{\ 0}_{-0.12}$mm	5		
		9	$80^{\ 0}_{-0.12}$mm	5		
		10	$SR10$mm	4		
		11	5mm	2		
		12	$10^{+0.075}_{\ 0}$mm	3		
	内形轮廓	13	$\phi72^{+0.074}_{\ 0}$mm	5		
		14	$10^{+0.075}_{\ 0}$mm	3		
		15	$R6$mm	5		
		16	$4\times\phi12^{+0.022}_{\ 0}$mm 通孔	8		
		17	$76^{+0.015}_{-0.015}$mm（两处）	6		
		18	3mm	2		
		19	5×20 均布	5		
		20	$\phi46$mm	2		
		21	30°	2		
		22	对称度公差为 0.04mm（两处）	3		
		23	孔壁 $Ra1.6\mu m$	4		
		24	$Ra3.2\mu m$	2		
	其他	25	工件按时完成	2		
		26	工件无缺陷	2		
综合得分				100		

知识链接

从凸半球体曲面加工示意图（图 6-13）可以看出，加工三维曲面轮廓（特别是凹轮廓）时，一般用球头铣刀来进行切削。在切削过程中，当刀具在曲面轮廓的不同位置时，是刀具球头的不同点切削成形工件的曲面轮廓，所以用球头中心坐标来编程比较方便。

如凸球面加工的走刀路线在进刀控制上有从上向下进刀和从下向上进刀两种。一般使用从下向上进刀来完成加工，此时主要利用铣刀侧刃切削，其表面质量好，端刃磨损较小，同时切削力将刀具向欠切方向推，有利于控制加工尺寸。

进刀点的计算方法有下面两种。

1）根据允许的加工误差和表面粗糙度，确定合理的 Z 向进刀量，再根据给定的加工深度 Z，计算加工圆的半径，即 $r=\sqrt{R^2-Z^2}$。此算法走刀次数较多。

2）根据允许的加工误差和表面粗糙度，确定两相邻进刀点相对球心的角度增量，再根据角度计算进刀点的 r 和 Z 值，即 $Z=R\sin\theta$，$r=R\cos\theta$。

进刀轨迹的处理方法也有两种。

1）对立铣刀加工而言，曲面加工是刀尖完成的，当刀尖沿圆弧运动时，其刀具中心运动轨迹是一个圆弧，只是位置相差一个刀具半径。

2）对球头铣刀加工而言，曲面加工是球刃完成的，其刀具中心是球面的同心球面，距离相差一个半径，如图 6-10 所示。

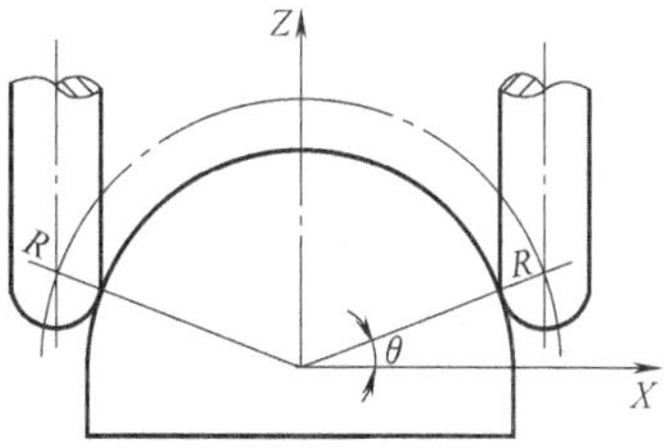

图 6-10　凸半球体曲面加工示意图

任务解析

1. 分析技术要求

图 6-9 所示为在 100mm×100mm×20mm 的铝料上加工椭圆、内圆、球面、扇形块和孔，保证此四个内、外轮廓的尺寸精度要求。加工对精度要求较高的椭圆与内圆时，考虑加工效率及工序集中原则，避免换刀引起的误差，选用大直径铣刀加工。球面加工同样采用大直径铣刀，并进行粗加工与精加工。由于球头铣刀加工有其局限性，Z 方向必须留出球头铣刀半径高度，所以此处不适用。扇形块的加工按照选刀原则，选取合适的平底立铣刀即可。

2. 选择走刀路线

分粗、精加工，外轮廓均采用 G41 刀补，以顺时针方向铣削。扇形块采用 G41 刀补，逆时针方向铣削。对于椭圆加工，需注意若以角度变化量来作为变量，则角度需从 360°减至 0°。球面加工运用平底立铣刀，自下而上，顺时针铣削。加工路线根据相关知识自行制订，选择工件中心为工件原点。球面加工运用平底立铣刀，自下而上铣削。

3. 确定装夹方法

工件毛坯为方形，六面为已加工表面，采用机用虎钳装夹，工件高出钳口 10mm 左右，工件下用垫块支承夹紧。

4. 分组实施项目

采用分小组原则，以小组分析讨论为主，制订具体的实施工艺，编写程序并进行铣削加工，控制轮廓尺寸精度、表面粗糙度与几何公差。

知识拓展

要求在 150mm×70mm×20mm 的毛坯块料上，铣出如图 6-11 所示的椭球面。

1. 根据图样要求、毛坯及前道工序的加工情况，确定工艺方案及加工路线

1）以底面为主要定位基准，两侧用压板压紧，固定于铣床工作台上。

2）加工路线：Y 方向以行距小于球头铣刀逐步行切，形成椭球。

2. 选择刀具

选用 ϕ6mm 球头铣刀。

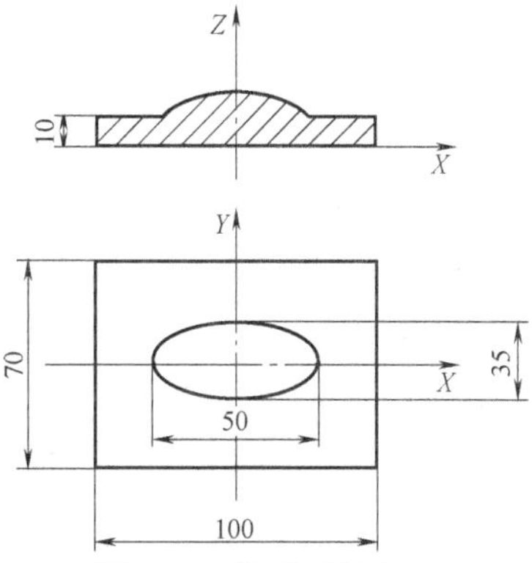

图 6-11　椭球面的加工

3. 按机床规定的指令代码和程序段格式，把加工零件的全部工艺过程编写成程序清单

该工件的加工程序如下：

```
%8005（用行切法加工椭圆台块，X，Y 按行距增量进给）
#10 = 100（毛坯 X 方向长度）
#11 = 70（毛坯 Y 方向长度）
#12 = 50（椭圆长轴）
#13 = 20（椭圆短轴）
#14 = 10（椭圆台高度）
#15 = 2（行距步长）
G92 X0 Y0 Z[#13 + 20]
G90  G00 X[#10/2] Y[#11/2]  M03
G01 Z0
    X[ - #10/2] Y[#11/2]
G17G01  X[ - #10/2]  Y[ - #11/2]
    X[#10/2]
    Y[#11/2]
#0 = #10/2
#1 = - #0
#2 = #13 - #14
#5 = #12 * SQRT[1 - #2 * #2/#13/#13]
G01 Z[#14]
WHILE #0 GE #1
IF ABS[#0] LT #5
#3 = #13 * SQRT[1 - #0 * #0/[#12 * #12]]
IF #3 GT #2
#4 = SQRT[#3 * #3 - #2 * #2]
G01 Y[#4] F400
G19 G03 Y[ - #4] J[ - #4]  K[ - #2]
ENDIF
ENDIF
G01 Y[ - #11/2]  F400
#0 = #0 - #15
G01 X[#0]
IF ABS[#0] LT #5
#3 = #13 * SQRT[1 - #0 * #0/[#12 * #12]]
IF #3 GT #2
#4 = SQRT[#3 * #3 - #2 * #2]
G01 Y[ - #4]  F400
G19 G02 Y[#4] J[#4] K[ - #2]
```

```
ENDIF
ENDIF
G01 Y[#11/2] F1500
#0 = #0 - #15
G01 X[#0]
ENDW
G00 Z[#13 +20]   M05
G00 X0 Y0
M02
```

想想练练

想一想

在图 6-9 所示的球面零件中，球面采用球头铣刀加工，此处暂且认为球头铣刀高度不影响加工，Z 方向原点如何设定？高度增量如何变化？

练一练

请按照以上所学知识，给图 6-12 所示零件编制最简化的程序。

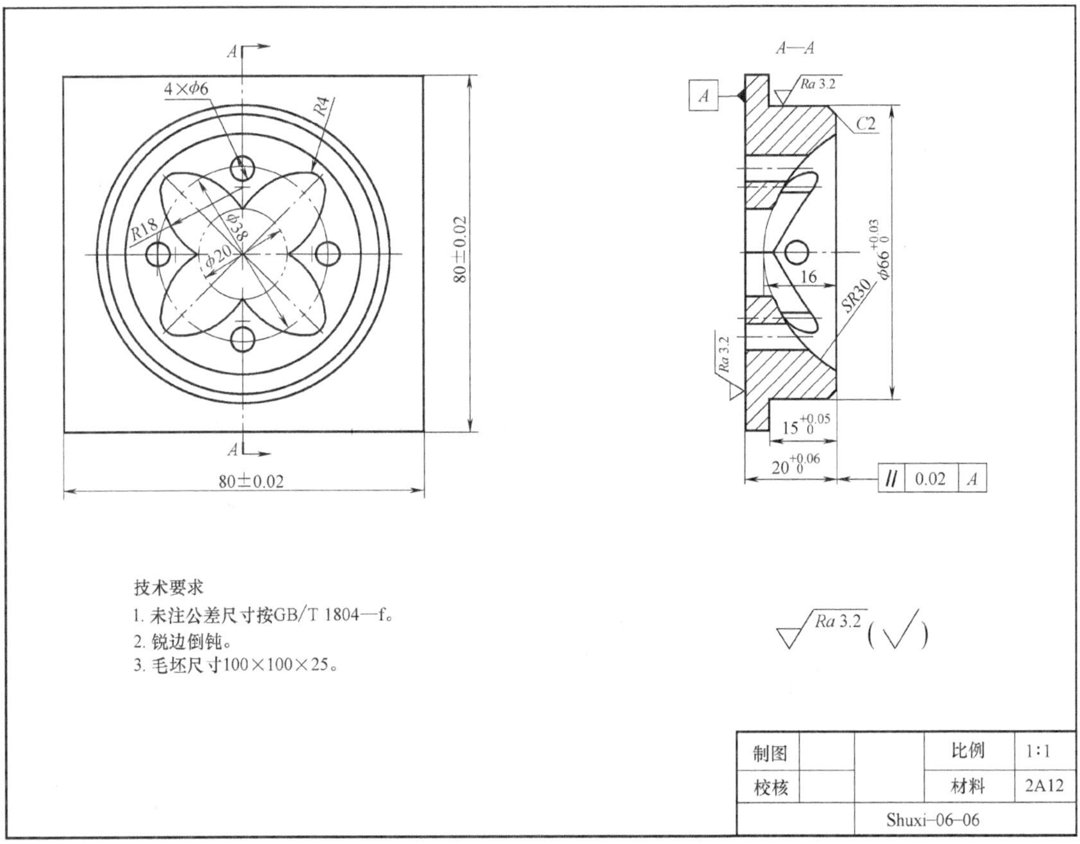

图 6-12　零件图

项目七　综合件的加工

项目目标

本项目作为学习提高篇，所涉及的知识为综合运用加工，包括了之前所有的项目内容知识要点。通过本项目的学习，可以对之前所学过的知识做一个总结和提升，强化综合分析能力和加工应用能力，有效地反映知识水平。

项目任务

1. 能完整掌握加工零件的工艺分析方法。
2. 能合理选用刀具参数和编程方法。
3. 能合理利用现有知识独自完成加工任务。

任务一　加 工 单 件

任务描述

本任务为平面外形轮廓薄壁件的加工，如图 7-1 所示。根据零件图样进行试样加工，分

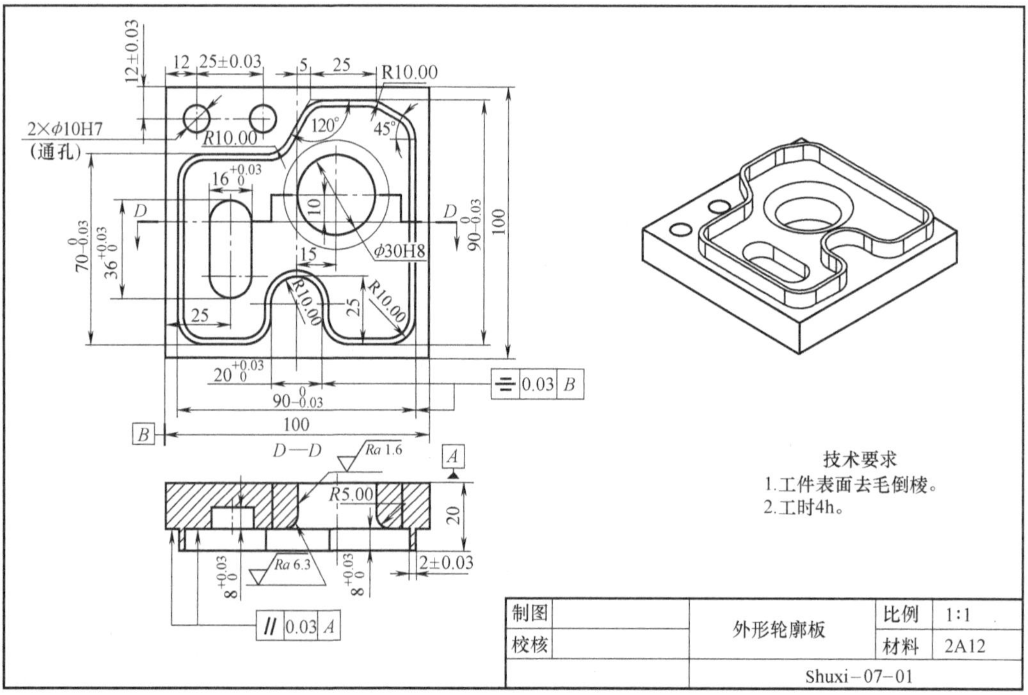

图 7-1　外形轮廓板零件图

析零件图样的技术特点，要求采用高级指令主子程序进行编程加工，同时选用合适的数控刀具，设计合理的走刀路线，选择正确的加工策略，并按要求操作数控机床，完成零件的工艺编制、程序编制、铣削加工与尺寸精度控制。

1. 零件形状

图 7-1 所示为典型的二维外形轮廓的铣削加工零件，具备圆、孔、倒圆角、不规则轮廓和平面等特征。

2. 尺寸精度

该零件的主要加工要素为不规则轮廓和倒圆角。倒圆角精度要求不高，铣削出轮廓即可。薄壁轮廓加工精度要求较高，需合理安排粗、精加工，运用刀补修调尺寸公差。

3. 几何精度

零件的上表面与下表面有平行关系，平行度公差为 0.03mm，U 形槽的对称度公差为 0.03mm。

4. 表面粗糙度

零件孔壁表面的表面粗糙度值为 $Ra1.6\mu m$，其余轮廓平面和侧面的表面粗糙度值为 $Ra3.2\mu m$，倒圆角处的表面粗糙度值为 $Ra6.3\mu m$。

5. 技术要求

锐边去毛刺。

任务实施

一、毛坯及工、量、刃具准备

本任务除需准备表 2-1 ~ 表 2-3 所列的材料、设备及工、量、刃具外、还需准备 $\phi6$ ~ $\phi10$mm 球头铣刀。

二、制订工艺卡片

本任务加工工件装夹方案和工件坐标系原点的设定见表 7-1，工件手动编程数控加工工艺卡片见表 7-2。

表 7-1　加工工件装夹方案和工件坐标系原点的设定

零件名称 / 加工面	外形轮廓板	装夹方案和工件坐标系原点的设定	工　序　号	1
			装夹次数	1
正面	1）利用精密机用虎钳对工件进行装夹，采用等高垫块将工件垫起，等高垫块所放位置不得与孔加工产生干涉，工件高出钳口 12mm 左右 2）设定工件中心为工件坐标系原点		夹具	名称
			1	机用虎钳
			2	等高垫块

表 7-2　工件手动编程数控加工工艺卡片

数控加工工艺卡片		零 件 名 称	外形轮廓板	使 用 设 备		华中世纪星	
		零 件 图 号	Shuxi-07-01	车　　间		数 铣 车 间	
序号	程序号	工 步 内 容	刀具规格 /mm	主轴转速 /r · min^{-1}	进给速度 /mm · min^{-1}	XY 余量 /mm	备注
1	%0001	ϕ30mm 圆和 2 × ϕ10mm 孔	ϕ6.8 钻头	800	50		
2	%0002	粗铣削薄壁轮廓	ϕ12 立铣刀	1000	90	0.5	粗铣

（续）

数控加工工艺卡片		零件名称	外形轮廓板	使用设备		华中世纪星	
		零件图号	Shuxi-07-01	车间		数铣车间	
序号	程序号	工步内容	刀具规格 /mm	主轴转速 /r · min⁻¹	进给速度 /mm · min⁻¹	XY 余量 /mm	备注
3	%0003	粗铣削键槽	ϕ12 立铣刀	1000	90	0.5	粗铣
4	%0004	粗铣削 ϕ30mm 圆和 2×ϕ10mm 孔	ϕ12 立铣刀	1000	90	0.5	粗铣
5	%0005	精铣削倒圆角	ϕ8 球头铣刀	3000	200	0	精铣
6	%0002	精铣削薄壁轮廓	ϕ12 立铣刀	1500	120	0	精铣
7	%0003	精铣削键槽	ϕ12 立铣刀	1500	120	0	精铣
8	%0004	精铣削 ϕ30mm 圆和 2×ϕ10mm 孔	ϕ12 立铣刀	1500	120	0	精铣
编制		审核		批准		共 页	第 页

三、编写参考程序

铣削 ϕ30mm 倒圆角的参考程序见表 7-3。

表 7-3 铣削 ϕ30mm 倒圆角的参考程序

程序段号	程序内容	动作说明
	%0005	子程序名
N10	#1 = 0	设定角度变量
N20	#2 = 5.0	设定倒圆角半径
N30	#3 = 6.0	设定刀具半径
N70	#4 = #2 * [1 - COS[#1]]	刀具切削刃到上表面的距离
N80	#5 = #3 - #2 * [1 - SIN[#1]]	刀具中心线到已加工侧轮廓的法向距离
N90	G01 Z - #4 F60	Z 向到指定深度
N100	G10 L12 P3 R#5	输入半径补偿值
N110	G41 G01 X15 Y0 D03 F200	建立刀补
N120	G03 I - 15	轮廓加工
N130	G40 G01 X0 Y0	取消补偿
N140	#1 = #1 + 2.0	计算角度变量
N150	IF [#1LE90] GOTO70	判断语句
N160	M99	子程序调用结束并返回主程序
加工完成后工件的形状		

任务评价

工件质量评价表见表 7-4。

表 7-4　工件质量评价表

班级			姓名		学号	
工件号			机床号		零件图号	Shuxi-07-01
任务一			外形轮廓板零件的加工			
基本检查	编程	序号	检测内容	配分	学生自评	教师评分
		1	切削加工工艺制订正确	5		
		2	切削用量选择合理	5		
		3	程序正确、简单、规范	5		
	操作	4	设备操作、维护、保养正确	3		
		5	安全、文明生产	5		
		6	刀具选择、安装正确、规范	3		
		7	工件找正、安装正确、规范	4		
工作态度		8	行为规范、纪律表现良好	10		
尺寸		9	$90_{-0.03}^{0}$mm	6		
		10	$70_{-0.03}^{0}$mm	5		
		11	$20_{0}^{+0.03}$mm	5		
		12	$8_{0}^{+0.03}$mm	5		
		13	2 ±0.03mm	5		
		14	$36_{0}^{+0.03}$mm	5		
		15	$16_{0}^{+0.03}$mm	5		
		16	倒圆角 *R*5mm	6		
		17	ϕ10H7	4		
		18	ϕ30H8	4		
		19	孔距 25 ±0.03mm	3		
		20	孔距 12 ±0.03mm	3		
		21	*Ra*6.3μm	2		
		22	*Ra*1.6μm	2		
综合得分				100		

知识链接

数控加工工艺的设计

无论是手工编程还是自动编程，在编程前都要对所加工的零件进行工艺分析，拟订工艺方案，选择合适的刀具，确定切削用量。在编程中，对一些工艺问题（如对刀点和加工路线等），也需要做一些处理。因此，数控编程的工艺处理是一项十分重要的工作。

一、数控加工的基本特点

1）数控加工的工序内容比普通机加工的工序内容复杂。

2）数控机床加工程序的编制比普通机床工艺规程的编制复杂。这是因为在普通机床的加工工艺中不必考虑的问题，如工序内工步的安排、对刀点、换刀点及走刀路线的确定等问题，在编制数控加工工艺时却要认真考虑。

二、数控加工工艺的主要内容

1）选择适合在数控机床上加工的零件，确定工序内容。

2）分析加工零件的图样，明确加工内容及技术要求，确定加工方案，制订数控加工路线，如工序的划分、加工顺序的安排和非数控加工工序的衔接等；设计数控加工工序，如工序的划分、刀具的选择、夹具的定位与安装、切削用量的确定、走刀路线的确定等。

3）调整数控加工工序的程序，如对刀点、换刀点的选择和刀具的补偿。

4）分配数控加工中的容差。

5）处理数控机床上的部分工艺指令。

三、常用的数控加工方法

1. 平面孔系零件

平面孔系零件常用点位、直线控制数控机床（如数控钻床）来加工，选择工艺路线时，主要考虑加工精度和加工效率两个原则。

例如，若考虑效率，则平面孔系零件采用图 7-2 的路线比图 7-3 好。因为经过计算，前者刀具空行程路线短。若考虑精度，则采用图 7-4 的路线比图 7-5 差，因为后者消除了反向间隙。

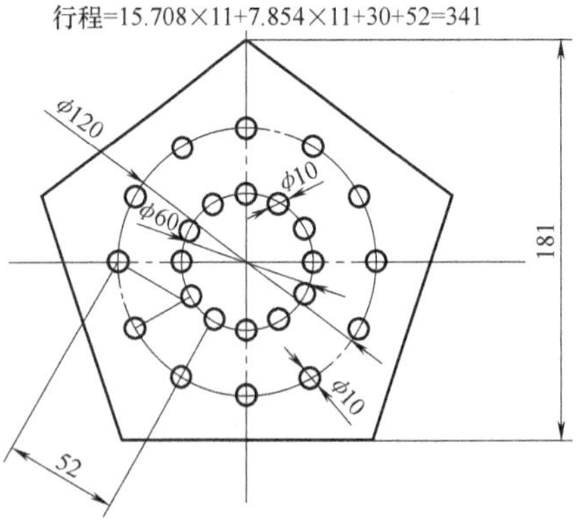

图 7-2　循环定位

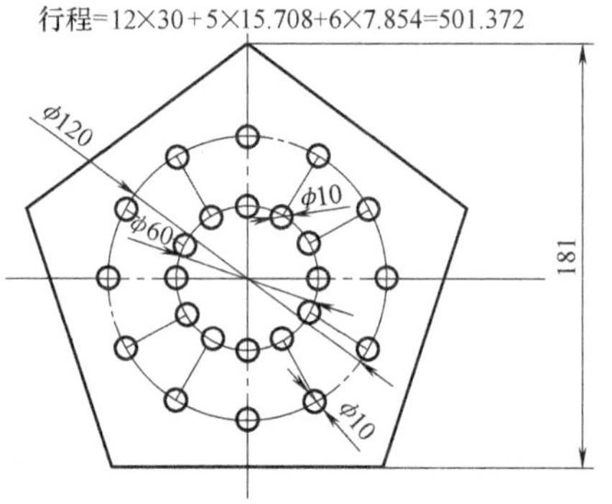

图 7-3　往复定位

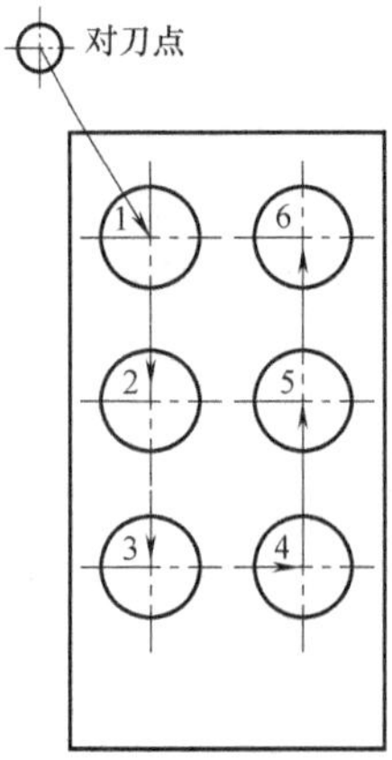

图 7-4　顺序定位

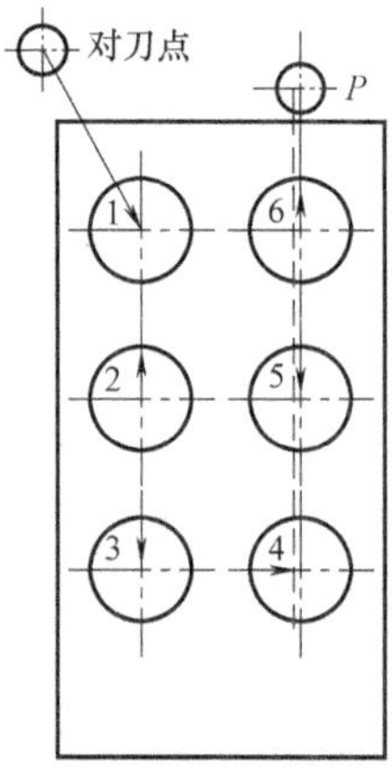

图 7-5　精度定位

2. 旋转体类零件

该类零件常用数控车床或磨床加工。

（1）考虑加工效率　在数控车床上加工时，通常加工余量大，必须合理安排粗加工路线，以提高加工效率。实际编程时，一般不宜采用循环指令，否则，以工进速度的空刀太大。比较好的方法是用粗车尽快去除材料，再精车。

（2）考虑刀尖强度　数控车床上经常用低强度刀具加工细小凹槽。如图 7-6b 采用斜向进刀，不宜崩刃，图 7-6a 则易崩刃。

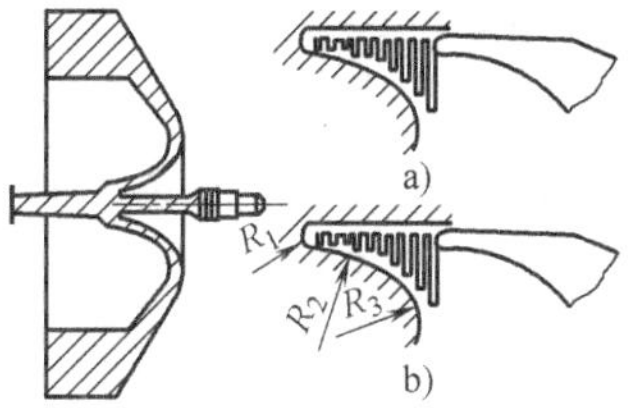

图 7-6　进刀方式

3. 平面轮廓零件

此类零件常用数控铣床加工。加工时应注意以下问题。

（1）切入与切出方向控制　如图 7-7a 所示的径向切入，工件表面留有凹坑；图 7-7b 所示的切向切入、切出，工件表面光滑。

（2）一次逼近方法选择　只具有直线和圆弧插补功能的数控机床在加工不规则曲线轮廓时，需要用微小直线段或圆弧段去逼近被加工轮廓（其误差称为一次逼近误差）。逼近时，应该使工件误差在合格范围内，同时程序段的数量以少为佳。

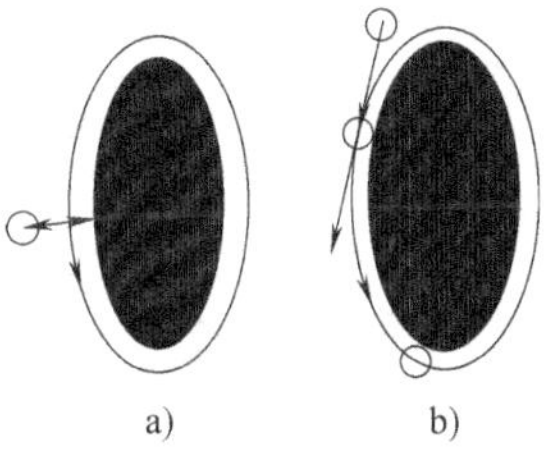

图 7-7　切入切出方式

4. 立体轮廓零件

（1）考虑工件强度及表面质量　如图 7-8b 所示，该形状的工件受力后，强度较图 7-8a 差，而图 7-8c 所示情况的表面质量最好。

（2）考虑机床的插补功能　加工飞机大梁直纹扭曲面时，若加工机床三轴联动，只好用效率较低的球头铣刀；若机床为四轴联动，则可以选用效率较高的圆柱铣刀铣削，如图 7-9 所示。

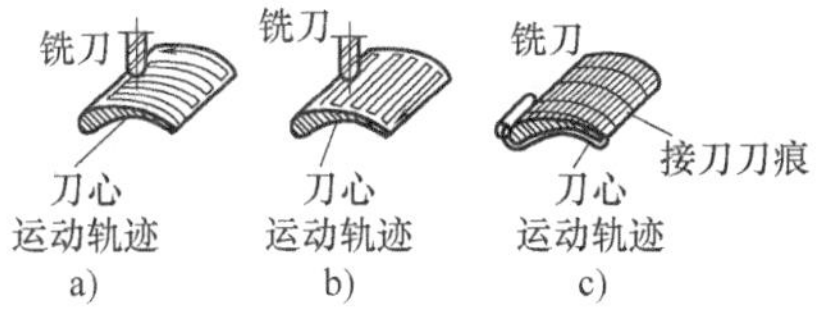

图 7-8　走刀方式

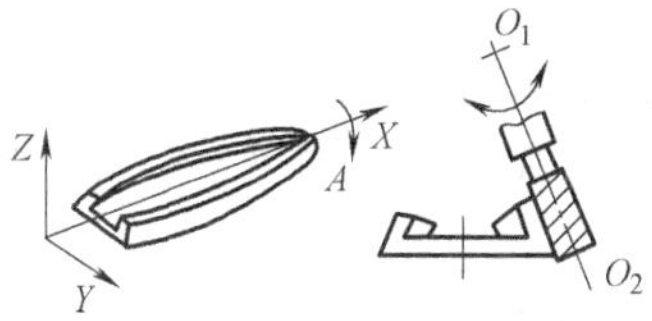

图 7-9　三轴、四轴加工方式

任务解析

1. 分析技术要求

图 7-1 所示为综合加工零件，加工时应选择合适的刀具，不能产生过切现象。铣削薄壁

轮廓时应保证尺寸精度，孔的位置度要求较高，需要先进行孔定位加工，倒圆角则采用球头铣刀进行铣削加工。

2. 选择走刀路线

加工时分粗、精铣削加工，遵循先孔后面、由外至里的加工原则进行铣削加工，选取毛坯上表面的对称中心为编程原点。

3. 确定装夹方法

工件毛坯为方形，六面为已加工表面，采用机用虎钳装夹，工件高出钳口 10mm 左右，工件下用垫块支承夹紧，等高垫块所放位置不得与孔加工产生干涉。

4. 分组实施项目

采用分小组原则，以小组分析讨论为主，制订具体的实施工艺，编写程序并进行铣削加工，控制轮廓尺寸精度、表面粗糙度与几何公差。

知识拓展

一、加工中心的工艺特点

加工中心是一种功能较全的数控机床，它集铣削、钻削、铰削、镗削、攻螺纹和切螺纹于一身，使其具有多种工艺手段。与普通机床加工相比，加工中心具有许多显著的工艺特点。

1. 加工精度高

在加工中心上加工，其工序高度集中，一次装夹即可加工出零件上大部分甚至全部表面，避免了工件多次装夹所产生的装夹误差，因此加工表面之间能获得较高的相互位置精度。

2. 精度稳定

加工中心的整个加工过程由程序自动控制，不受操作者人为因素的影响，加上机床的位置补偿功能和较高的定位精度和重复定位精度，加工出的零件尺寸一致性好。

3. 效率高

一次装夹能完成较多表面的加工，减少了多次装夹工件所需的辅助时间。

4. 表面质量好

加工中心主轴转速和各轴进给量均是无级调速，有的甚至具有自适应控制功能，能随刀具和工件材质及刀具参数的变化，把切削参数调整到最佳数值，从而提高了各加工表面的质量。

5. 软件适应性大

零件每个工序的加工内容、切削用量和工艺参数都可以编入程序，可以随时修改，这给新产品试制及实行新的工艺流程和试验提供了方便。

二、装夹方案的确定和夹具的选择

1. 定位基准的选择

零件上应有一个或几个共同的定位基准。该定位基准一方面要能保证零件经多次装夹后其加工表面之间相互位置的正确性，如多棱体、复杂箱体等在卧式加工中心上完成四周加工后，要重新装夹加工剩余的加工表面，用同一基准定位可以避免由基准转换引起的误差；另一方面要满足加工中心工序集中的特点，即一次安装尽可能完成零件上较多表面的加工。定位基准最好是零件上已有的面或孔，若没有合适的面或孔，也可专门设置工艺孔或工艺凸台等作为定位基准。

选择定位基准时，应注意减少装夹次数，尽量做到在一次安装中能把零件上所有要加工的表面都加工出来。因此，常选择工件上不需数控铣削的平面和孔作为定位基准。对薄板件，选择的定位基准应有利于提高工件的刚性，以减小切削变形。定位基准应尽量与设计基准重合，以减少定位误差对尺寸精度的影响。

2. 装夹方案的确定

在零件的工艺分析中，已确定了零件在加工中心上加工的部位和加工时用的定位基准。因此，在确定装夹方案时，只需根据已选定的加工表面和定位基准确定工件的定位夹紧方式，并选择合适的夹具。此时，主要考虑以下几点。

1）夹紧机构或其他元件不得影响进给，加工部位要敞开。要求夹持工件后，夹具上的一些组成件（如定位块、压块和螺栓等）不能与刀具运动轨迹发生干涉。

2）必须保证最小的夹紧变形。工件在粗加工时，切削力大，需要的夹紧力大，但又不能把工件夹压变形。否则，松开夹具后，零件会发生变形。因此，必须慎重选择夹具的支承点、定位点和夹紧点。如果采用了相应措施仍不能控制工件变形，只能将粗、精加工分开，或者粗、精加工使用不同的夹紧力。

3）装卸方便，辅助时间尽量短。由于加工中心效率高，装夹工件的辅助时间对加工效率影响较大，所以要求配套夹具在使用中也要装卸快而方便。

4）对小型零件或工序不长的零件，可以考虑在工作台上同时装夹几件进行加工，以提高加工效率。

5）夹具结构应力求简单。由于零件在加工中心上加工大都采用工序集中原则，加工的部位较多，同时批量较小，零件更换周期短，夹具的标准化、通用化和自动化对加工效率的提高及加工费用的降低有很大影响。因此，对批量小的零件应优先选用组合夹具；对形状简单的单件小批量生产的零件，可选用通用夹具。只有对批量较大且周期性投产，加工精度要求较高的关键工序才设计专用夹具，以保证加工精度和提高装夹效率。

6）夹具应便于与机床工作台面及工件定位面间的定位连接。加工中心工作台面上一般都有基准T形槽，转台中心有定位圆，台面侧面有基准挡板等定位元件。固定方式一般用T形槽螺钉或工作台面上的紧固螺孔，用螺栓或压板压紧。夹具上用于紧固的孔和槽的位置必须与工作台上的T形槽和孔的位置相对应。

想想练练

想一想

在图7-1所示的外形轮廓板零件中，圆弧倒角采用立铣刀该如何编程加工？

练一练

请按照以上所学知识，给图7-10所示零件编制最简化的程序。

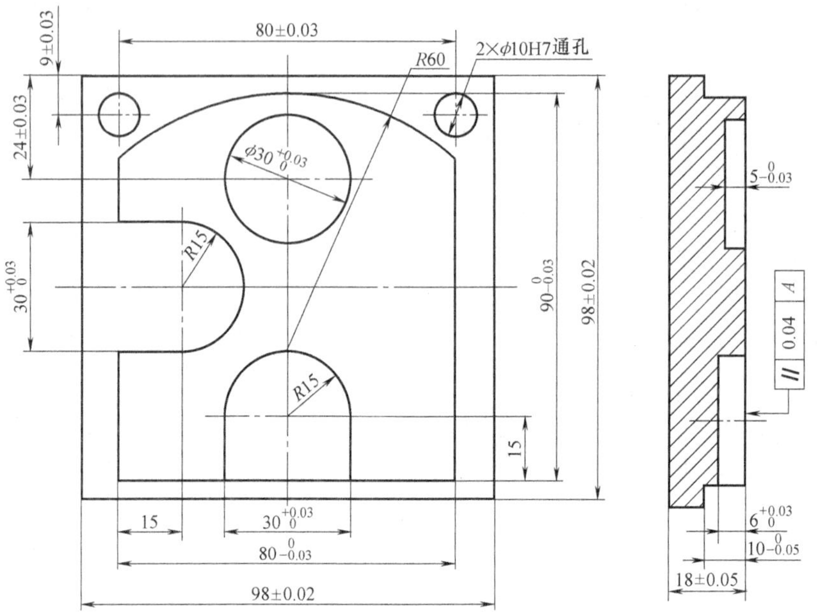

图 7-10　零件图

任务二　加工配合件

任务描述

本任务为配合件的加工，如图 7-11 和图 7-12 所示。根据零件图样进行试样加工，分析零件图样的技术特点，要求采用高级指令旋转指令进行编程加工，同时选用合适的数控刀具，设计合理的走刀路线，选择正确的加工策略，并按要求操作数控机床，完成零件的工艺编制、程序编制、铣削加工与尺寸精度控制。

1. 零件形状

图 7-11 和图 7-12 所示为典型的综合二维椭圆板配合件的铣削加工零件，具备椭圆、薄壁轮廓、凸台、孔、倒圆角和平面等特征。

2. 尺寸精度

该配合件的主要加工要素为椭圆、薄壁轮廓和倒圆角。椭圆和倒圆角精度要求不高，加工出轮廓形状即可。薄壁轮廓、圆孔和凸台的加工精度要求较高，需合理安排粗、精加工，运用刀补修调尺寸公差。

4. 表面粗糙度

配合件孔壁表面的表面粗糙度值为 *Ra*1. 6μm，其余轮廓平面和侧面的表面粗糙度值为 *Ra*3. 2μm，倒圆角的表面粗糙度值为 *Ra*6. 3μm。

5. 技术要求

锐边去毛刺。

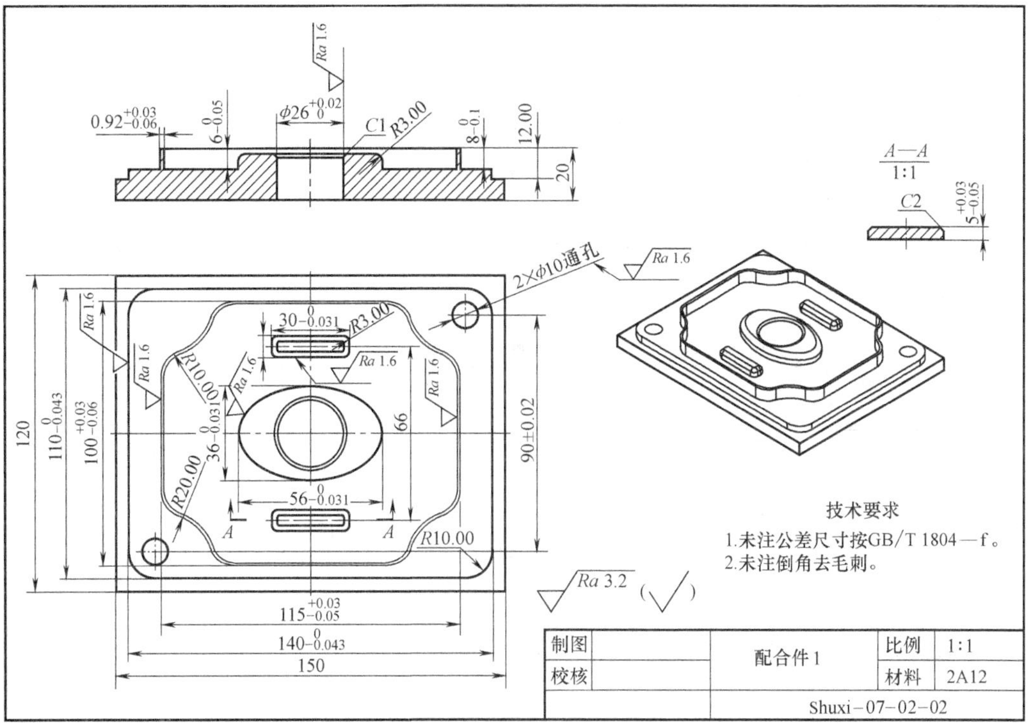

图7-11　配合件1

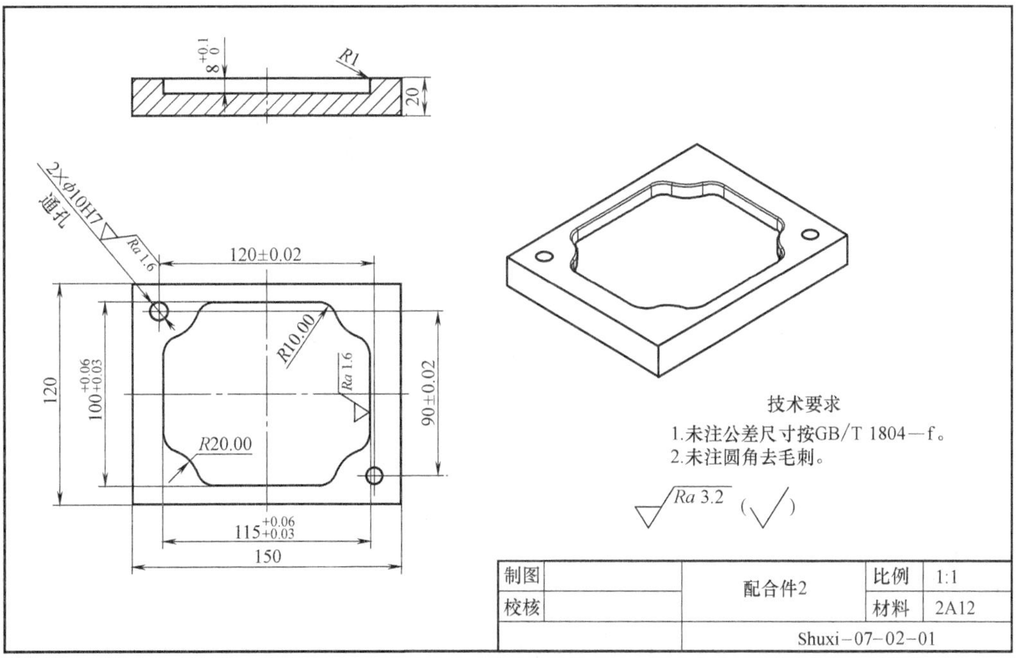

图7-12　配合件2

任务实施

一、毛坯及工、量、刃具准备

本任务除需准备表 2-1 ~ 表 2-3 所列的材料（硬铝两块/人，且毛坯尺寸为 150mm × 120mm × 20mm）、设备和工、量、刃具外，还需准备 ϕ10mm 倒角刀。

二、制订工艺卡片

本任务加工工件装夹方案和工件坐标系原点的设定见表 7-5，工件手动编程数控加工工艺卡片见表 7-6。

表 7-5　加工工件装夹方案和工件坐标系原点的设定

零件名称 / 加工面	配合件 1、2	装夹方案和工件坐标系原点的设定	工　序　号	1
			装夹次数	1
正面	1）利用精密机用虎钳对工件进行装夹，采用等高垫块将工件垫起，等高垫块所放位置不得与孔加工产生干涉，工件高出钳口 14mm 左右 2）设定工件中心为工件坐标系原点		夹具	名称
			1	机用虎钳
			2	等高垫块

表 7-6　工件手动编程数控加工工艺卡片

数控加工工序卡片		零 件 名 称	配合件 1、2	使 用 设 备		华中世纪星	
		零 件 图 号	Shuxi-07-02（2）	车　　间		数 铣 车 间	
序号	程序号	工 步 内 容	刀具规格 /mm	主轴转速 /r · min^{-1}	进给速度 /mm · min^{-1}	XY 余量 /mm	备注
配合件 1							
1	%0001	铣削工件上表面	ϕ16 立铣刀	1200	200	0	精铣
2	%0002	钻削 3 个通孔	ϕ7.8 钻头	500	90	0.2	
3	%0003	粗铣削 110mm × 140mm 四方	ϕ10 立铣刀	1000	90	0.5	粗铣
4	%0004	粗铣削 100mm × 115mm 薄壁	ϕ10 立铣刀	1000	90	0.5	粗铣
5	%0005	粗铣削 8mm × 30mm 凸台	ϕ10 立铣刀	1000	90	0.5	粗铣
6	%0006	粗铣削中心椭圆	ϕ10 立铣刀	1000	90	0.5	粗铣
7	%0007	粗铣削 3 个通孔	ϕ8 立铣刀	1200	90	0.5	粗铣
8	%0003	精铣削 110mm × 140mm 四方	ϕ8 立铣刀	1600	150	0	精铣
9	%0004	精铣削 100mm × 115mm 薄壁	ϕ8 立铣刀	1600	150	0	精铣
10	%0005	精铣削 8mm × 30mm 凸台	ϕ8 立铣刀	1600	150	0	精铣
11	%0006	精铣削中心椭圆	ϕ8 立铣刀	1600	150	0	精铣
12	%0007	精铣削 3 个通孔	ϕ8 立铣刀	1600	150	0	精铣
13	%0008	精铣削椭圆圆角	ϕ8 球头铣刀	3500	300	0	精铣
14	%0009	精铣削 $C1$、$C2$	ϕ10 倒角刀	2000	150	0	精铣
配合件 2							
15	%0001	铣削工件上表面	ϕ16 立铣刀	1200	200	0	精铣
16	%0010	钻削两个通孔	ϕ7.8 钻头	500	90	0.2	
17	%0004	粗铣削 100mm × 115mm 轮廓	ϕ10 立铣刀	1000	90	0.5	粗铣
18	%0004	精铣削 100mm × 115mm 轮廓	ϕ8 立铣刀	1600	150	0	精铣
19	%00011	精铣削 100mm × 115mm 倒角	ϕ8 球头铣刀	3500	300	0	精铣
编制		审核		批准		共　页	第　页

三、编写参考程序

椭圆圆角的加工参考程序见表 7-7。

表 7-7　椭圆圆角的加工参考程序

程 序 段 号	程 序 内 容	动 作 说 明
	%0008	程序名
N10	#1 = 0	ϕ8mm 刀具
N20	#2 = 3	开启切削液
N30	#3 = 6	刀具空间快速移动到安全高度
N70	#4 = #2 * [1 - COS[#1]] + 2	以 G01 方式垂直进给至加工深度，进给速度为 90mm/min
N80	#5 = #3 - #2 * [1 - SIN[#1]]	建立坐标系旋转，旋转角度为 15°
N90	G01 Z - #4 F60	调用子程序铣削薄壁四方内壁
N100	G01 L12 P1 R#5	取消坐标旋转，快速抬刀
N110	#105 = 360	程序结束
N120	#106 = 28 * COS [#105]	子程序号
N130	#107 = 18 * SIN [#105]	建立刀具半径补偿 加工轮廓 取消刀具半径补偿，回到坐标中心点
N140	G41 G01 X#106 Y#107 D01 F300	
N150	#105 = #105 - 1	
N160	IF [#105 GE 0] GOTO100	
N170	#1 = #1 + 1	
N180	IF [#1LE 90] GOTO70	
N190	M99	取消子程序调用，返回至主程序
加工完成后的工件	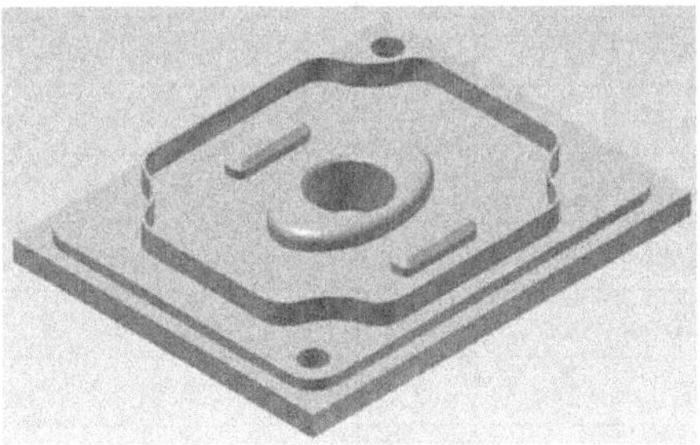 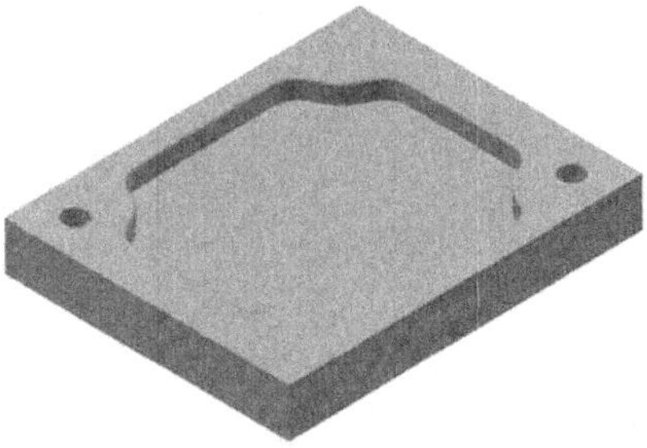	

任务评价

工件质量评价表见表 7-8。

表 7-8　工件质量评价表

班 级		姓 名		学 号		
工 件 号		机 床 号		零 件 图 号	Shuxi-07-02（2）	
任 务 二		配合板的加工				
基本检查		序号	检测内容	配分	学生自评	教师评分
	编程	1	切削加工工艺制订正确	10		
		2	切削用量选择合理	5		
		3	程序正确、简单、规范	5		
	操作	4	设备操作、维护、保养正确	2		
		5	安全、文明生产	4		
		6	刀具选择、安装正确、规范	2		
		7	工件找正、安装正确、规范	2		

（续）

班级		姓名		学号	
工件号		机床号		零件图号	Shuxi-07-02（2）
任务二		配合板的加工			
尺寸	8	$140_{-0.043}^{0}$ mm	3		
	9	$115_{-0.05}^{+0.03}$ mm	3		
	10	$110_{-0.043}^{0}$ mm	3		
	11	$100_{-0.06}^{+0.03}$ mm	3		
	12	90 ± 0.02mm（两处）	6		
	13	$30_{-0.031}^{0}$ mm（两处）	6		
	14	$8_{-0.031}^{0}$ mm（两处）	6		
	15	$36_{-0.031}^{0}$ mm	3		
	16	$56_{-0.031}^{0}$ mm	3		
	17	2 × ϕ10mm 通孔（两处）	4		
	18	$0.92_{-0.06}^{+0.03}$ mm	3		
	19	$26_{0}^{+0.02}$ mm	3		
	20	$8_{-0.1}^{0}$ mm	3		
	21	$6_{-0.05}^{0}$ mm	3		
	22	$8_{0}^{+0.1}$ mm	3		
	23	$100_{+0.03}^{+0.06}$ mm	3		
	24	$115_{+0.03}^{+0.06}$ mm	3		
	25	*C*1、*C*2	2		
	26	*R*3mm、*R*1mm	2		
	27	*Ra*3.2μm	2		
	28	*Ra*1.6μm	3		
综合得分			100		

知识链接

刀具材料及其选用

刀具材料主要指刀具切削部分的材料。刀具切削性能的优劣，直接影响着生产率、加工质量和生产成本。刀具的切削性能首先取决于切削部分的材料，其次是其几何形状及刀具结构的选择和设计是否合理。

一、对刀具材料的基本要求

在切削过程中，刀具切削部分不仅要承受很大的切削力，而且要承受切屑变形和摩擦产生的高温。要保持刀具的切削能力，刀具应具备如下的性能。

1. 高的硬度和耐磨性

刀具材料的硬度必须高于工件材料的硬度，常温下一般应在 60HRC 以上。一般说来，刀具材料的硬度越高，耐磨性也越好。

2. 足够的强度和韧性

刀具切削部分要承受很大的切削力和冲击力。因此，刀具材料必须要有足够的强度和韧性。

3. 良好的耐热性和导热性

刀具材料的耐热性是指在高温下仍能保持其硬度和强度。耐热性越好，刀具材料在高温时抵抗塑性变形和磨损的能力也越强。刀具材料的导热性越好，切削时产生的热量越容易传导出去，从而可降低切削部分的温度，减轻刀具磨损。

4. 良好的工艺性

为便于制造，要求刀具材料具有良好的可加工性，包括热加工性能（热塑性、可焊性、淬透性）和机械加工性能。

二、常用刀具材料

刀具材料的种类很多，常用的有工具钢，包括碳素工具钢、合金工具钢和高速钢、硬质合金、陶瓷、金刚石和立方氮化硼等。

碳素工具钢和合金工具钢因耐热性很差，只适合做手工刀具。

陶瓷、金刚石和立方氮化硼由于质脆、工艺性差及价格昂贵等原因，仅在较小的范围内使用。

目前最常用的刀具材料是高速钢和硬质合金。

1. 高速钢

高速钢是在合金工具钢中加入较多的钨、钼、铬、钒等合金元素的高合金工具钢。它具有较高的强度、韧性和耐热性，是目前应用最广泛的刀具材料。因刃磨时易获得锋利的刃口，又称锋钢。

高速钢按用途不同，可分为普通高速钢和高性能高速钢。

1）普通高速钢。普通高速钢具有一定的硬度（62～67 HRC）和耐磨性、较高的强度和韧性，切削钢料时切削速度一般不高于 50～60m/min，不适合高速切削和硬材料的切削。其常用牌号有 W18Cr4V 和 W6Mo5Cr4V2。

2）高性能高速钢。在普通高速钢中增加碳和钒的质量分数或加入一些其他合金元素而得到的耐热性、耐磨性更高的新钢种。但这类钢的综合性能不如普通高速钢。其常用牌号有 W3Mo3Cr4V2、9W6Mo5Cr4V2 和 W6Mo5Cr4V3 等。

2. 硬质合金

硬质合金是由硬度和熔点都很高的碳化物，用 Co、Mo、Ni 作粘结剂烧结而成的粉末冶金制品。其常温硬度可达 78～82HRC，能耐 850～1000℃ 的高温，切削速度可比高速钢高 4～10 倍。但其冲击韧性与抗弯强度远比高速钢差，因此很少做成整体式刀具。实际使用中，常将硬质合金刀片焊接或用机械夹固的方式固定在刀体上。

我国目前生产的硬质合金主要分为三类。

（1）K 类（YG） 即钨钴类，由碳化钨和钴组成。这类硬质合金韧性较好，但硬度和耐磨性较差，适用于加工铸铁和青铜等脆性材料。其常用的牌号有 YG8、YG6 和 YG3，它们制造的刀具依次适用于粗加工、半精加工和精加工。牌号中的数字表示 Co 的质量分数，YG6 即 Co 的质量分数为 6%。含 Co 量越多，其韧性越好。

（2）P类（YT） 即钨钴钛类，由碳化钨、碳化钛和钴组成。这类硬质合金耐热性和耐磨性较好，但抗冲击韧性较差，适用于加工钢料等韧性材料。其常用的牌号有 YT5、YT15 和 YT30 等，其中的数字表示碳化钛的质量分数。碳化钛的含量越高，则其耐磨性越好、韧性越低。这三种牌号的硬质合金制造的刀具分别适用于粗加工、半精加工和精加工。

（3）M类（YW） 即钨钴钛钽铌类。由在钨钴钛类硬质合金中加入少量的稀有金属碳化物（TaC 或 NbC）组成。它具有前两类硬质合金的优点，用其制造的刀具既能加工脆性材料，又能加工韧性材料，同时还能加工高温合金、耐热合金及合金铸铁等难加工的材料。其常用牌号有 YW1 和 YW2。

三、其他刀具材料

1. 涂层硬质合金

这种材料是在韧性、强度较好的硬质合金基体上或高速钢基体上，采用化学气相沉积（CVD）法或物理气相沉积（PVD）法涂覆一层极薄硬质和耐磨性极高的难熔金属化合物而得到的刀具材料。通过这种方法，使刀具既具有基体材料的强度和韧性，又具有很高的耐磨性。常用的涂层材料有 TiC、TiN 和 Al_2O_3 等。TiC 的韧性和耐磨性好；TiN 的抗氧化和抗粘结性好；Al_2O_3 的耐热性好。使用时可根据不同的需要选择涂层材料。

2. 陶瓷

陶瓷的主要成分是 Al_2O_3，刀片硬度可达 78 HRC 以上，能耐 1200～1450℃的高温，故能承受较高的切削速度。但其抗弯强度低，冲击韧性差，易崩刃，主要用于钢、铸铁、高硬度材料及高精度零件的精加工。

3. 金刚石

金刚石分为人造和天然两种，用做切削刀具的材料，大多数是人造金刚石，其硬度极高，可达 10000 HV（硬质合金仅为 1300～1800 HV）。其耐磨性是硬质合金的 80～120 倍。但其韧性差，对铁族材料亲和力大，因此一般不宜加工黑色金属，主要用于硬质合金、玻璃纤维塑料、硬橡胶、石墨、陶瓷和有色金属等材料的高速精加工。

4. 氮化硼（CNB）

氮化硼是人工合成的超硬刀具材料，其硬度可达 7300～9000HV，仅次于金刚石的硬度。但其热稳定性好，可耐 1300～1500℃高温，与铁族材料亲和力小。但其强度低，焊接性差，目前主要用于加工淬火钢、冷硬铸铁、高温合金和一些难加工的材料。

刀具材料的选用应对使用性能、工艺性能、价格等因素进行综合考虑，做到合理选用。例如，车削加工 45 钢自由锻齿轮毛坯时，由于工件表面不规则且有氧化皮，切削时冲击力大，选用韧性好的 K 类（钨钴类）硬质合金就比 P 类（钨钴钛类）硬质合金有利。又如车削较短钢料螺纹时，按理要用 YT 类硬质合金，但由于车刀在工件切入处要受冲击，容易崩刃，所以一般采用 YG 类硬质合金比较有利。虽然它的热硬性不如 YT 类硬质合金，但工件短，散热容易，热硬性就不是主要矛盾了。

任务解析

1. 分析技术要求

由图 7-11 和图 7-12 所示配合件，为先对凸件进行加工，再对凹件进行加工。加工凸件时要保证薄壁的尺寸精度，铣削椭圆倒角时应使用球头铣刀进行铣削加工，铣削 *C*1、*C*2 倒角时，采用倒角刀进行加工。加工凹件时，应根据凸件的加工尺寸进行配合加工，采用刀具半径补偿原理进行内外轮廓加工，最后保证两件配合时的配合精度。

2. 选择走刀路线

加工时分粗、精铣削加工，遵循先孔后面、由外至里的加工原则进行铣削加工，最后加工圆弧倒角，选取毛坯上表面的对称中心作为编程原点。

3. 确定装夹方法

工件毛坯为方形，六面为已加工表面，采用机用虎钳装夹，工件高出钳口 14mm 左右，工件下用垫块支承夹紧，等高垫块所放位置不得与孔加工产生干涉。

4. 分组实施项目

采用分小组原则，以小组分析讨论为主，制订具体的实施工艺，编写程序并进行铣削加工，控制轮廓尺寸精度、表面粗糙度与几何公差。

知识拓展

数控刀具的选用

加工中心使用的刀具由刃具和刀柄两部分组成。刃具有面加工用的各种铣刀和孔加工用的钻头、扩孔钻、镗刀、铰刀及丝锥等。刀柄要满足机床主轴的自动松开和拉紧定位，并能准确地安装各种切削刃具和适应换刀机械手的夹持等。

一、铣刀的种类及选择

铣刀的种类很多，常用的有下面几种。

1. 面铣刀

面铣刀的圆周表面和端面上都有切削刃，端部切削刃为副切削刃，常用于铣削较大的平面。面铣刀多制成套式镶齿结构，刀齿材料为高速钢或硬质合金，刀体材料为 40Cr。

高速钢面铣刀按国家标准规定，直径 $d = 80 \sim 250\text{mm}$，螺旋角 $\beta = 10°$，刀齿数 $z = 10 \sim 26$。

硬质合金面铣刀与高速钢面铣刀相比，铣削速度较高，加工表面质量也较好，并可加工带有硬皮和淬硬层的工件，故得到广泛应用。硬质合金面铣刀按刀片和刀齿的安装方式不同，可分为整体式、机夹—焊接式和可转位式三种。

2. 立铣刀

立铣刀是数控铣削中最常用的一种铣刀，其结构如图 7-13 所示。立铣刀的圆柱表面和端面上都有切削刃，圆柱表面的切削刃为主切削刃，端面上的切削刃为副切削刃。主切削刃一般为螺旋齿，这样可以增加切削的平稳性，提高加工精度。由于普通立铣刀端面中心处无切削刃，所以立铣刀不能作轴向进给，端面刃主要用来加工与侧面相垂直的底平面。

图 7-13　立铣刀

为了改善切屑卷曲的情况，增大容屑空间，防止切屑堵塞，立铣刀的刀齿数比较少，容屑槽圆弧半径则较大。一般粗齿立铣刀的齿数 $z = 3 \sim 4$，细齿立铣刀的齿数 $z = 5 \sim 8$，套式结构立铣刀的 $z = 10 \sim 20$，容屑槽圆弧半径 $r = 2 \sim 5\text{mm}$。当立铣刀直径较大时，还可制成不等齿距结构，以增强抗振作用，使切削过程平稳。

标准立铣刀的螺旋角β为40°~45°（粗齿）和30°~35°（细齿），套式结构立铣刀的螺旋角β为15°~25°。

直径较小的立铣刀，一般制成带柄形式。ϕ2~ϕ71mm的立铣刀为直柄；ϕ6~ϕ63mm的立铣刀为莫氏锥柄；ϕ25~ϕ80mm的立铣刀为带有螺孔的7：24锥柄，螺孔用来拉紧刀具。直径大于ϕ40~ϕ160mm的立铣刀可做成套式结构。

3. 模具铣刀

模具铣刀由立铣刀发展而成，适用于加工空间曲面零件，有时也用于平面类零件上有较大转接凹圆弧的过渡加工。模具铣刀可分为圆锥形立铣刀（圆锥半角$\frac{\alpha}{2}=3°、5°、7°、10°$）、圆柱形球头立铣刀和圆锥形球头立铣刀三种，其柄部有直柄、削平型直柄和莫氏锥柄。它的结构特点是球头或端面上布满了切削刃，圆周刃与球头刃圆弧连接，可以作径向和轴向进给。铣刀工作部分用高速钢或硬质合金制造，国家标准规定其直径d=4~63mm。

4. 键槽铣刀

键槽铣刀有两个刀齿，圆柱面和端面都有切削刃，端面刃延至中心，既像立铣刀，又像钻头，加工时先轴向进给达到槽深，然后沿键槽方向铣出键槽全长。

国家标准规定，直柄键槽铣刀的直径d=2~22mm，锥柄键槽精铣刀直径d=14~50mm。键槽铣刀直径的偏差有e8和d8两种。键槽铣刀的圆周切削刃仅在靠近端面的一小段长度内发生磨损，重磨时，只需刃磨端面切削刃，因此重磨后铣刀直径不变。

5. 鼓形铣刀

鼓形铣刀主要用于对变斜角类零件的变斜角面的近似加工。它的切削刃分布在半径为R的圆弧面上，端面无切削刃。

二、孔加工刀具的选择

钻孔刀具较多，有普通麻花钻、可转位浅孔钻及扁钻等。应根据工件材料、加工尺寸及加工质量要求等合理选用。

1. 麻花钻

在加工中心上钻孔，大多是采用普通麻花钻。麻花钻有高速钢麻花钻和硬质合金麻花钻两种。

麻花钻的切削部分有两个主切削刃、两个副切削刃和一个横刃。两个螺旋槽是切屑流经的表面，为前刀面；与工件过渡表面（即孔底）相对的端部两曲面为主后刀面；与工件已加工表面（即孔壁）相对的两条刃带为副后刀面。前刀面与主后刀面的交线为主切削刃，前刀面与副后刀面的交线为副切削刃，两个主后刀面的交线为横刃。横刃与主切削刃在端面上的投影之间的夹角称为横刃斜角，横刃斜角ψ=50°~55°。主切削刃上各点的前角、后角是变化的，外缘处前角约为30°，钻心处前角接近0°，甚至是负值。两条主切削刃在与其平行的平面内的投影之间的夹角为顶角。标准麻花钻的顶角2ϕ=118°。

根据柄部不同，麻花钻有莫氏锥柄和圆柱柄两种。直径为8~80mm的麻花钻多为莫氏锥柄，可直接装在带有莫氏锥孔的刀柄内，刀具长度不能调节。直径为0.1~20mm的麻花钻多为圆柱柄，可装在钻夹头刀柄上。中等尺寸麻花钻两种形式均可选用。

麻花钻有标准型和加长型。

在加工中心上钻孔，因无夹具钻模导向，受两切削刃上切削力不对称的影响，容易引起钻孔偏斜，故要求钻头的两切削刃必须有较高的刃磨精度。

2. 扩孔刀具

标准扩孔钻一般有 3 ~ 4 条主切削刃，切削部分的材料为高速钢或硬质合金，结构形式有直柄式、锥柄式和套式等。

扩孔直径较小时，可选用直柄式扩孔钻；扩孔直径中等时，可选用锥柄式扩孔钻；扩孔直径较大时，可选用套式扩孔钻。

扩孔钻的加工余量较小，主切削刃较短，因而容屑槽浅，刀体的强度和刚度较好。它无麻花钻的横刃，加之刀齿多，所以导向性好，切削平稳，加工质量和生产率都比麻花钻高。

扩孔直径为 20 ~ 60mm，且机床刚性好、功率大时，可选用图 7-14 所示的可转位扩孔钻。这种扩孔钻的两个可转位刀片的外刃位于同一个外圆直径上，并且刀片径向可作微量（ ±0. 1mm）调整，以控制扩孔直径。

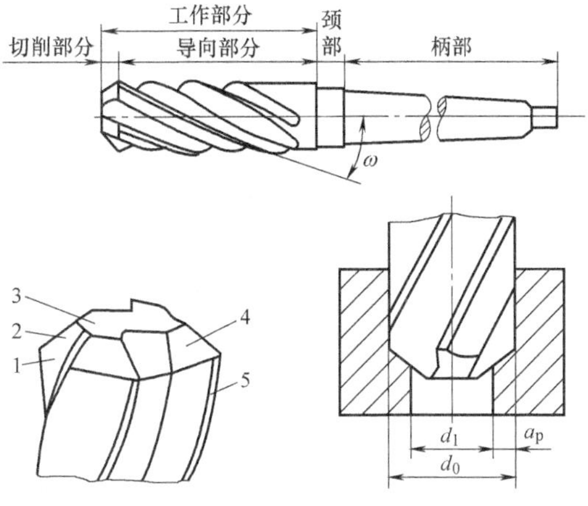

图 7-14　可转位扩孔钻

3. 镗孔刀具

镗孔所用刀具为镗刀。镗刀的种类很多，按切削刃数量可分为单刃镗刀和双刃镗刀。

单刃镗刀刚性差，切削时易引起振动，所以镗刀的主偏角选得较大，以减小径向力。镗铸铁孔或精镗时，一般取 $\kappa_r = 90°$；粗镗钢件孔时，取 $\kappa_r = 60° \sim 75°$，以提高刀具的寿命。

镗孔径的大小要靠调整刀具的悬伸长度来保证，其调整过程麻烦，效率低，只能用于单件小批生产。但单刃镗刀结构简单，适应性较广泛，粗、精加工都适用。

在孔的精镗中，目前较多地选用精镗微调镗刀。这种横刀的径向尺寸可以在一定范围内进行微调，其调节方便，且精度高，其结构如图 7-15 所示。调整尺寸时，先松开拉紧螺钉，然后转动带刻度盘的调整螺母，等调至所需尺寸，再拧紧螺钉，使用时应保证锥面靠近大端接触（即镗杆 90°锥孔的角度公差为负值），且与直孔部分同心。键与键槽的配合间隙不能太大，否则微调时就不能达到较高的精度。

镗削大直径的孔可选用图 7-16 所示的双刃镗刀。这种镗刀头部可以在较大范围内进行调整，且调整方便，最大镗孔直径可达 1000mm。

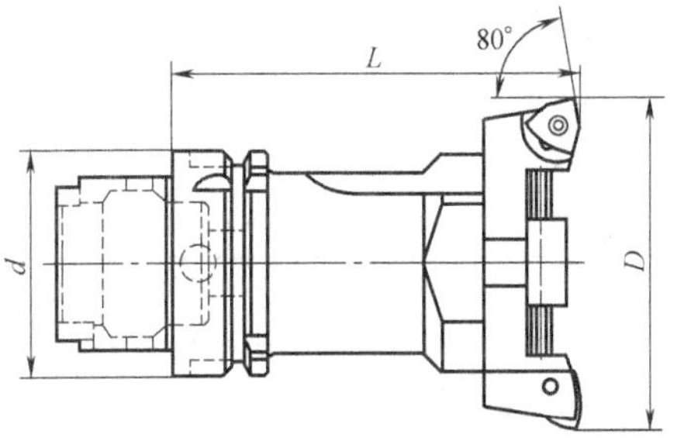

图 7-15　镗孔刀

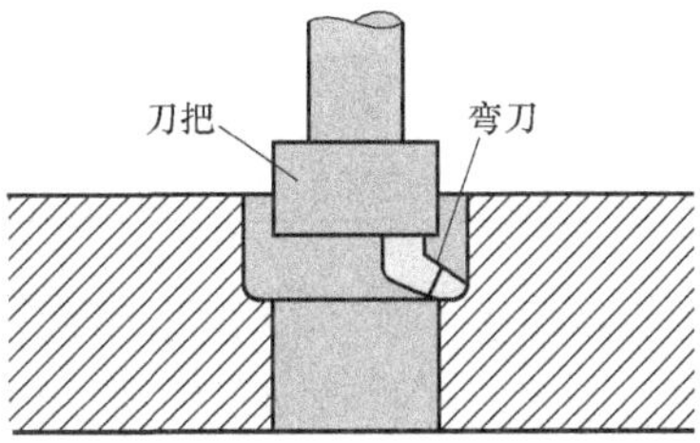

图 7-16　双刃镗刀

双刃镗刀的两端有一对对称的切削刃同时参加切削，与单刃镗刀相比，每转进给量可提高一倍左右，生产率高，同时可以消除切削力对镗杆的影响。

4. 铰孔刀具

加工中心上使用的铰刀多是通用标准铰刀。此外，还有机夹硬质合金刀片单刃铰刀和浮动铰刀等。

加工精度为 IT7 ~ IT10 级、表面粗糙度值 Ra 为 0.8 ~ 1.6μm 的孔时，多选用通用标准铰刀。

通用标准铰刀如图 7-17a、b、c 所示，有直柄、锥柄和套式三种。锥柄铰刀直径为 10 ~ 32mm，直柄铰刀直径为 6 ~ 20mm，小孔直柄铰刀直径为 1 ~ 6mm，套式铰刀直径为 25 ~ 80mm。

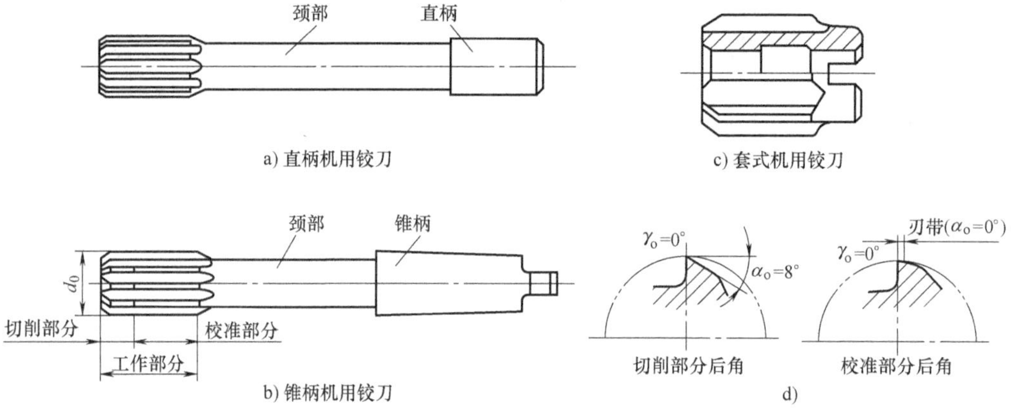

图 7-17　机用铰刀

铰刀工作部分包括切削部分与校准部分。切削部分为锥形，担负主要的切削工作。切削部分的主偏角为 5° ~ 15°，前角一般为 0°，后角一般为 5° ~ 8°。校准部分的作用是校正孔径，修光孔壁和导向。为此，这部分带有很窄的刃带（$\gamma_o=0°$，$\alpha_o=0°$），如图 7-13d 所示。校准部分包括圆柱部分和倒锥部分。圆柱部分保证铰刀直径和便于测量，倒锥部分可减少铰刀与孔壁的摩擦，减小孔径扩大量。

标准铰刀有 4 ~ 12 齿。铰刀的齿数除与铰刀直径有关外，主要根据加工精度的要求选择。齿数过多，刀具的制造重磨都比较麻烦，而且会因齿间容屑槽减小，造成切屑堵塞和划伤孔壁以致使铰刀折断的后果。齿数过少，则铰削时的稳定性差，刀齿的切削负荷增大，且容易产生几何形状误差。铰刀齿数可参照表 7-9 选择。

表 7-9　铰刀齿数的选择

铰刀直径/mm		1.5 ~ 3	3 ~ 14	14 ~ 40	>40
齿数	一般加工精度	4	4	6	8
	高加工精度	4	6	8	10 ~ 12

加工精度为 IT5 ~ IT7 级、表面粗糙度值 Ra 为 0.7μm 的孔时，可采用机夹硬质合金刀片的单刃铰刀。这种铰刀的结构如图 7-18 所示，刀片 3 通过楔套 4 用螺钉 1 固定在刀体上，通过螺钉 7 和销子 6 可调节铰刀尺寸。导向块 2 可采用粘接和铜焊固定。机夹单刃铰刀应有很高的刃磨质量。因为精密铰削时，半径上的铰削余量在 10μm 以下，所以刀片的切削刃口

要磨得异常锋利。

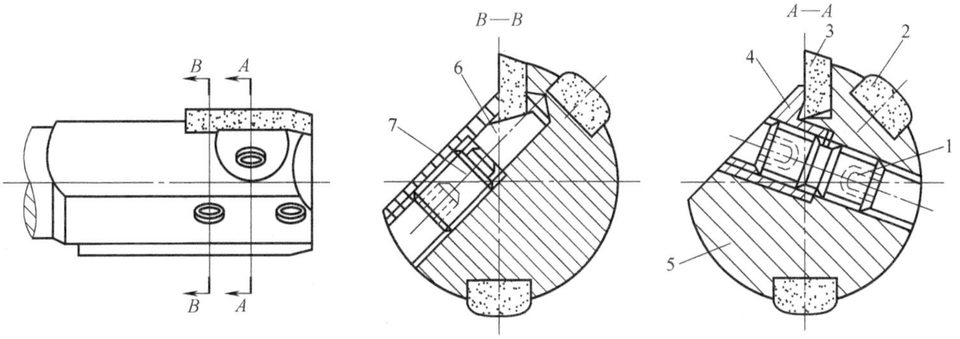

图 7-18　硬质合金单刃铰刀

1、7—螺钉　2—导向块　3—刀片　4—楔套　5—刀体　6—销子

铰削精度为 IT6 ~ IT7 级，表面粗糙度值 Ra 为 0.8 ~ 1.6μm 的大直径通孔时，可选用专为加工中心设计的浮动铰刀。

想想练练

想一想

在图 7-11 和图 7-12 所示的配合零件中，如何采用刀具半径补偿来调节加工内、外轮廓？

练一练

请按照以上所学知识，给图 7-19 所示配合件编制最简化的程序。

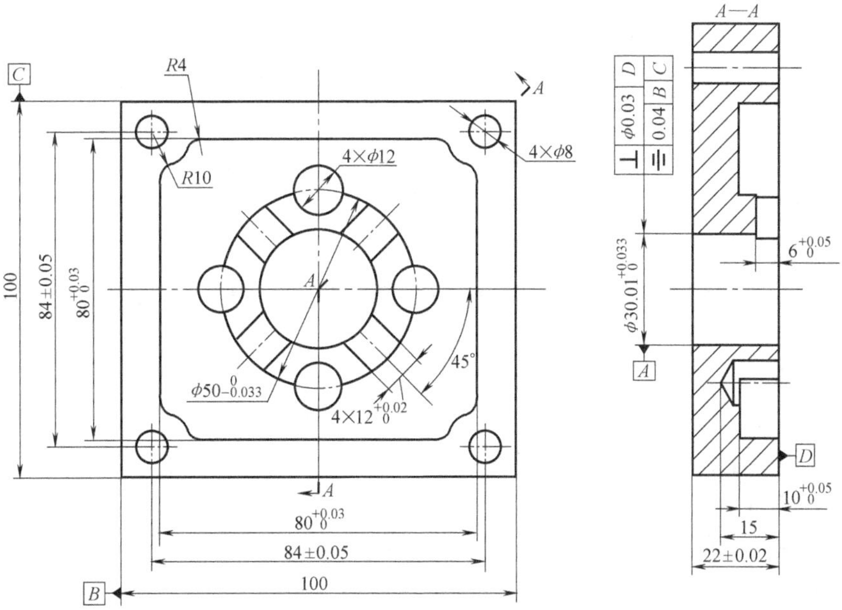

图 7-19　配合件

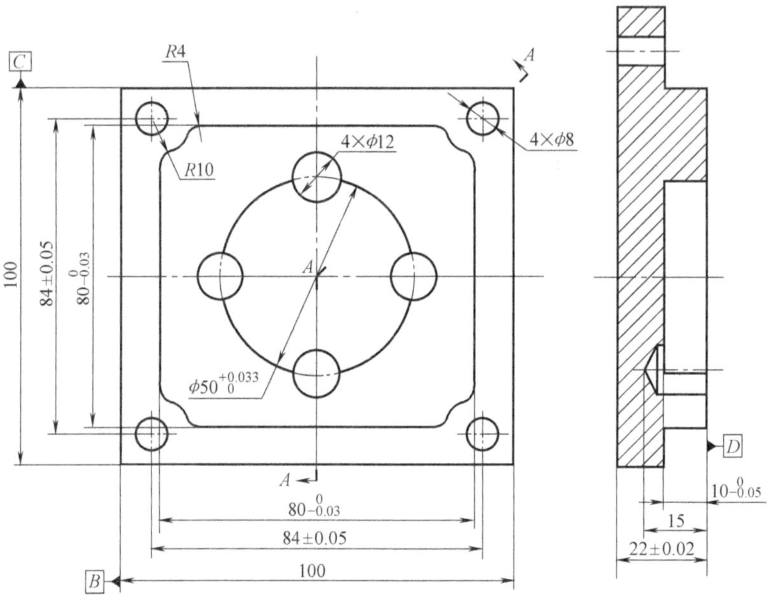

图 7-19　配合件（续）

任务三　加工多工位件

任务描述

本任务为多工位零件的加工，如图 7-20 所示。根据零件图样进行试样加工，分析零件图样的技术特点，要求采用高级指令旋转指令进行编程加工，同时选用合适的数控刀具，设计合理的走刀路线，选择正确的加工策略，并按要求操作数控机床，完成零件的工艺编制、程序编制、铣削加工与尺寸精度控制。

1. 零件形状

图 7-16 所示为典型的多工位零件的铣削加工零件，具备多面、倒圆角、凹凸台和薄壁等综合性零件特征。

2. 尺寸精度

该零件的主要加工要素为薄壁轮廓、凹槽和凸台。整个零件的尺寸精度要求都较高，需合理安排粗、精加工，运用刀补修调尺寸公差。

3. 表面粗糙度

零件的轮廓平面和侧面的表面粗糙度值为 $Ra3.2\mu m$。

4. 技术要求

锐边去毛刺。

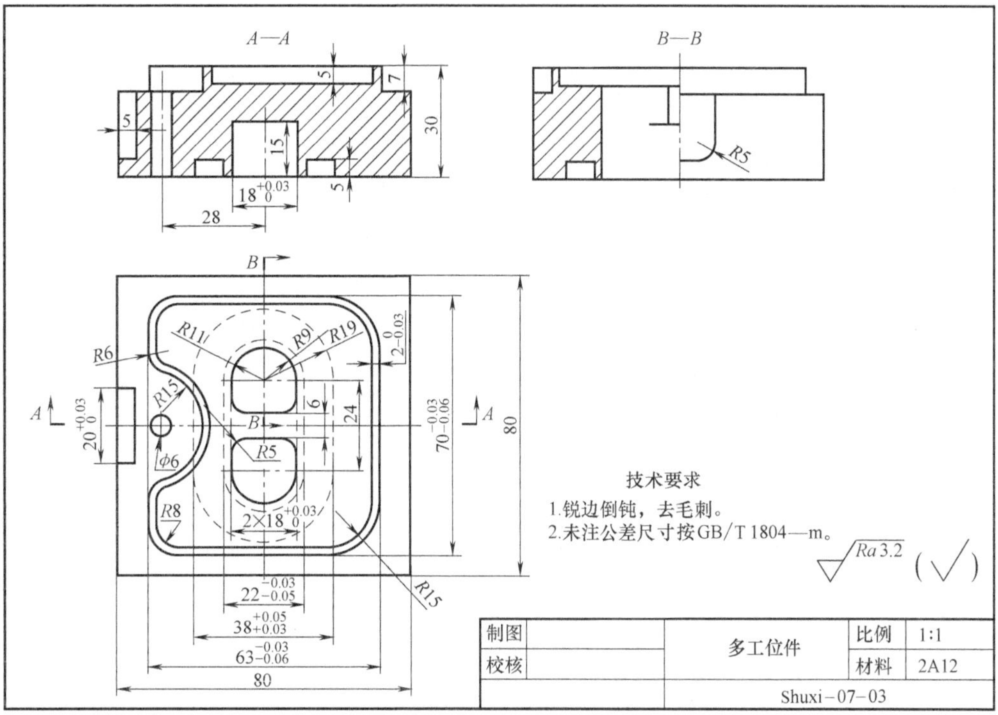

图 7-20　多工位零件

任务实施

一、毛坯及工、量、刃具准备

本任务所需材料（毛坯尺寸为 80mm × 80mm × 30mm）设备及工、量、刃具见表 2-1 ~ 表 2-3。

二、制订工艺卡片

本任务加工工件装夹方案和工件坐标系原点的设定见表 7-10，工件手动编程数控加工工艺卡片见表 7-11。

表 7-10　加工工件装夹方案和工件坐标系原点的设定

零件名称 / 加工面	多 工 位 件	装夹方案和工件坐标系原点的设定	工 序 号	1
			装夹次数	3
正面 反面 侧面	1）利用精密机用虎钳对工件进行装夹，采用等高垫块将工件垫起，等高垫块所放位置不得与孔加工产生干涉，工件高出钳口 15mm 左右 2）设定工件中心为工件坐标系原点		夹具	名称
			1	机用虎钳
			2	等高垫块

表 7-11 工件手动编程数控加工工艺卡片

数控加工工艺卡片		零 件 名 称	多 工 位 件	使 用 设 备		华中世纪星	
		零 件 图 号	Shuxi-07-03	车 间		数 铣 车 间	
序号	程序号	工步内容	刀具规格 /mm	主轴转速 /r · min^{-1}	进给速度 /mm · min^{-1}	XY 余量 /mm	备注
正面加工							
1	%0001	铣削工件上表面	ϕ16 立铣刀	1200	200	0	精铣
2	%0002	钻削中心孔	A3	1800	50	0.3	
3	%0003	钻削 ϕ6mm 孔	ϕ7.8 钻头	1500	50	0	
4	%0004	粗铣削 80mm×80mm 四方	ϕ16 立铣刀	1200	120	0.5	粗铣
5	%0005	粗铣削 63mm×70mm 轮廓	ϕ16 立铣刀	1200	120	0.5	粗铣
6	%0006	粗铣削 2mm 等距	ϕ6 立铣刀	1600	100	0.5	粗铣
7	%0007	粗铣削 2mm×18mm 窗形	ϕ6 立铣刀	1600	100	0.5	粗铣
8	%0004	精铣削 80mm×80mm 四方	ϕ8 立铣刀	1600	200	0	精铣
9	%0005	精铣削 63mm×70mm 轮廓	ϕ8 立铣刀	1600	200	0	精铣
10	%0006	精铣削 2mm 等距	ϕ6 立铣刀	2000	200	0	精铣
11	%0007	精铣削 2mm×18mm 窗形	ϕ6 立铣刀	2000	200	0	精铣
反面加工							
12	%0001	铣削工件表面	ϕ16 立铣刀	1200	200	0	精铣
13	%0008	粗铣削圆弧槽 *R*9mm(两处)	ϕ12 立铣刀	1000	100	0.5	粗铣
14	%0009	粗铣削圆弧跑道 38mm	ϕ12 立铣刀	1000	100	0.5	粗铣
15	%00010	粗铣削圆弧跑道 22mm	ϕ12 立铣刀	1000	100	0.5	粗铣
16	%0008	精铣削圆弧槽 *R*9mm(两处)	ϕ12 立铣刀	1800	200	0	精铣
17	%0009	精铣削圆弧跑道 38mm	ϕ12 立铣刀	1800	200	0	精铣
18	%00010	精铣削圆弧跑道 22mm	ϕ12 立铣刀	1800	200	0	精铣
侧面加工							
15	%0011	粗铣削侧边槽 20mm	ϕ8 立铣刀	1400	100	0.5	粗铣
16	%0011	精铣削侧边槽 20mm	ϕ8 立铣刀	2200	200	0	精铣
编制		审核		批准		共 页	第 页

三、编写参考程序

精铣窗形的参考程序见表 7-12。

表 7-12 精铣窗形的参考程序

程 序 段 号	程 序 内 容	程 序 说 明
	%0007	程序名
N20	G90 G54 G40 G69 M03 S2000	

（续）

程序段号	程序内容	程序说明
N30	G00　Z100	刀具快速移动到循环起点
N40	X0　Y0	
N60	Z10　M08	
N70	M98　P2	调用子程序
N80	G68　X0　Y0　P180	
N90	M98　P2	
N170	G00　Z100　M09	刀具退至安全点，主轴停转，程序暂停
N180	M05	
N190	M30	
	%2	子程序
N210	G00　X0　Y-12	$2\times18^{+0.03}_{0}$ mm 窗形的加工
N220	G1　Z1　F500	
N230	G1　Z-16　F50	
N240	G41　X-8　Y-13　D01　F200	
N250	G3　X0　Y-21　R8	
N260	X9　Y-12　R9	
N270	G1　Y-8	
N280	G3　X4　Y-3　R5	
N290	G1　X-4	
N300	G3　X-9　Y-8　R5	
N310	G1　Y-12	
N320	G3　X0　Y-21　R9	
N330	G3　X8　Y-13　R8	
N340	G1　G40　X0　Y-12	
N350	G0　Z10	
N360	X0　Y0	
N370	M99	子程序结束

任务评价

工件质量评价表见表 7-13。

表 7-13　工件质量评价表

班　级			姓　名		学　号	
工件号			机床号		零件图号	Shuxi-07-03
任务三			多工位零件的加工			
基本检查		序号	检测内容	配分	学生自评	教师评分
	编程	1	切削加工工艺制订正确	5		
		2	切削用量选择合理	5		
	操作	3	程序正确、简单、规范	5		
		4	设备操作、维护、保养正确	3		
		5	安全、文明生产	5		
		6	刀具选择、安装正确、规范	3		
		7	工件找正、安装正确、规范	4		
工作态度		8	行为规范、纪律表现良好	10		
尺寸		9	80mm × 80mm 正方形	5		
		10	$63_{-0.06}^{-0.03}$mm × $70_{-0.06}^{-0.03}$mm	8		
		11	$2_{-0.03}^{0}$mm 等距	8		
		12	ϕ6mm	5		
		13	$2 \times 18_{0}^{+0.03}$mm 窗形	8		
		14	反面圆弧槽 R9mm	5		
		15	圆弧跑道 $38_{+0.03}^{+0.05}$mm	6		
		16	圆弧跑道$22_{-0.05}^{-0.03}$mm	6		
		17	侧边槽$20_{0}^{+0.03}$mm	5		
		18	Ra3. 2μm	4		
综合得分				100		

知识链接

组合夹具元件

组合夹具是由一套结构已经标准化、尺寸已经规格化的通用元件和组合元件所构成的。可以按工件的加工需要组成各种功用的夹具。组合夹具的出现和发展，为数控机床在机械工业中的单件小批生产和新产品试制工作，创造了极为有利的条件。组合夹具有槽系组合夹具和孔系组合夹具。图 7-21 所示为槽系组合夹具。

一、组合夹具的工作原理、特点及应用

1. 组合夹具的工作原理与特点

组合夹具是机床夹具中一种标准化、系列化、通用化程度很高的工艺装备。它是由一套预先制造好的标准元件组合而成。这些元件具有各种不同形状、尺寸和规格，并且有较好的互换性、耐磨性和较高的精度。根据工件的工艺要求，采用搭积木的方式组装成各种专用夹具，使用完毕后，可方便地拆开元件，洗净后存放起来，待重新组装时重复使用。

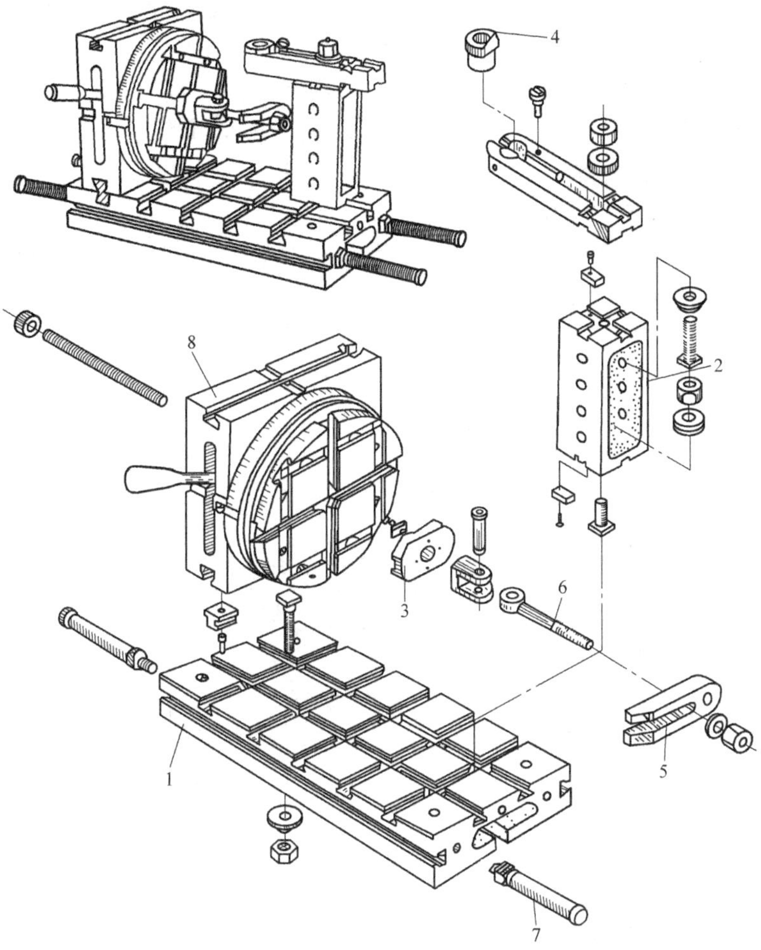

图 7-21　槽系组合夹具

1—长方形基础板　2—方形支撑件　3—菱形定位盘　4—快换钻套
5—叉形压板　6—螺栓　7—手柄杆　8—分度合件

组合夹具有以下特点。

1）灵活多变，可迅速提供生产用夹具，缩短生产准备周期。

2）保证加工质量，提高生产率。

3）节约人力、物力和财力。

4）减少夹具存放面积，改善管理工作。

2. 组合夹具的应用

组合夹具的应用范围很广。它不仅成功地应用于机床、汽车、农机和仪表等行业，而且在重型机械、矿山机械行业也有广泛的应用。

1）从生产类型方面看，组合夹具的特点决定了它最适用于产品经常变换的生产，如单件小批生产、新产品试制和临时突击性的生产任务等。

2）从加工工种方面看，组合夹具可用于钻、车、铣、刨、磨、镗和检验等工种，其中以钻床夹具的应用量最大。

3）从加工工件的几何形状和尺寸方面看，组合夹具一般可不受工件形状复杂程度的限制，很少遇到因工件形状特殊而不能组装夹具的情况。

4）从加工工件的公差等级方面看，由于组合夹具元件本身为 IT2 公差等级，再加上各组装环节的误差累积，在一般情况下，工件加工的公差等级可达 IT3 级。

二、组合夹具元件的分类

组合夹具元件按其用途不同，可分为八大类。

（1）基础件　基础件包括各种规格尺寸的方形、矩形、圆形基础板和基础角铁等，如图 7-22 所示，主要用作夹具体。

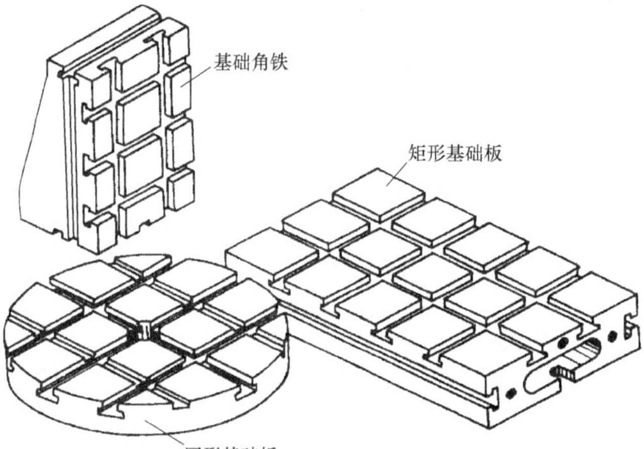

图 7-22　基础件

（2）支承件　支承件包括各种规格尺寸的垫片、垫板、方形和矩形支承、角度支承、角铁、菱形板、V 形块、螺孔板和伸长板等，如图 7-23 所示，主要用作不同高度的支承和各种定位支承平面，是夹具体的骨架。

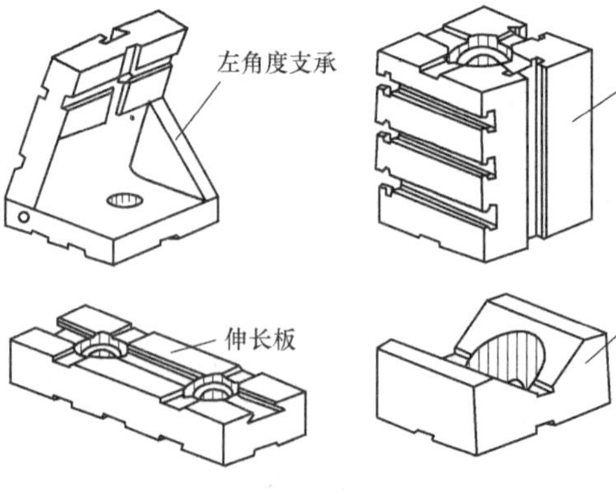

图 7-23　支承件

（3）定位件　定位件包括各种定位销、定位盘、定位键、定位轴、各种定位支座、定位支承、锁孔支承和顶尖等，如图7-24所示，主要用于确定元件与元件、元件与工件之间的相对位置尺寸，以保证夹具的装配精度和工件的加工精度。

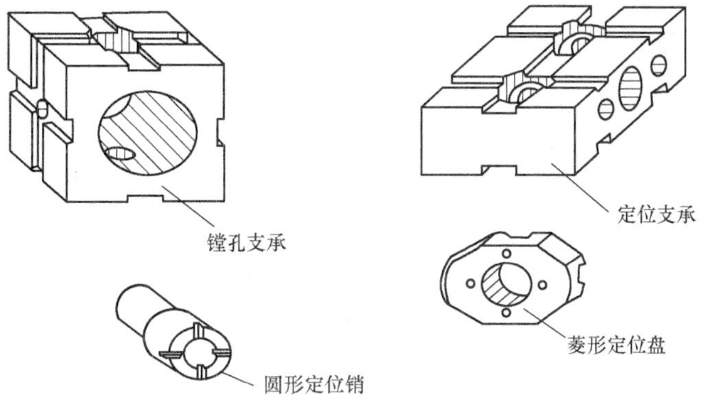

图7-24　定位件

（4）导向件　导向件包括各种钻模板、钻套、铰套和导向支承等，如图7-25所示，主要用来确定刀具与工件的相对位置，加工时起到引导刀具的作用。

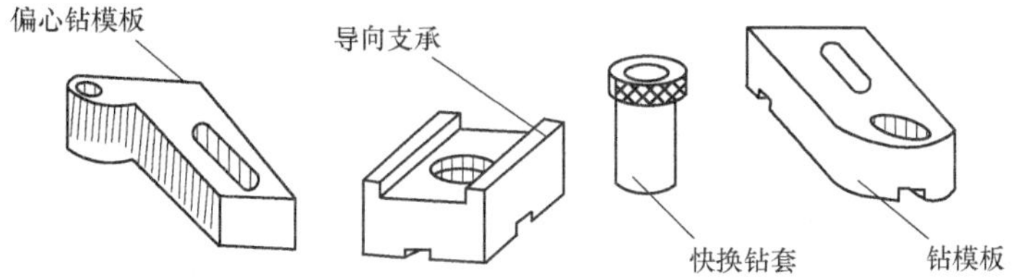

图7-25　导向件

（5）夹紧件　夹紧件包括各种形状尺寸的压板，主要用来将工件夹紧在夹具上，保证工件定位后的正确位置在外力作用下不变动，如图7-26所示。由于各种压板的主要表面都经过磨光，因此也常用作定位挡板、连接板或其他用途。

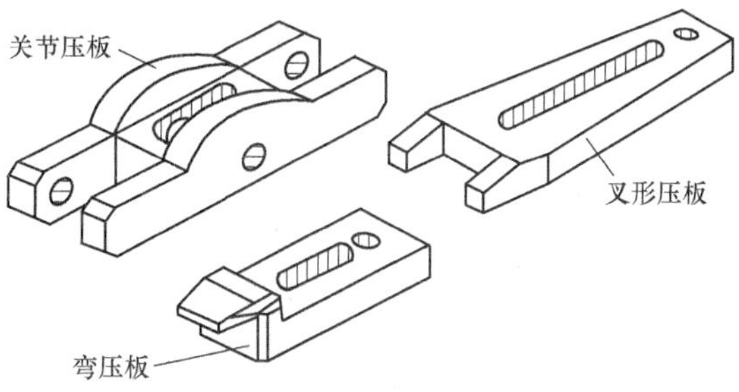

图7-26　夹紧件

（6）紧固件　紧固件包括各种螺栓、螺钉、螺母和垫圈等，主要用来把夹具上的各种元件连接紧固成一整体，并可通过压板把工件夹紧在夹具上。

（7）其他件　其他件包括除了上述六类以外的各种用途的单一元件，例如连接板、回转压板、浮动块、各种支承钉、支承帽、二爪支承、三爪支承和平衡块等。

（8）组合件　组合件指在组装过程中不拆散使用的独立部件，按其用途可分为定位合件、导向合件、夹紧合件和分度合件等。

任务解析

1. 分析技术要求

由图 7-20 可知，该零件为多工位零件加工，加工时需要多次装夹，累积误差必然加大，所以对反复装夹后的对刀精度要求较高，以保证薄壁轮廓尺寸精度，控制其变形量。在选择加工顺序上要考虑装夹问题。

2. 选择走刀路线

加工时分粗、精铣削加工，遵循先孔后面、由外至里的加工原则进行铣削加工，先加工反面，再加工正面，最后进行圆弧倒角，选取毛坯上表面的对称中心为编程原点。

3. 确定装夹方法

工件毛坯为方形，六面为已加工表面，采用机用虎钳装夹，工件高出钳口 15mm 左右，工件下用垫块支承夹紧。

4. 分组实施项目

采用分小组原则，以小组分析讨论为主，制订具体的实施工艺，编写程序并进行铣削加工，控制轮廓尺寸精度、表面粗糙度与几何公差。

知识拓展

加工时，因定位不准确而引起的加工误差称为定位误差，常用 Δ_D 表示。它包括基准不重合误差和基准位移误差两部分。

一、定位误差的产生

1. 基准不重合误差

工件的定位基准与设计基准不重合时产生的加工误差称为基准不重合误差，用 Δ_B 表示。

基准不重合误差的大小等于定位基准与设计基准之间的尺寸公差 δ_L，即

$$\Delta_B = \delta_L$$

2. 基准位移误差

由定位副的制造误差和间隙引起定位基准位置的变动量，称为基准位移误差，用 Δ_Y 表示。

基准位移误差的大小为定位基准的最大变动范围，即

$$\Delta_Y = A_{max} - A_{min}$$

式中　A_{max}——最大工序尺寸；

　　　A_{min}——最小工序尺寸。

因此，定位误差 Δ_D 为上述两方面的矢量和，即

$$\vec{\boldsymbol{\Delta}}_D=\vec{\boldsymbol{\Delta}}_B+\vec{\boldsymbol{\Delta}}_Y$$

式中的和是有方向的。如果 Δ_B 和 Δ_Y 方向相同（或相反）且与加工尺寸线方向平行（相一致），则两项可以直接相加（或相减）；如果 Δ_B 和 Δ_Y 的方向与加工面的尺寸线方向不平行（即不一致），则需将 Δ_B 和 Δ_Y 投影到加工尺寸线方向来进行计算。

二、定位误差的分析与计算

根据定位方式分别计算出基准不符误差 Δ_B 和基准位移误差 Δ_Y 后，按一定规律将其合成，即可得到定位误差。

1. 工件以外圆柱面在 V 形块上定位时的定位误差

工件以外圆柱面在 V 形块中定位时，由于工件定位面外圆直径有公差 δ_D，对一批工件而言，当直径由最小 $D-\delta_D$ 变到最大 D 时，工件中心（即定位基准）将在 V 形块的对称中心平面内上下偏移，左右不发生偏移，即工件中心由 O_1 变到 O_2，其变化量 O_1O_2（即 Δ_Y）由下面的几何关系推出

$$\Delta_Y=O_1O_2=\frac{\frac{\delta_D}{2}}{\sin\frac{\alpha}{2}}=\frac{\delta_D}{2\sin\frac{\alpha}{2}}$$

工件以外圆柱面在 V 形块上定位的基准不重合误差 Δ_B 与设计基准的位置有关。

1）设计基准与定位基准重合，则基准不重合误差 $\Delta_B=0$，其定位误差 Δ_D 为

$$\Delta_D=0+\Delta_Y=0+\frac{\delta_D}{2\sin\frac{\alpha}{2}}=\frac{\delta_D}{2\sin\frac{\alpha}{2}}$$

2）设计基准 a 与定位基准 O_1 不重合，除含有定位基准位移误差 Δ_Y 外，还有基准不重合误差 Δ_B。假定定位基准 O_1 不动，当工件直径由最小 $D-\delta_D$ 变到最大 D 时，设计基准 a 的变化量为$\frac{\delta_D}{2}$，就是 Δ_B 的大小，其方向由 a 到 a'，与定位基准 O_1 变到 O_2 的方向相同，故其定位误差 Δ_D 是两者之和，即

$$\Delta_D=\Delta_B+\Delta_Y=\frac{\delta_D}{2}+\frac{\delta_D}{2\sin\frac{\alpha}{2}}=\frac{\delta_D}{2}\left(1+\frac{1}{\sin\frac{\alpha}{2}}\right)$$

3）设计基准 b 与定位基准 O_1 不重合的另一种情况。当工件直径由最小 $D-\delta_D$ 变到最大 D 时，设计基准 b 的变化量仍为$\frac{\delta_D}{2}$，但其方向由 b 到 b'，与定位基准 O_1 变到 O_2 的方向相反，故其定位误差 Δ_D 是两者之差，即

$$\Delta_D=-\Delta_B+\Delta_Y=-\frac{\delta_D}{2}+\frac{\delta_D}{2\sin\frac{\alpha}{2}}=\frac{\delta_D}{2}\left(\frac{1}{\sin\frac{\alpha}{2}}-1\right)$$

可见，工件以外圆柱面在 V 形块上定位时，如果设计基准不同，产生的定位误差 Δ_D 也不同。其中以下素线为设计基准时，定位误差最小，也易测量。故轴类零件的键槽尺寸，一

般多以下素线为基准标注。

2. 工件以圆孔在心轴上定位时的定位误差

这里介绍工件以圆孔在间隙配合心轴上的定位情况。

（1）心轴水平放置　工件因自重始终靠在孔的下边，即单边接触。Δ_Y 仅反映在径向，单边向下，即

$$\Delta_Y=(\delta_D+\Delta_d)/2$$

（2）心轴垂直放置　因为无法预测间隙偏向哪一边，定位基准孔在任何方向都可作双向移动，故其最大位移量（即 Δ_Y）较心轴水平放置时大一倍，即

$$\Delta_Y=D_{max}-d_{min}$$

因为心轴垂直放置（双边接触）与水平放置（单边接触）情况不同，$\Delta_{间}$（最小间隙）无法在调整刀具时预先清除补偿，所以必须考虑 $\Delta_{间}$ 的影响。

3. 工件以一面两孔组合定位时的定位误差

工件以一面两孔组合定位的定位误差也是由基准位移误差和基准不重合误差组成的。

工件以一面两孔定位的基准位移误差包括两类，即沿平面内任意方向的基准位移误差 Δ_Y 和基准转角误差 $\Delta\theta/2$ 。

（1）平行于两定位孔连心线方向的 Δ_Y（即工件的 $\vec{x}$ 方向）　由于该方向的自由度由竖放的圆柱销限制，为任意边接触，所以其中的 Δ_Y 决定于圆柱销与定位孔的最大配合间隙，即

$$\Delta_Y=X_{1max}=\delta_{D1}+\delta_{d1}+\Delta_{间}$$

（2）垂直于两定位孔连心线方向的 Δ_Y（即工件的 $\vec{y}$ 和 $\vec{z}$ 方向）　这两个自由度由圆柱销1和削边定位销2共同限制，两销连心线为 O_1O_2。若两销与两孔均处于最大配合间隙，且两孔以上素线与销接触，则两孔连心线下移；反之，上移。其最大位置变动量 Δ_Y 可按孔1中心线位置的最大变动量 $X_{1max}=\delta_{D1}+\delta_{d1}+\Delta_{间}$ 计算。但若销1为上素线接触而销2为下素线接触，或反过来销1为下素线接触而销2为上素线接触，两孔连心线相对于两销连心线产生基准转角误差。

（3）转角误差　取决于两孔和两销的最大配合间隙 X_{1max} 和 X_{2max}、中心距 L 以及工件的偏移方向，可近似计算为

$$\frac{\Delta\theta}{2}=\pm\arctan\frac{O_1O_1'+O_2O_2'}{L}=\pm\arctan\frac{X_{1max}+X_{2max}}{2L}$$

式中　X_{1max}——圆柱销与定位孔的最大配合间隙；

X_{2max}——削边销与定位孔的最大配合间隙。

可见，为了减小转角误差，两定位孔之间的距离应尽可能大些。

想想练练

想一想

在图7-20所示的多工位零件加工中，如何通过多次装夹使定位误差减小到最小？

练一练

请按照以上所学知识，给图7-27所示零件编制最简化的程序。

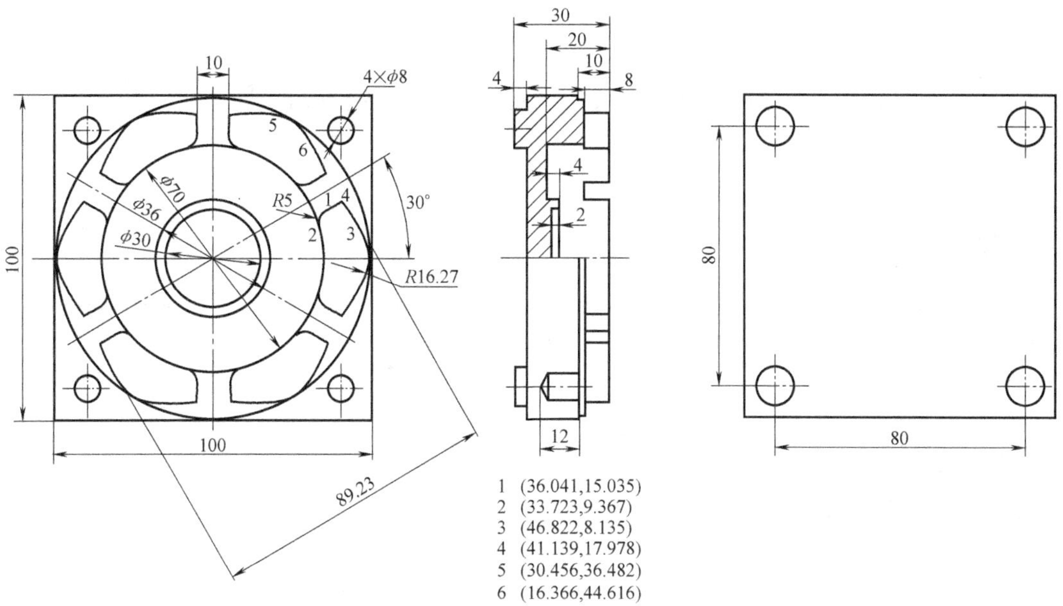
10
4×ϕ8
100
100
ϕ70
ϕ36
ϕ30
R5
R16.27
30°
89.23
30
20
10
4
8
4
2
12
80
80
1 (36.041,15.035)
2 (33.723,9.367)
3 (46.822,8.135)
4 (41.139,17.978)
5 (30.456,36.482)
6 (16.366,44.616)

图 7-27　零件图

项目八　典型件的 CAXA 自动编程加工

项目目标

通过此项目的学习，学生可学习利用 CAXA 制造工程师软件进行零件特征造型并进行二维走刀路线设计，熟悉平面区域粗加工、平面轮廓精加工、铣圆孔加工和钻孔加工等 2～2.5 轴加工的方法。

项目任务

1. 能完成零件的平面线框和零件造型。
2. 能合理安排零件的数控铣削加工工艺。
3. 能合理选用 CAXA 加工策略并生成走刀路线和加工工艺卡。
4. 能在数控铣床上熟练加工出相类似的零件并保证精度要求。

任务一　十字槽板的自动编程加工

任务描述

本任务为典型的二维零件加工，如图 8-1 所示。根据零件图样进行试样加工，分析零件图样的技术特点，要求采用 CAXA 制造工程师设计合理的走刀路线，选择正确的加工策略，合理选用数控刀具，并按要求操作数控机床，完成零件的工艺编制、代码生成和传输加工并检测。

1. 零件形状

图 8-1 所示为典型的二维铣削加工零件，具备方块、凹槽、倒角和阶梯孔等特征。

2. 尺寸精度

该零件的主要加工要素为轮廓、成形面和孔。轮廓尺寸精度要求较高，尺寸允差均为 ±0.025mm，这需要通过合理的工艺设计和正确的操作来保证。孔的位置有要求，注意使用中心钻。孔的精度为 H7，精度要求较高，需要先钻孔再铰孔。

3. 几何精度

两个侧面和底面成相互垂直的关系，垂直度公差为 0.06mm。

4. 表面粗糙度

零件的侧平面及孔壁的表面粗糙度值为 *Ra*1.6μm，底平面的表面粗糙度值为 *Ra*3.2μm。

5. 技术要求

直边倒角 *C*1，锐边倒钝，去毛刺。

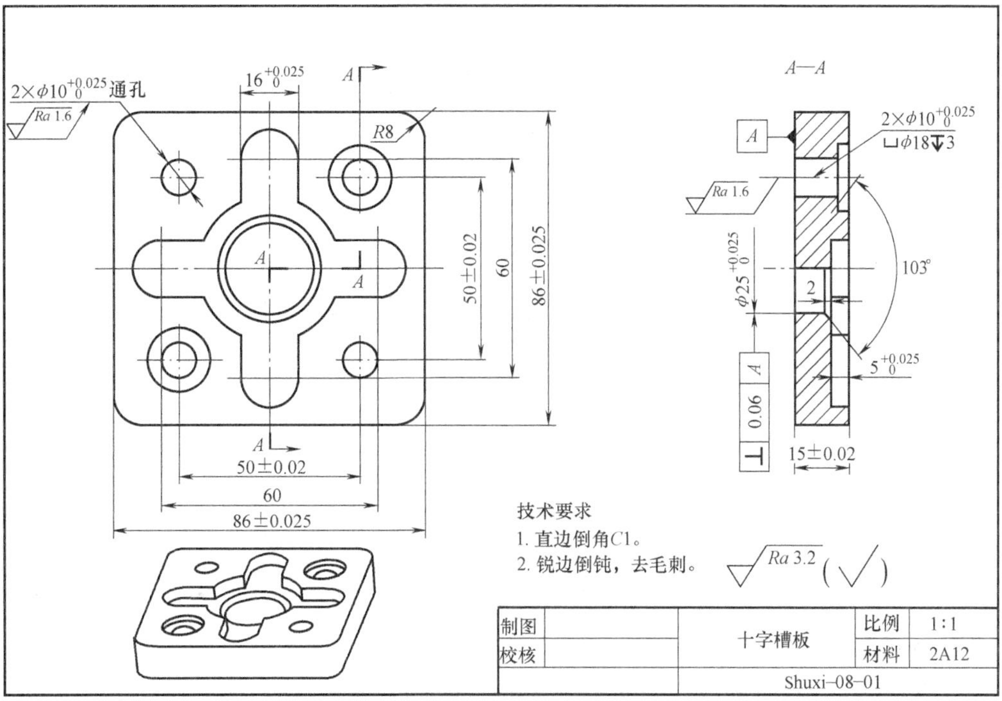

图 8-1　十字槽板

任务实施

一、毛坯及工、量、刃具准备

1. 材料准备

本任务所需材料见表 2-1。

2. 设备准备

本任务所需设备见表 8-1。

表 8-1　设备准备

名　称	型　号	数　量	要　求
数控机床	VMC850 或其他相关机床	1 台/每人	工场准备
机用虎钳	125mm×50mm 或相应型号	各 1 台/每台机床	工场准备
计算机及传输线	Inter-p4 处理器，1GB 内存，128MB 独立显卡，有 RS232 接口	各 1 台/每台机床	工场准备 安装 CAXA_ ME2013 版

3. 工、量、刃具准备

本任务所需工、量、刃具见表 8-2。

表 8-2　工、量、刃具准备

工、量、刃具清单				图　号	Shuxi-08-01	
种　类	序　号	名　称	规格/mm	精度/mm	单　位	数　量
工具	1	机用虎钳扳手	120 × 120 (150 × 150)		把	1
	2	卸刀扳手	J7316/30 (BT40)		把	1
	3	等高垫块	长 × 宽 × 高 200 × 15 × 45	0.01	对	1
量具	4	带表游标卡尺	0 ~ 200	0.01	支	1
	5	带表深度尺	0 ~ 200	0.02	支	1
刃具	6	立铣刀及刀套	$\phi6 \sim \phi16$		套	1
	7	钻头及刀柄	$\phi9.8$，$\phi20$		把	1
	8	中心钻	A3		把	1
	9	机用铰刀	$\phi10$H7		把	1
	10	球头铣刀	*SR*3		把	1

二、制订工序卡片

本任务自动加工工件装夹方案和工件坐标系原点的设定见表 8-3，工件自动编程数控加工工艺卡片见表 8-4。

表 8-3　自动加工工件装夹方案和工件坐标系原点的设定

零件名称	十字槽板	装夹方案和工件坐标系原点的设定	工序号	1
零件加工面			装夹次数	2
正面		用 0 级精度等高垫块定位工件平面，保证毛坯高出钳口 15mm 以上，用机用虎钳固定钳口定位侧面并夹紧。工件坐标系原点设定在工件中心上表面。加工正面轮廓	夹具	名称
			1	机用虎钳
反面		用 0 级精度等高垫块定位工件平面，用机用虎钳固定钳口定位侧面并垫铜皮后夹紧，再用木锤敲实 Z 向定位面。工件坐标系原点设定在工件中心上表面。铣削平面保证厚度及工件平行度	2	等高垫块

表 8-4　工件自动编程数控加工工艺卡片

零件名称		单　件	零　件　号		加工部位		正面
序号	程序号	加工内容	刀具规格/mm	主轴转速/$\mathrm{r \cdot min^{-1}}$	进给量/$\mathrm{mm \cdot min^{-1}}$	X、Y 方向加工余量/mm	备注
1	0101	上表面	$\phi16$ 立铣刀	1000	600	0	粗铣
2	0102	四周外形	$\phi16$ 立铣刀	1000	600	0.15	粗铣
3	0103	钻 4 个 $\phi10$mm 孔的中心孔	$\phi3$ 中心钻	2500	60		
4	0104	用 $\phi20$mm 钻头钻孔	$\phi20$ 钻头	500	100		

（续）

零件名称		单　件	零件号		加工部位		正面
序号	程序号	加工内容	刀具规格/mm	主轴转速/r·min^{-1}	进给量/mm·min^{-1}	X、Y 方向加工余量/mm	备注
5	0105	用 ϕ9.8mm 钻头钻 4 个 ϕ10mm 的底孔	ϕ9.8 钻头	700	100		
6	0106	用铰刀铰 4 个 ϕ10mm 的孔	ϕ10 铰刀	100	80	0	精铣
7	0107	十字凹槽型腔粗加工	ϕ12 立铣刀	1500	600	0.15	粗铣
8	0108	2.5mm×2mm 倒角粗加工	ϕ12 立铣刀	1500	600	0.2	粗铣
9	0109	ϕ25mm 的孔精加工	ϕ12 立铣刀	1800	180	0	精铣
10	0110	四周外形精加工	ϕ12 立铣刀	1800	180	0	精铣
11	0111	十字凹槽型腔精加工	ϕ12 立铣刀	1800	180	0	精铣
12	0112	两个台阶孔粗加工	ϕ8 立铣刀	1800	500	0.15	粗铣
13	0113	台阶孔精加工	ϕ8 立铣刀	2000	200	0	精铣
14	0114	2.5mm×2mm 的倒角精加工	*R*3 球头铣刀	4000	2000	0	精铣

任务评价

工件质量评价表见表 8-5。

表 8-5　工件质量评价表

工种	数控铣工	图号	Shuxi-08-01		得分			
定额时间	3h	姓名		起始时间		结束时间		
考核项目	序号	考核内容及要求	分值		检测结果	扣分	得分	备注
			精度	表面粗糙度值				
外形	1	86±0.025mm	4×2	3				
	2	*R*8mm	2					
	3	厚 15±0.02mm	2	2				
圆孔	4	深孔 ϕ18mm	2×2	2				
	5	深 3mm	2					
	6	$\phi10^{+0.025}_{0}$mm	4×3	3				
	7	孔距 50±0.02mm	2×3					
十字槽	8	$16^{+0.025}_{0}$mm	4×3	3				
	9	$\phi40^{+0.025}_{0}$mm	2					
	10	60mm	2×3					
	11	深 5mm	3	2				
中间圆孔	12	$\phi25^{+0.025}_{0}$mm	3	2				
	13	斜角 103°	2					
	14	斜角距离 2mm	2					

（续）

工种	数控铣工	图号	Shuxi-08-01		得分			
定额时间	3h	姓名		起始时间		结束时间		
考核项目	序号	考核内容及要求	分值		检测结果	扣分	得分	备注
			精度	表面粗糙度值				
其他	15	一般尺寸 IT12	7					
文明生产	16	机床操作规范、正确，机床清洁，场地洁净	10					
合计								
监考记录员	（签字）			考评员	（签字）			

知识链接

1. 特征造型术语

（1）草图　草图是先在二维草图环境中绘制的截面轮廓环。该轮廓环必须首尾相连并且自行封闭，而且轮廓环中的图素必须是唯一的。

可以通过“”按钮进入/退出草图，在退出草图前可以对轮廓环进行检查。用“”按钮进行检查，会弹出两种状态的对话框，如图 8-2 所示。

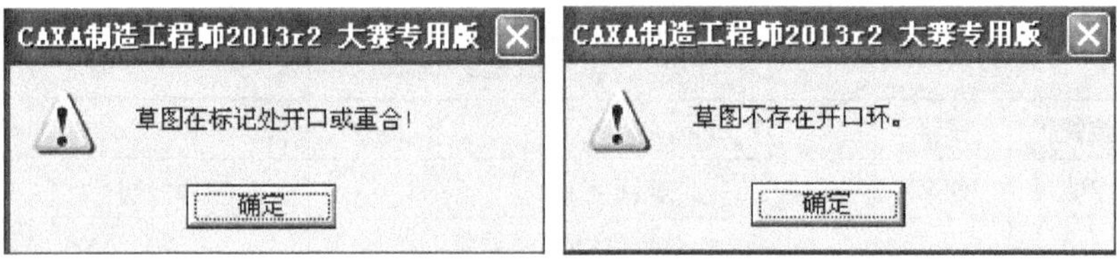

图 8-2　检查草图是否闭合

（2）拉伸　在三维绘制环境中，对已有的草图向草图截面的法线方向拉伸，可形成实体或薄壳。这种造型可以有拉伸增料和拉伸减料两种，而拉伸减料必须在已有实体的基体上进行，如图 8-3 所示。

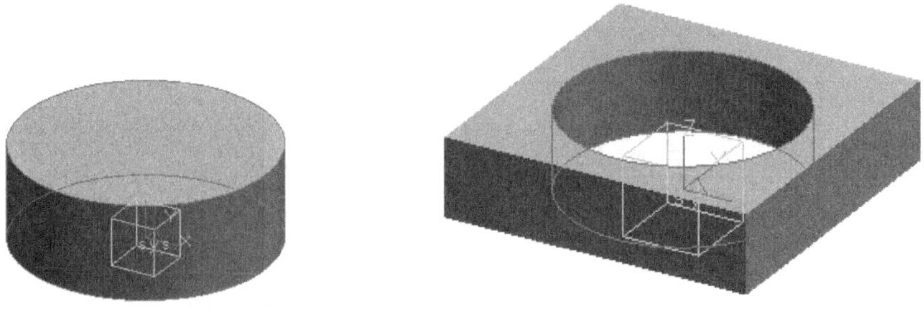

a)　　b)

图 8-3　拉伸特征

a）拉伸增料　b）拉伸减料

（3）旋转　通过围绕一条空间直线旋转一个或多个封闭的草图轮廓，可生成一个特征。

这种造型可以有旋转增料和旋转减料两种，而旋转减料必须在已有实体母体上移除一个特征，如图 8-4 所示。

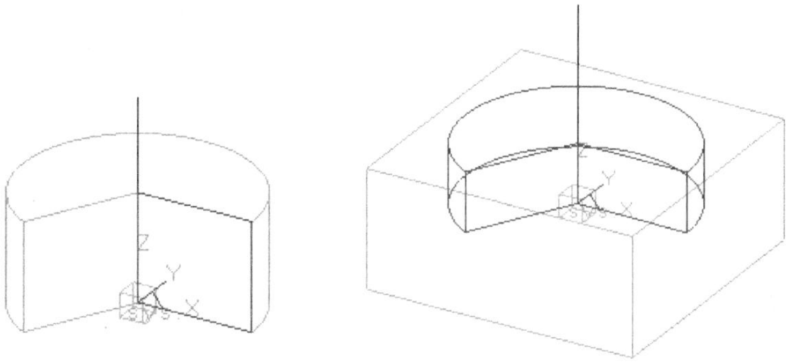

a)　　b)

图 8-4　旋转特征

a）旋转增料　b）旋转减料

（4）放样　放样是根据多个截面线轮廓生成一个实体，截面线应为草图轮廓。这种造型可以有放样增料和放样减料两种，而放样减料必须在已有实体母体上移除一个实体，如图 8-5 和图 8-6 所示。

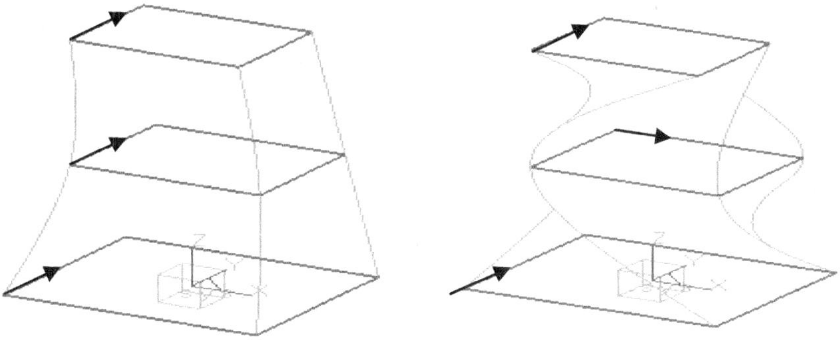

a)　　b)

图 8-5　放样增料

a）拾取轮廓时，起始点相同　b）拾取轮廓时，起始点不同

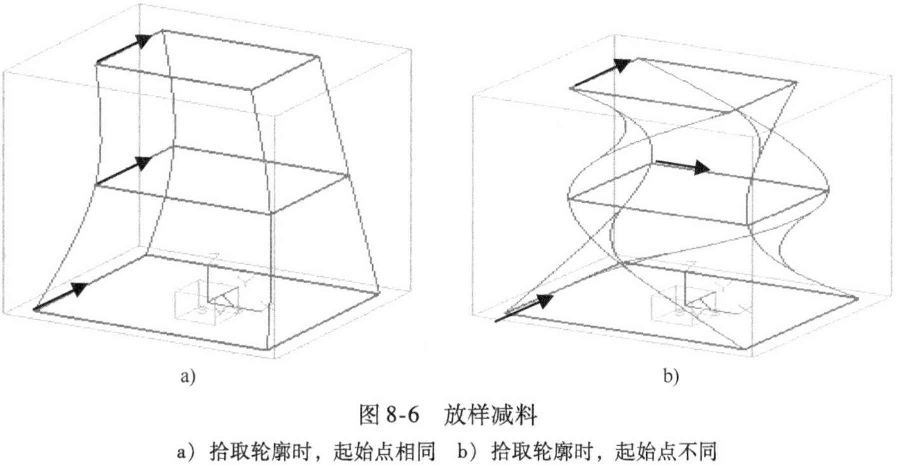

a)　　b)

图 8-6　放样减料

a）拾取轮廓时，起始点相同　b）拾取轮廓时，起始点不同

（5）导动　导动是将某一截面曲线或轮廓线沿着另外一条轨迹线运动生成一个特征实体。截面线应为封闭的草图轮廓，截面线的运动形成了导动曲面。这种造型可以有导动增料和导动减料两种，而导动减料必须在已有实体母体上移除一个特征实体。

平行导动：指截面线沿导动线趋势始终平行其自身移动而生成的特征实体，如图 8-7 所示。

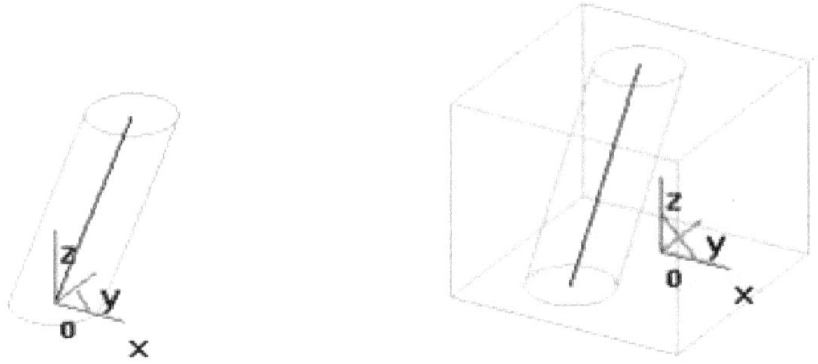

a)　　b)

图 8-7　平行导动

a）平行导动增料　b）平行导动减料

固接导动：指在导动过程中，截面线和导动线保持固接关系，即让截面线平面与导动线的切矢方向保持相对角度不变，而且截面线在自身相对坐标架中的位置关系保持不变，截面线沿导动线变化的趋势导动生成特征实体，如图 8-8 所示。

a)　　b)

图 8-8　固接导动

a）固接导动增料　b）固接导动减料

2. 加工策略及术语

（1）平面区域式粗加工

1）功能。生成具有多个岛屿的平面区域的刀具轨迹，适合 2/2.5 轴粗加工，与区域式粗加工类似，所不同的是该功能支持轮廓和岛屿的分别清根设置，可以单独设置各自的余量、补偿及上下刀信息，最明显的就是该功能轨迹生成速度较快。

2）用途。

① 铣平面。

② 平底直壁型腔的分层铣。这种加工方式不必有三维模型，只要给出零件的外轮廓和岛屿，就可以生成加工轨迹，并且可以在轨迹尖角处自动增加圆弧，保证轨迹光滑，以符合高速加工的要求，如图 8-9 所示。

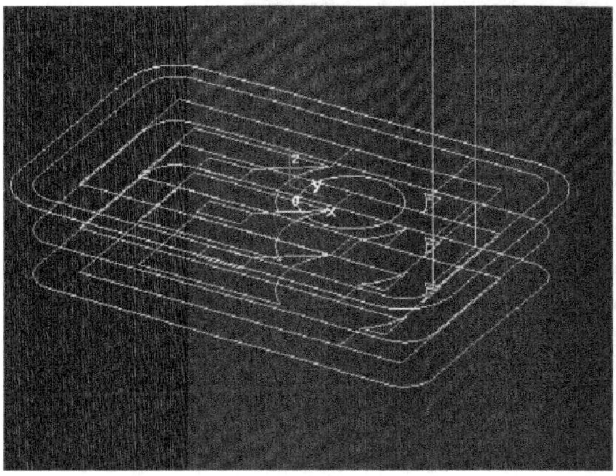

图 8-9　平面区域式粗加工

（2）等高线粗加工

1）功能。生成分层等高式粗加工轨迹。

2）用途。适用于不规则型腔或凸模的分层去余量。这是通用的一种粗加工方式，适用范围广，可以指定加工区域，优化空切轨迹。轨迹拐角可以设定圆弧或 S 形过渡，生成光滑轨迹，支持高速加工设备，如图 8-10 所示。

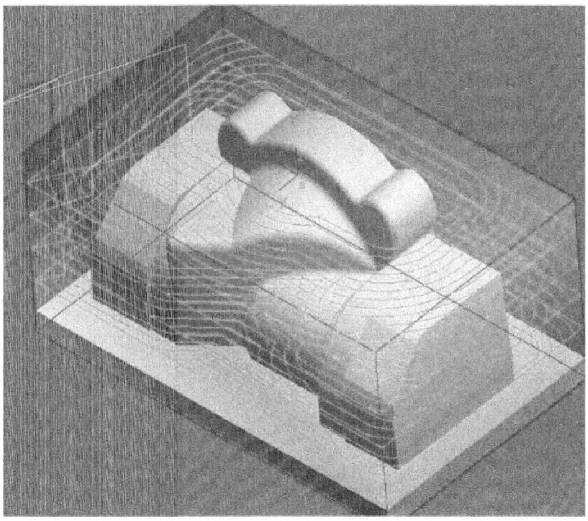

图 8-10　等高线粗加工

（3）平面轮廓精加工

1）功能。属于二轴加工方式。由于它可以指定拔模斜度，所以也可以做二轴半加工，主要用于加工封闭的和不封闭的轮廓。它还适合 2/2. 5 轴精加工，支持具有一定拔模斜度的轮廓轨迹生成，可以为生成的每一层轨迹定义不同的余量，且生成轨迹的速度较快。

2）用途。不需要模型，依据轮廓线和刀具的左右偏置进行加工，加工深度可以控制，如图 8-11 所示。

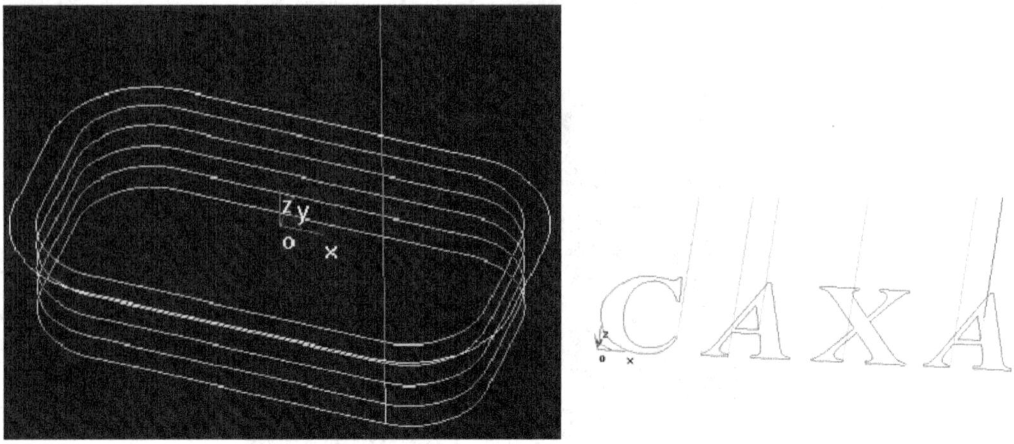

图 8-11　平面轮廓精加工的具体运用

3）注意事项。

① 轮廓线可以是封闭的，也可以是不封闭的。

② 轮廓既可以是 XOY 面上的平面曲线，也可以是空间曲线。若是空间轮廓线，则系统将轮廓线投影到 XOY 面之后生成刀具轨迹。

③ 可以利用该功能完成分层的轮廓加工。通过指定“当前高度”、“底面高度”及“每层下降高度”，即可定出加工的层数，进一步指定“拔模角度”，可以实现具有一定锥度的分层加工。

4）举例。生成带有拔模角度的轮廓加工刀具轨迹。

① 需加工如图 8-12 所示的圆锥台体，图形特征为：高度为 50mm，拔模斜度为 60°，圆台上半径为 25mm，下半径为 108. 6mm。

② 填写参数表，拾取“确认”对话框。

③ 完成刀具轨迹的生成，如图 8-13 所示。请注意：拾取轮廓线时，要拾取上圆台轮廓线。

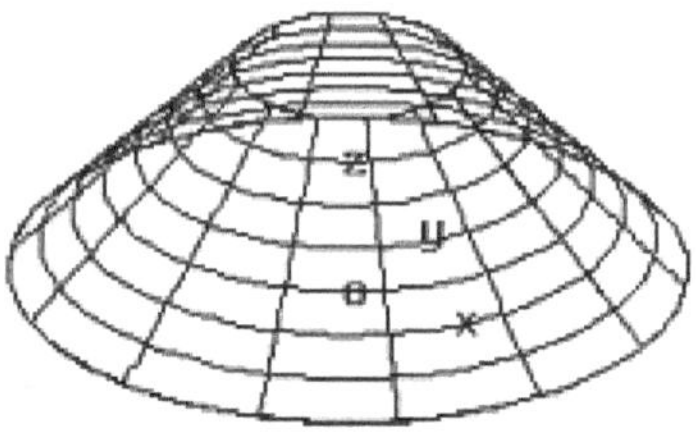

图 8-12　圆锥台体的刀具轨迹

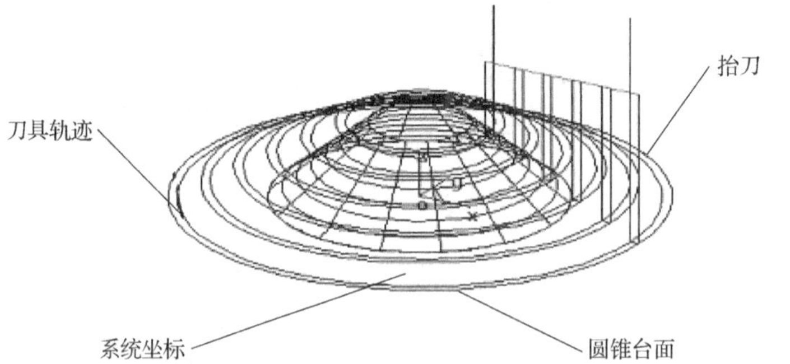

图 8-13　圆锥台体的刀具轨迹

（4）轮廓导动线精加工

1）功能。用平面轮廓法使平面内的截面线沿平面轮廓线导动生成的加工轨迹，也可以理解为平面轮廓的等截面导动加工。

2）用途。与导动线粗加工基本相同，不需要造型，按照轮廓线和导动线加工，但每层是单轨迹，图 8-14 所示。

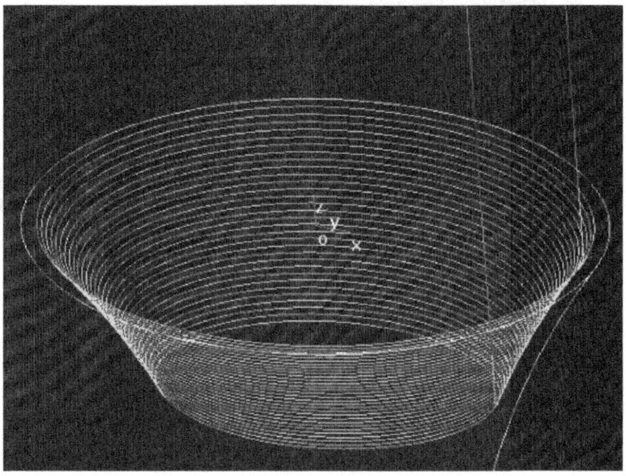

图 8-14　轮廓导动线精加工的运用

3）特点。

① 做造型时，只作平面轮廓线和截面线，不用作曲面，简化了造型。

② 作加工轨迹时，因为它的每层轨迹都是用二维的方法来处理的，所以拐角处如果是圆弧，那么它生成的 G 代码就是 G02 或 G03，充分利用了机床的圆弧插补功能，因此它生成的代码最短，但加工效果最好。比如加工一个半球，用导动加工生成的代码长度是用其他方式（如参数线）加工半球生成的代码长度的上百分之一到几十分之一。

③ 生成轨迹的速度非常快。

④ 能够自动消除加工的刀具干涉现象。无论是自身干涉还是面干涉，都可以自动消除，因为它的每一层轨迹都是按二维平面轮廓加工来处理的。

⑤ 加工效果最好。由于使用圆弧插补，而且刀具轨迹沿截面线按等弧长分布，所以可以达到很好的加工效果。

⑥ 适用于立铣刀、圆鼻铣刀和球头铣刀三种刀具。

⑦ 截面线由多段曲线组合，可以分段进行加工。

⑧ 沿截面线由下往上还是由上往下加工，可以根据需要任意选择。

（5）等高线精加工

1）功能。生成等高线加工轨迹。

2）用途。按照零件形状分层进行单刀轨加工，可以用加工范围和高度限定，进行局部等高加工；可以自动在轨迹尖角拐角处增加圆弧过渡，可以通过输入角度控制对平坦区域的识别，并可以控制平坦区域的加工先后次序，如图 8-15 所示。

（6）孔加工

1）功能。钻孔加工轨迹。

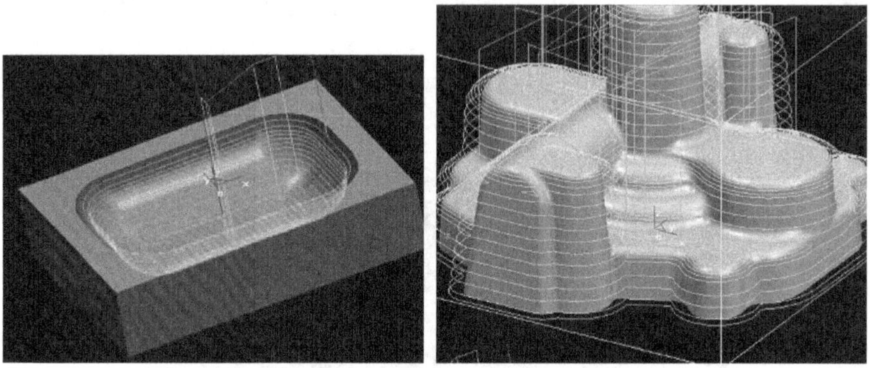

图 8-15　等高线精加工的运用

2）用途。具有钻孔、深孔钻、镗孔和攻螺纹等钻孔功能，可利用机床固定循环，提高代码效率。

钻孔模式有高速啄式孔钻 G73、左攻螺纹 G74、精镗孔 G76、钻孔 G81、钻孔 + 反镗孔 G82、啄式钻孔 G83、逆攻螺纹 G84、镗孔 G85、镗孔（主轴停）G86、反镗孔 G87、镗孔（暂停 + 手动）G88 和镗孔（暂停）G89。

任务解析

一、二维零件的造型

能用 CAXA 制造工程师 2013r2 版软件进行点、直线、圆弧、公式曲线以及曲线编辑等平面线框的绘制以及基本实体特征造型，如拉伸、扫描、旋转、打孔和阵列等，完成其零件的造型。零件的平面线框如图 8-16 所示，零件三维造型如图 8-17 所示。

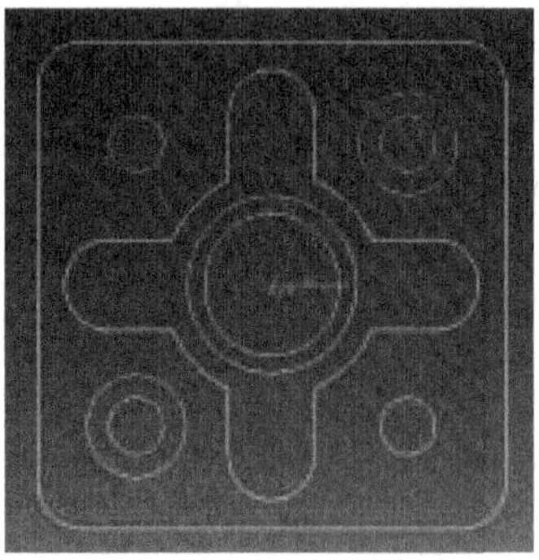

图 8-16　零件的平面线框

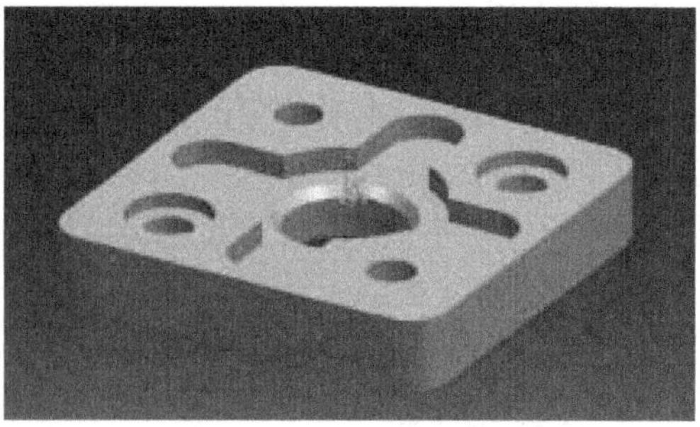

图 8-17　零件的三维造型

由工程图（图 8-1）可以看出，该零件主要由以下几部分组成。

1）86mm × 86mm × 15mm 的基板。

2）16mm 宽的十字槽。

3）4 × ϕ10mm 的孔及 ϕ18mm 深 3mm 的沉孔。

4）ϕ25mm 的孔及 103°倒角。

其操作步骤如下：

双击桌面图标“”，进入 CAXA 制造工程师 2013r2 版操作界面，移动光标至特征树栏的左下角，通过选择“零件管理”选项卡，显示零件特征栏，进入造型界面。

1. 步骤一：创建 86mm × 86mm × 15mm 的基板

（1）创建新文件　单击“文件”下拉菜单中的“新建”，或单击工具条中的新建图标“”，可创建一个新的文件。

（2）创建 86mm × 86mm × 15mm 实体

1）单击“平面XY”，再单击“绘制草图”按钮“”，进入草图状态。

2）单击“矩形”按钮“”，以坐标原点为矩形的中心绘制 86mm × 86mm 的矩形，再进行 R8mm 倒圆角，单击按钮“”，结果如图 8-18 所示。单击“绘制草图”按钮“”，退出草图状态。

3）单击“拉伸增料”按钮“”，在弹出的对话框中给定实体拉伸的高度，具体参数如图 8-19 所示。

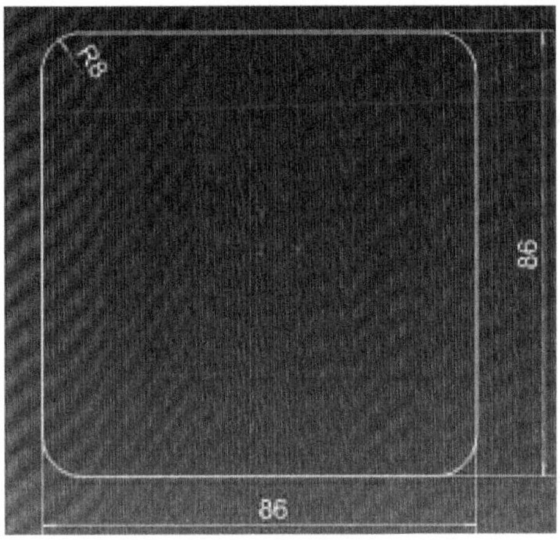

图 8-18　倒圆角

图 8-19　“拉伸增料”对话框

4）单击“确定”按钮，即完成 86mm × 86mm × 15mm 基板的绘制。

2. 步骤二：创建 16mm 宽的十字槽

1）单击 86mm × 86mm × 15mm 基板的上表面，再单击“绘制草图”按钮“”，即以其为基准创建草图。

2）运用“矩形”、“整圆”、“删除”、“平面旋转”、“曲线修剪”等按钮，绘制出如图 8-20 所示的平面草图。单击“绘制草图”按钮“”，退出草图状态。

3）单击“拉伸除料”按钮“”，在弹出的对话框中给定减料拉伸的高度，具体参数如图 8-21 所示。

4）单击“确定”按钮，即完成 16mm 宽的十字槽的绘制，结果如图 8-21 所示。

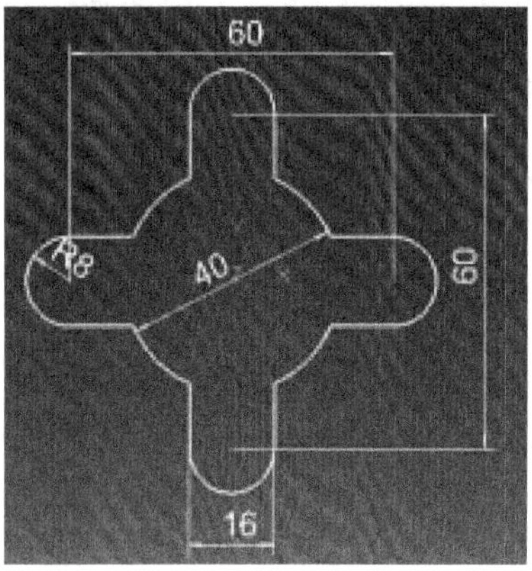

图 8-20　绘制草图

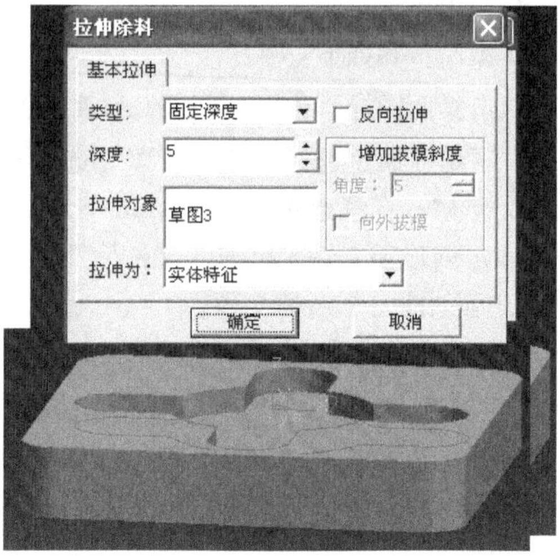

图 8-21　“拉伸除料”对话框

3. 步骤三：创建 4 × ϕ10mm 的孔及 ϕ18mm 深 3mm 的沉孔

1）单击“打孔”按钮“ ”，弹出“孔类型”对话框，先拾取打孔平面为基板上表面，再选取孔类型为“直孔”，如图 8-22 所示。

图 8-22　选取孔类型

2）按左下角状态栏中提示的“指定孔的定位点”，在上表面任意处单击后，再按“空格”键，弹出如图 8-23 所示的点选择方式栏，选择“G 存在点”，回车后弹出“点输入”对话框，输入“ - 25，25”后回车，这时对话框“下一步”按钮亮起。

3）单击“下一步”按钮，弹出“孔的参数”对话框，具体参数如图 8-24 所示。确定完成打孔，结果如图 8-25 所示（孔 1）。

4）按照同样的方法完成“沉孔”，其余不变，孔类型更为“沉孔”，如图 8-22 所示；点输入“25，25”；单击“下一步”按钮，孔参数如图 8-26 所示。确定完成打孔，结果如图 8-25 所示（孔 2）。

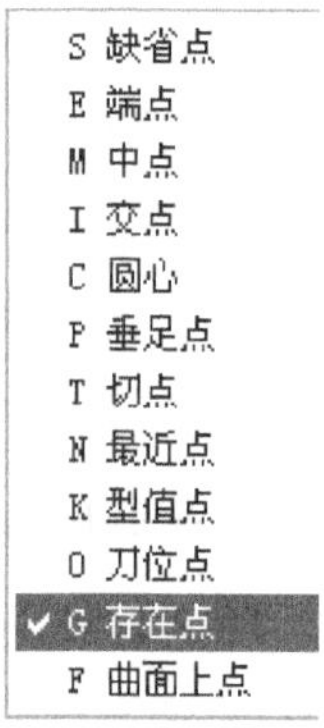

图 8-23　点选择方式栏

5）单击“环形阵列”按钮“ ”，弹出“环形阵列”对话框，具体参数如图 8-27 所示，选取“陈列对象”和“旋转轴”，如图 8-28 所示，再单击“确定”按钮，结果如图 8-29 所示。

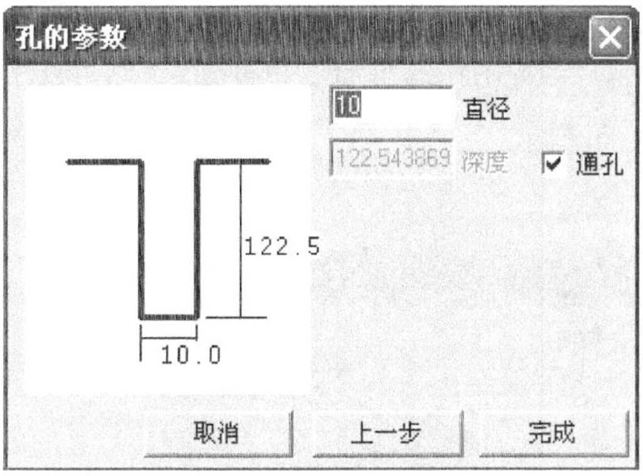

图 8-24　“孔的参数”对话框

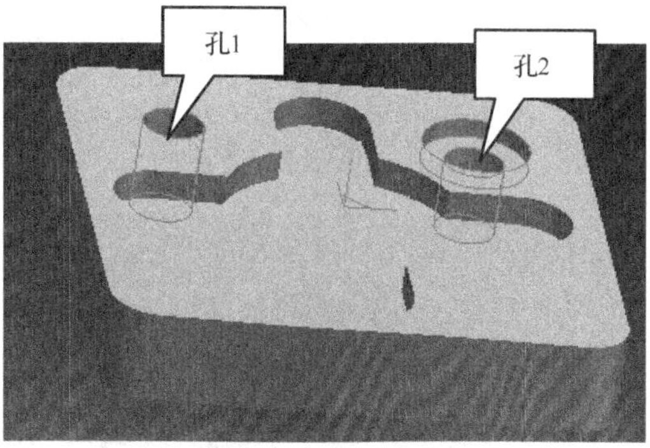

图 8-25　完成打孔

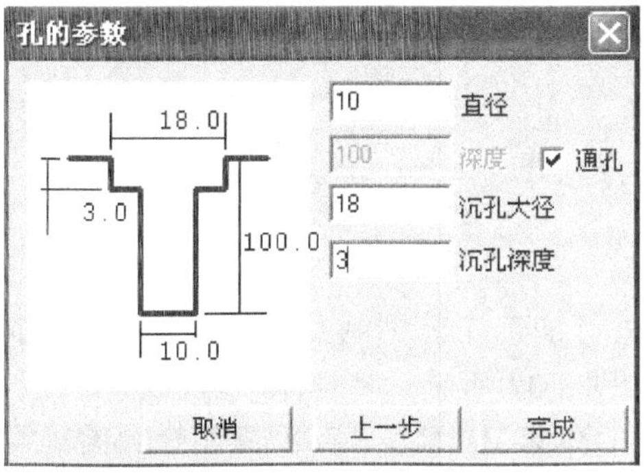

图 8-26　孔参数

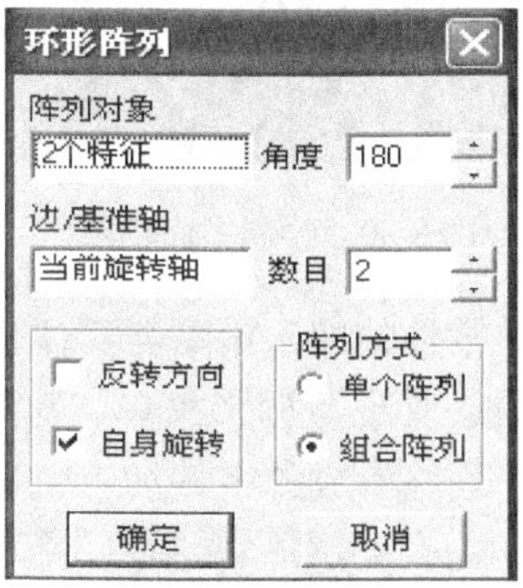

图 8-27　“环形阵列”对话框

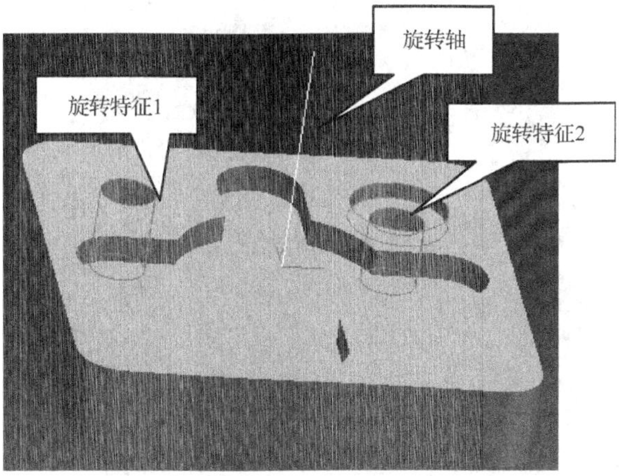

图 8-28　选取“阵列对象”和“旋转轴”

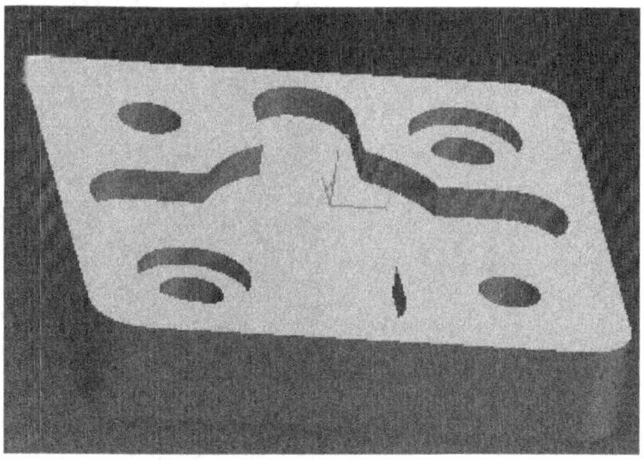

图 8-29　创建的沉孔

提示：选择旋转轴之前，需要用直线命令创建一条空间直线作为旋转轴。

还有另一种方法是用拉伸命令来做孔特征。

4. 步骤四：创建 ϕ25mm 的孔及 103°倒角

1）单击 86mm × 86mm × 15mm 基板的上表面，再单击“绘制草图”按钮“”，即以其为基准创建草图。

2）运用“整圆”按钮，绘制出如图 8-30 所示的平面草图，单击“绘制草图”按钮“”，退出草图状态。

3）单击“拉伸除料”按钮“”，在弹出的对话框中选择类型为“贯穿”。

4）单击“确定”按钮，即完成圆孔 ϕ25mm 的绘制。

5）倒角参数如图 8-31 所示。

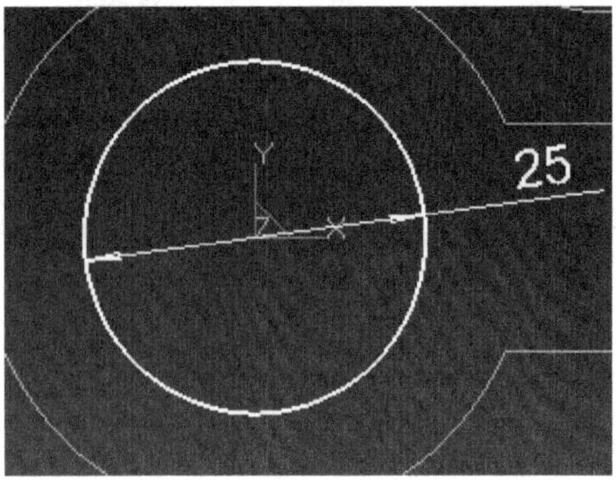

图 8-30　绘制平面草图

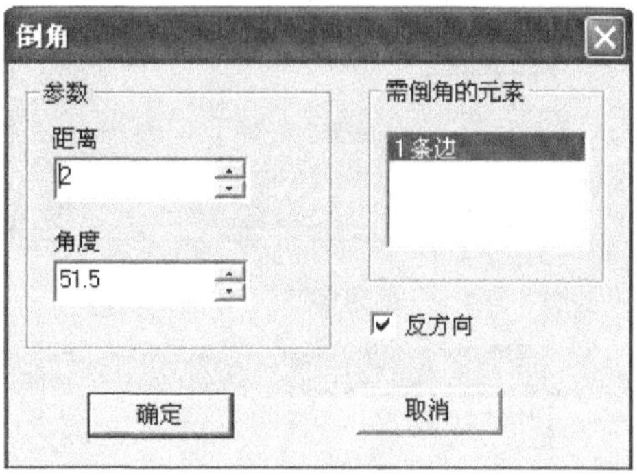

图 8-31　倒角参数

二、三维零件的加工策略与实体仿真

能用“轨迹管理”树形菜单，对零件进行加工工艺编制并生成加工轨迹，同时进行仿真干涉检查，最终生成的零件加工轨迹图如图 8-32 所示，其具体步骤如下：

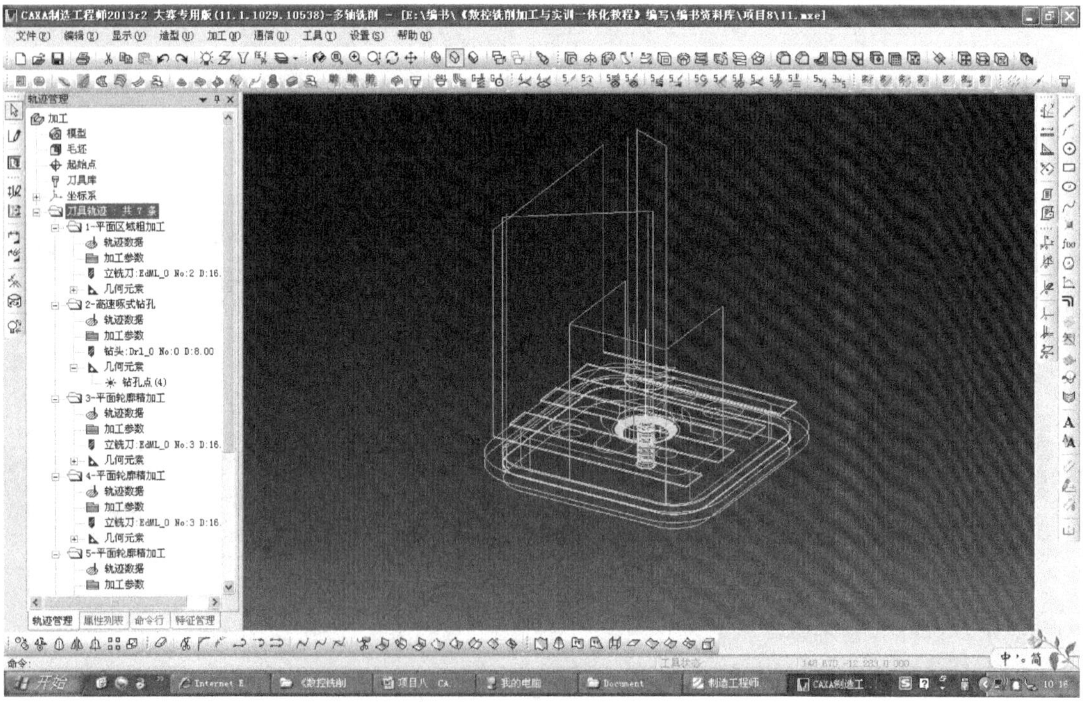

图 8-32　零件加工轨迹图

1）铣平面。

2）先用 A3 中心钻点孔（ϕ25mm 及 4 个 ϕ10mm 孔）定位，再换 ϕ9.8mm 钻头钻孔，然后换 ϕ10H7 铰刀铰孔，最后换 ϕ20mm 钻头钻中通孔。

3）换 ϕ16mm 铣刀粗、精铣外四方轮廓及中间 ϕ25mm 孔，并加工 ϕ18mm 沉孔。

4）换 ϕ12mm 铣刀粗、精铣中间十字槽型腔。

5）中孔 103°倒角。

1. 步骤一：铣平面

采用“平面区域粗加工”方式，刀具参数如图 8-33 所示。

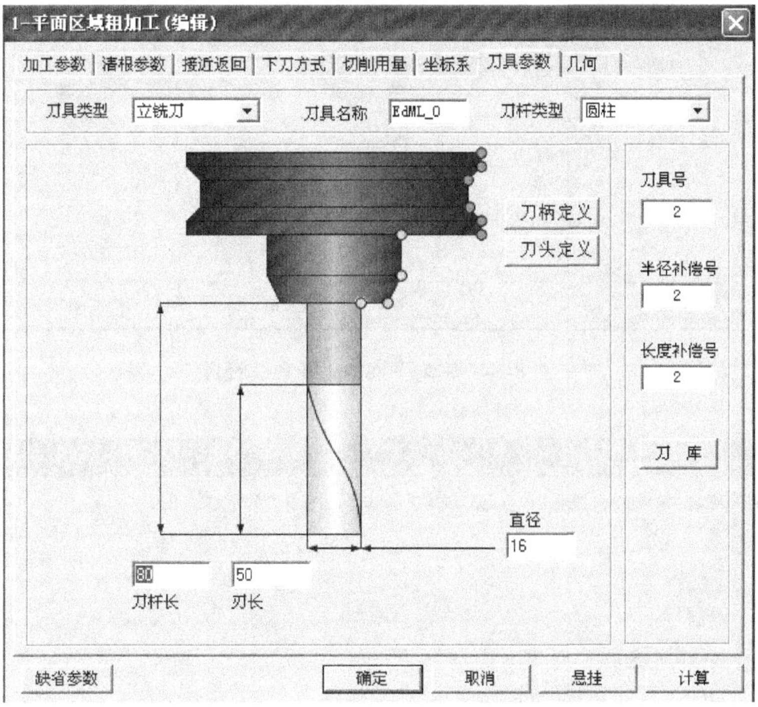

图 8-33　铣削平面设定刀具参数

在加工参数选项卡中，走刀方式为“平行往复加工”。为保证平面铣削有粗精铣加工，将“顶层高度”设置为 2，底层高度设置为 0，每层下降深度设置为 1.5，这样可保证最后平面精加工时的背吃刀量为 0.5mm，其参数如图 8-34 所示。

切削用量参数的设置如图 8-35 所示。

拾取加工区域前，先要绘制出加工区域线，绘制 100mm × 100mm 正方形。该区域比工件轮廓要大一个刀具半径值，这样使刀具加工时能将整个面切出。具体轮廓如图 8-36 所示。

生成轨迹后，在“轨迹管理”树选项卡中的“平面区域粗加工”上单击右键，弹出右键菜单，选择其中的“实体仿真”，其效果如图 8-37 和图 8-38 所示。

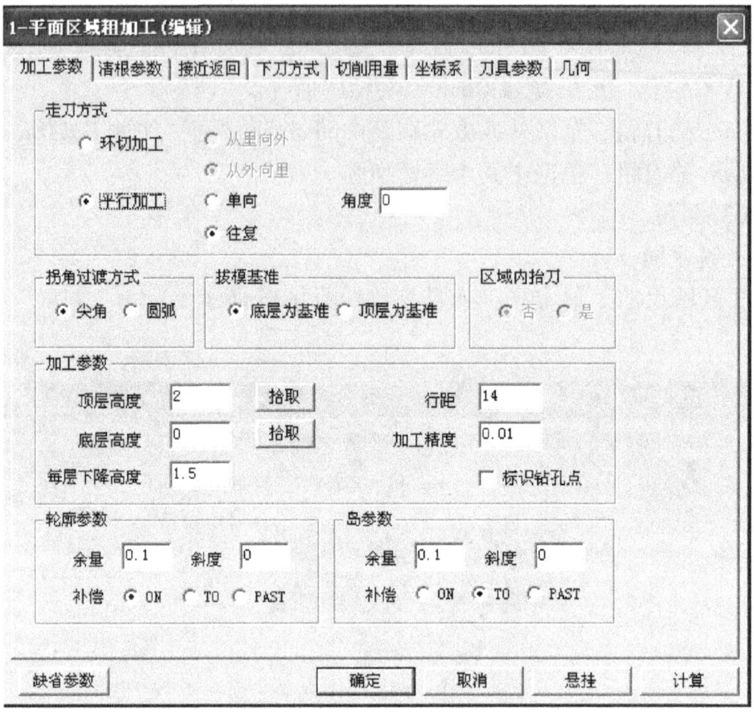

图 8-34　铣削平面加工参数的设置

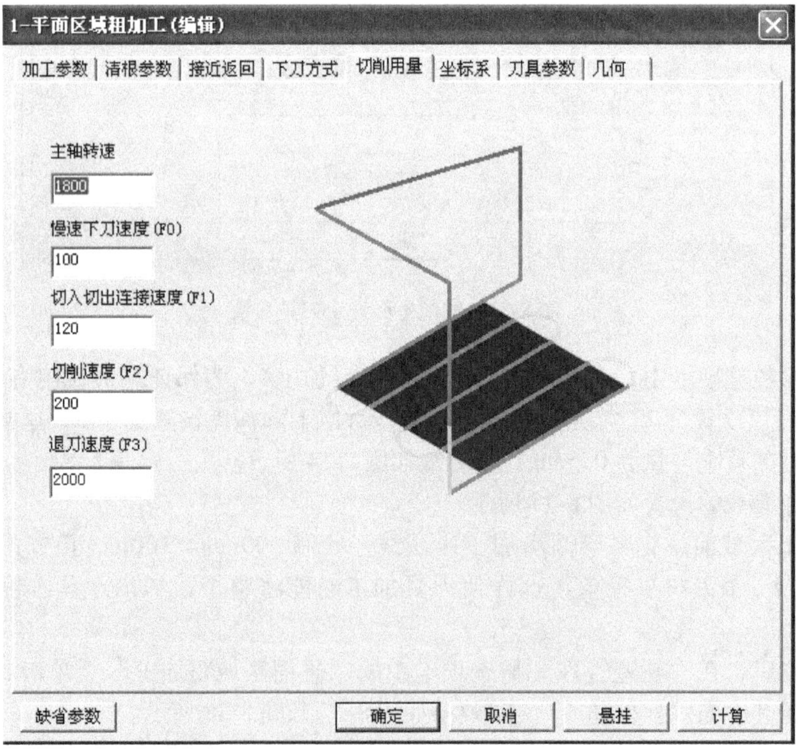

图 8-35　刀具切削用量的设置

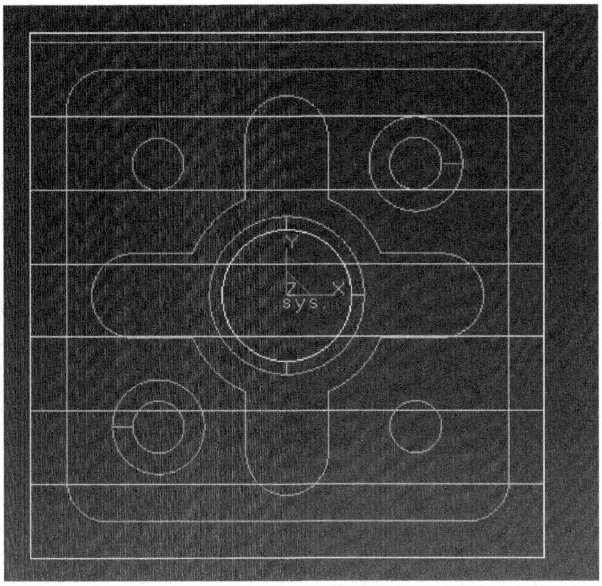

图 8-36　加工区域线的设置

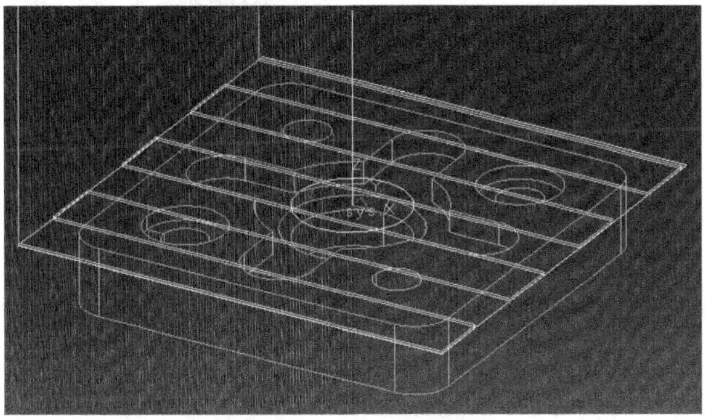

图 8-37　铣平面轨迹

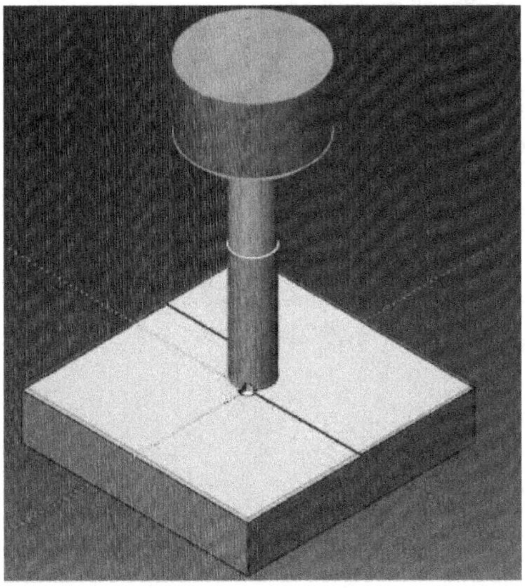

图 8-38　铣平面仿真

2. 步骤二：加工孔

在进行孔加工之前，必须用中心钻（或定心钻）对 4 × ϕ10mm 孔进行定位，然后采用"高速啄式钻孔"，其具体操作步骤如图 8-39 所示。

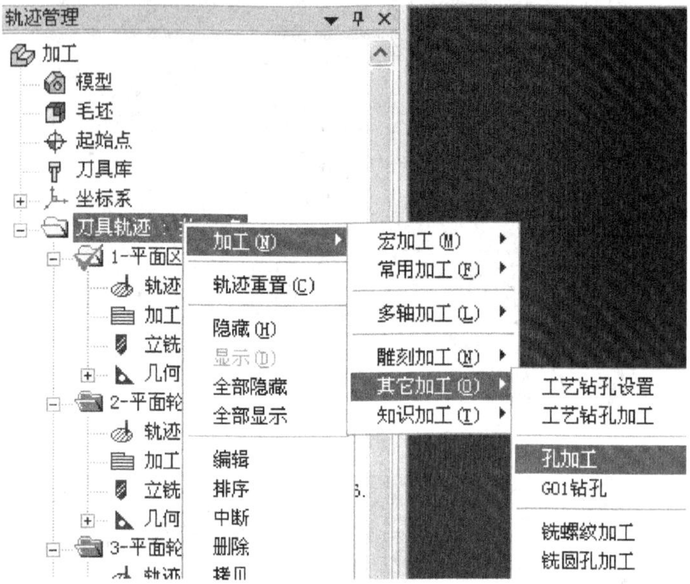

图 8-39　轨迹创建入口

弹出钻孔菜单后，在加工参数选项卡中选择"高速啄式钻孔"，具体参数如图 8-40 所

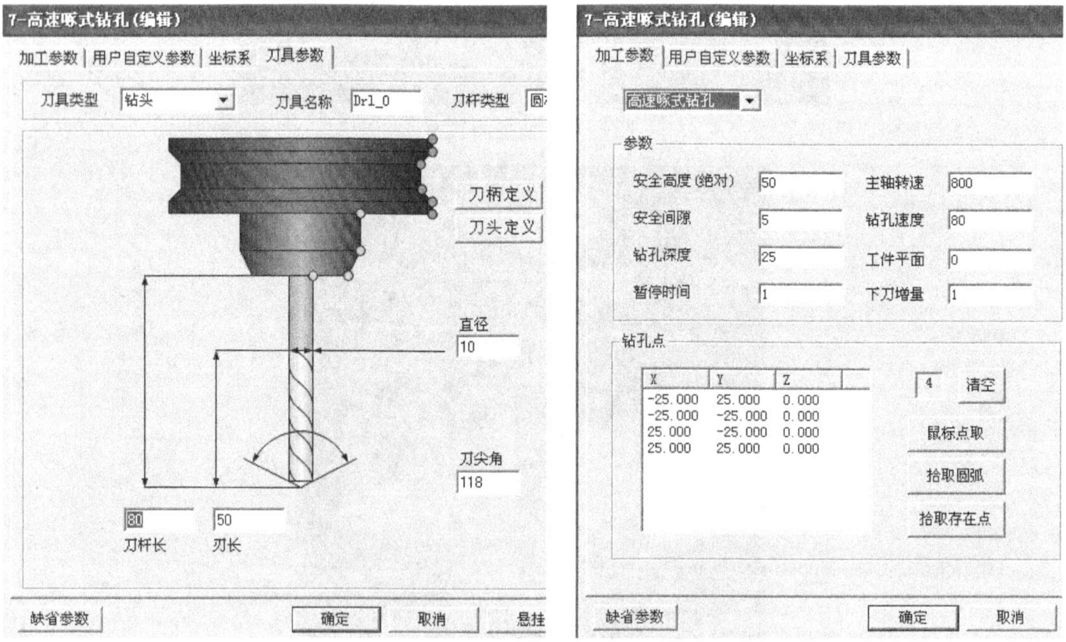

图 8-40　钻孔参数的设置

示，在“钻孔点”坐标点区域，输入相应的点坐标（X，Y，Z）。具体操作时，先创建点坐标（-25，25，0）、（25，25，0）、（25，-25，0）和（-25，-25，0），然后在图 8-40 中的钻孔设置“加工参数”选项卡右下角处选取“拾取存在点”，并在“刀具参数”选项卡中修改“刀具类型”为钻头，直径为 10。在这里应注意：刀具设置只对模拟仿真有效，对生成程序代码是不起作用的，所以熟练操作后，为节省时间，也可不设置（原因很简单，钻孔加工属于点位加工）。

在“加工参数”选项卡中，参数这一栏与实际指令中的代码的对应关系，具体见表 8-6。

表 8-6　参数与实际指令中代码的对应关系

参　　数	实际指令中的代码
高速啄式钻孔	G73
安全高度	Z50
安全间隙	参考高度 R5
钻孔深度	Z-25
暂停时间	P1
主轴转速	S800
钻孔速度	F80
工件平面	Z0
下刀增量	Q1

最后，单击“确定”按钮，生成加工轨迹。

如图 8-41 所示为加工轨迹及仿真实体。

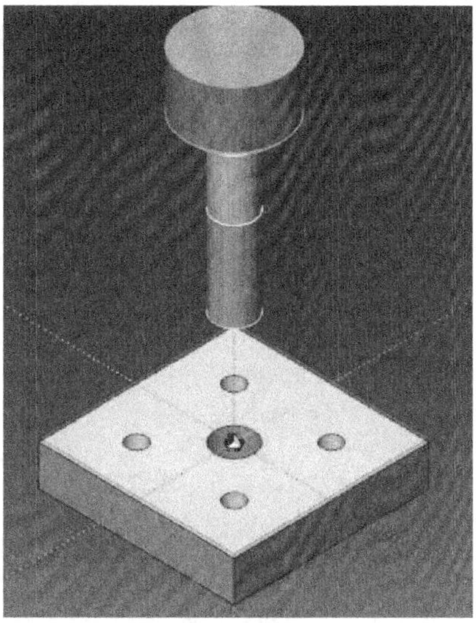

图 8-41　加工轨迹及仿真实体

注：对于 ϕ25mm 孔，要采用铣孔的方式加工，所以在此之前先用 ϕ20mm 麻花钻进行钻孔，采用同样的孔加工方式，其设置方法同上。

3. 步骤三：换 ϕ16mm 铣刀粗、精铣外四方轮廓及中间 ϕ25mm 孔，并加工 ϕ18mm 深孔

这里的粗加工用“平面轮廓精加工”方式来代替，采用径向分层和深度分层来解决粗加工的刀路模式。这种方法主要针对没有岛屿的单一轮廓或轮廓岛屿间加工余量较均匀的场合。

先设置加工轮廓，通过对实体边界进行拾取的方式，将加工轮廓拾取出来，或直接绘制出来也可。具体操作步骤：点选相关线“”按钮，弹出如图 8-42a 所示的下拉菜单，选取实体边界，选取轮廓边界，转化为轮廓曲线，如图 8-42b 所示。

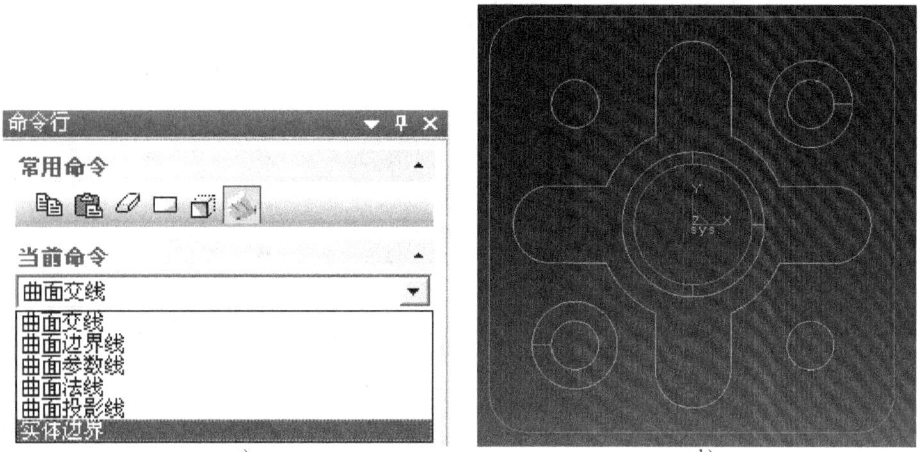

a)　　　　b)

图 8-42　设置加工轮廓

在图 8-33 所示的刀具参数中改选 ϕ16mm 的立铣刀，在图 8-34 所示切削用量参数中修改相关参数。在加工参数表中设置加工参数，如图 8-43 所示，粗加工时其加工精度可以设

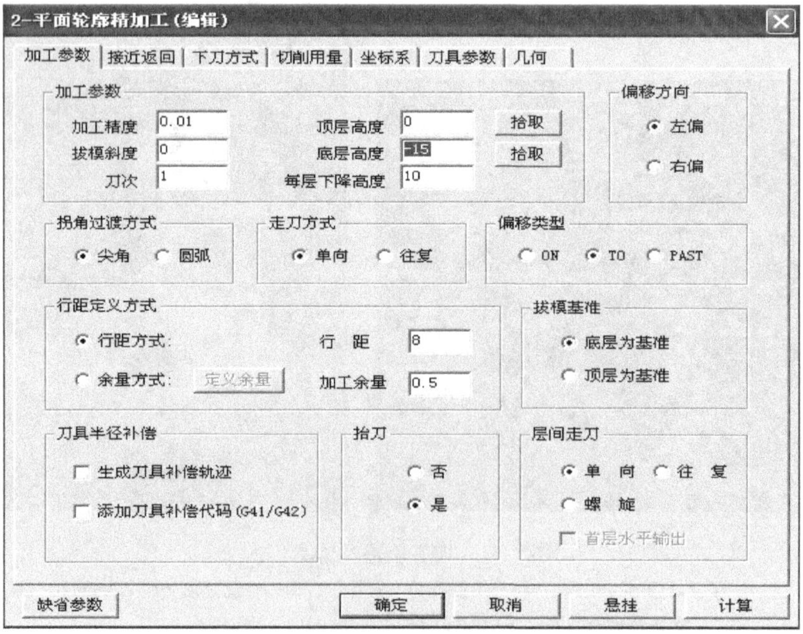

图 8-43　平面轮廓精加工的加工参数

置为 0.1mm，这样能提高程序效率，降低程序容量，特别是螺旋加工方式；顶层高度和底层高度规定了轮廓的 Z 向加工范围，这里设置为 0 和 -15；每层下降高度除了 Z 向每层进给深度外，还可以用来控制 Z 向端面精加工的余量；拐角过渡方式在螺旋加工方式时，选择圆弧过渡好些，这样优化了过渡过程中速率突然转向产生的方向惯量；走刀方式设为单向。

“平面轮廓精加工”对话框中所有选项卡参数设定完成后，单击“确定”按钮，拾取轮廓方向为顺时针方向，生成如图 8-44a 所示的加工轨迹。

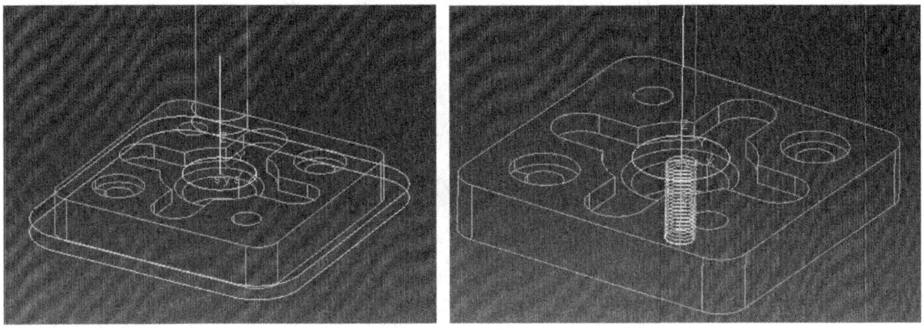

a) b)

图 8-44 加工轨迹

a）平面轮廓精加工层铣开粗 b）平面轮廓精加工螺旋铣

采用与上述相同的加工策略，在图 8-43 平面轮廓精加工的加工参数中勾选“层间走刀”为“螺旋”，选取圆孔加工轮廓后，生成如图 8-44b 所示的加工轨迹。

用同样的方法，加工两个沉孔。

精加工时，需要通过测量来确定最后加工参数中的“余量”值。

4. 步骤四：换 ϕ12mm 铣刀粗、精铣中间十字槽型腔

采用同一加工策略——平面轮廓精加工，对十字槽型腔进行加工。值得注意的是，选取十字槽轮廓时，选择“逆时针方向”作为刀路方向，修改刀具参数为 ϕ12mm，修改底层深度为 -5mm，切削参数参照表 8-2 选取，然后单击“确定”按钮，生成轮廓加工轨迹，如图 8-45a 所示。仿真图如图 8-45b 所示。

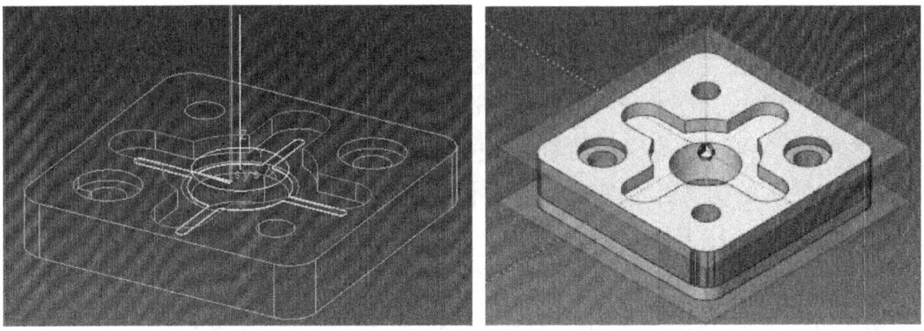

a) b)

图 8-45 轮廓加工轨迹和实体仿真

a）十字槽轨迹 b）实体仿真

5. 步骤五：中孔 103°倒角

中孔倒角的方法有两种：一种是用等高线精加工，这种方法需要有实体造型或曲面造型存在，然后限定其轨迹生成的深度范围；另一种是用轮廓导动精加工，这种方法只需要建立截面线和导动线即可生成轨迹。

（1）用等高线精加工倒角　用等高线精加工倒角，首先要对倒角的区域作一个约束，即限定“加工边界”和“高度范围”，具体操作步骤如下：

1）绘制加工边界。比倒角区域大一个刀具半径值，绘制一个圆，作为加工边界。

2）打开“等高线精加工”对话框，选择加工参数选项卡，修改加工方式为“单向”，如图 8-46 所示。这里需要注意：倒角加工要注重加工质量，如果采用“往复”方式，加工时，刀具逆时针走刀为顺铣，顺时针走刀为逆铣，会使表面质量很差，而且有停刀痕。

图 8-46　修改加工方式

3）点选“区域参数”选项卡，弹出参数表，如图 8-47 所示，可设置“加工边界”和“高度范围”两个参数。如图 8-47 所示，点选“拾取加工边界”，拾取之前已创建的整圆边界。如图 8-48 所示，将高度范围设置在倒角区域，范围为 −5 ~ −7。这样生成的刀具轨迹如图 8-49 所示，最后的仿真效果如图 8-50 所示。

4）在刀具参数中选用 *R*3mm 球头铣刀，切削参数按表 8-2 设置。

（2）用轮廓导动精加工倒角　这种方式加工倒角需要绘制一条截面线和一条导动线。绘制时可以先在 Z0 平面中进行，如图 8-51 所示。具体操作步骤如下：

1）在轨迹管理树状菜单中，右键点选刀具轨迹，选择轮廓导动精加工，设置“加工参数”选项卡，如图 8-52 所示：“行距”设为 0.2，走刀方式设为单向；设置“切削用量”选项卡：主轴转速设为 4000；进给速度设为 2000；设置刀具参数为 *R*3mm 球头铣刀，切削参数按表 8-2 设置。

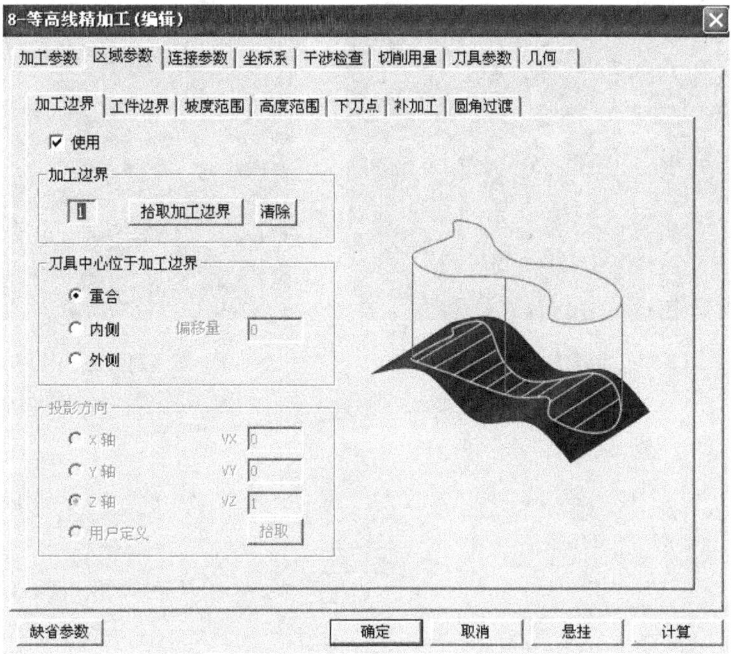

图 8-47　设定加工边界

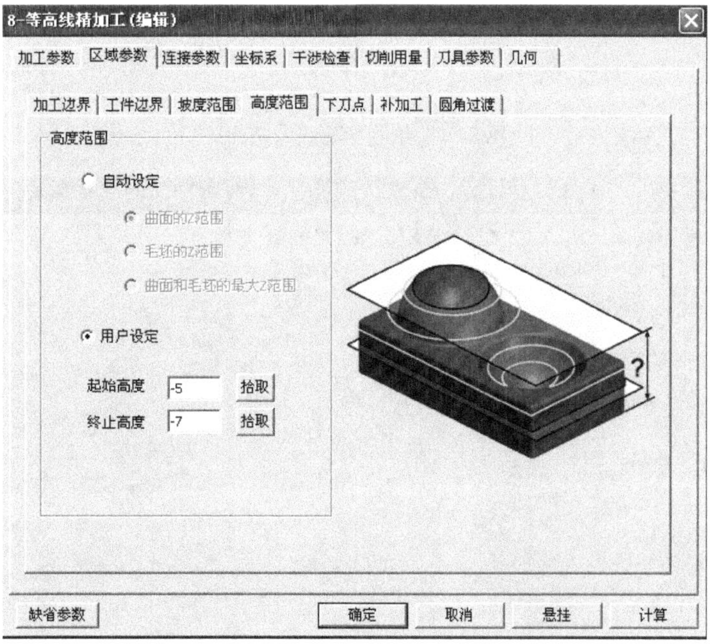

图 8-48　高度范围设定

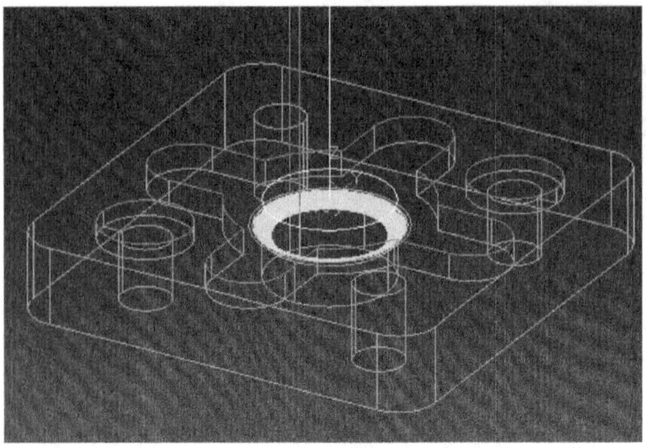

图 8-49　倒角轨迹

图 8-50　模拟仿真效果

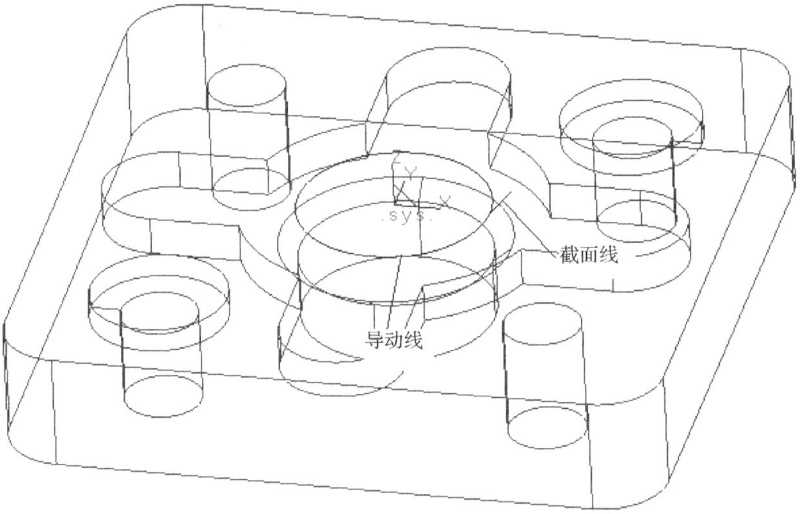

图 8-51　绘制导动线与截面线

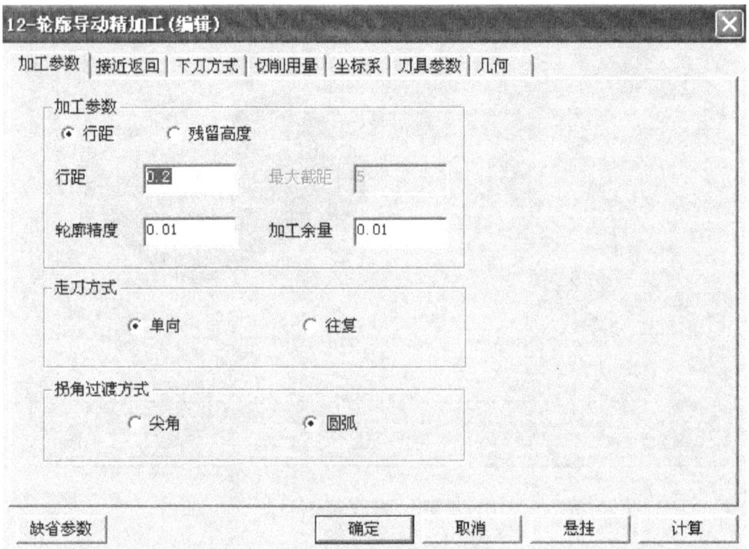

图 8-52　轮廓导动精加工参数

2）选取轮廓导动线和截面线。单击“确定”按钮，进入选取界面，软件右下角提示：“请拾取轮廓曲线”，此时选取的是轮廓导动线。注意拾取轮廓导动线时，先按“空格”键选取拾取方式，即链拾取、限制链拾取或单个拾取。这里选取限制链拾取，只要选取曲线组的首和尾即可。接着右下角提示：“请拾取截面线”，选取截面线时，拾取方式用“空格”键切换成“链拾取”，确定搜索方向后，用鼠标右键确定，则右下角提示：“请拾取截面线的加工侧”，以确定加工轨迹。

三、机床后置处理及传输软件参数的设置与在线加工

1. 步骤一：后置处理的更改

在软件“轨迹管理”树状菜单下的某个轨迹加工策略上单击右键，选取“后置处理”“后置设置”选项（图 8-53），弹出“选择后置配置文件选择”对话框，如图 8-54 所示。

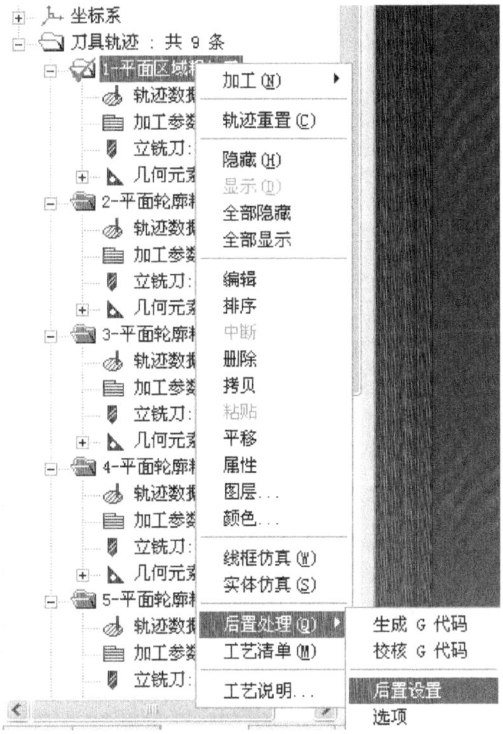

图 8-53　后置处理选项卡

图 8-54　“选择后置配置文件”对话框

先将浏览后置配置文件所在的目录 C：\Documents and Settings\Administrator\Local Settings\Application Data\CAXA\CAXACAM\11. 1\post 复制下来，存到新记事本 TXT 文件中。

接着选中“FANUC. mcf”文件，点选“编辑”，弹出“CAXA 后置配置”对话框，如图 8-55 所示，选中“程序”选项卡。

接下来对程序进行后置处理，具体找到相应的函数名，进行以下几个操作。

1）换刀删除。找到程序函数名为 load_ tool，删除 $ seq，$ tool_num，" M6"，$ eob，@ 段落，或用#屏蔽。

2）刀具长度补偿的删除：找到程序函数名为 middle_start，删除第二行，保留 $ seq，" "，$ eob，@。

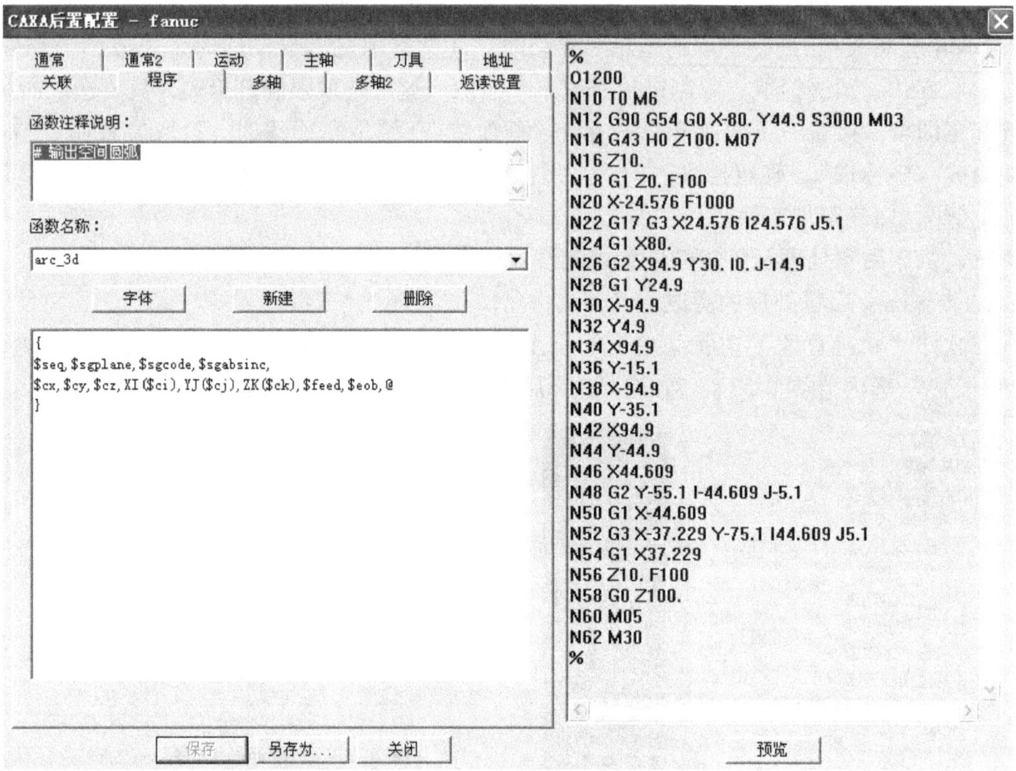

图 8-55　“CAXA 后置配置”对话框

其中，＄seq 为单段程序段开始函数符号;"　"为程序字的函数输入格式，如输入 G91，则写成“G91”；＄eob 为单段程序段结束函数符号；@为单段程序段之间的段落符号；#为屏蔽不用的程序段。

3）程序结束前的函数名。在 middle_ end 中加入一段“＄seq，“G91”，“G28”，“Y0”，＄eob，@”，如图 8-56 所示。以使工件加工完后，将工作台直接移动至操作者面前，方便测量。

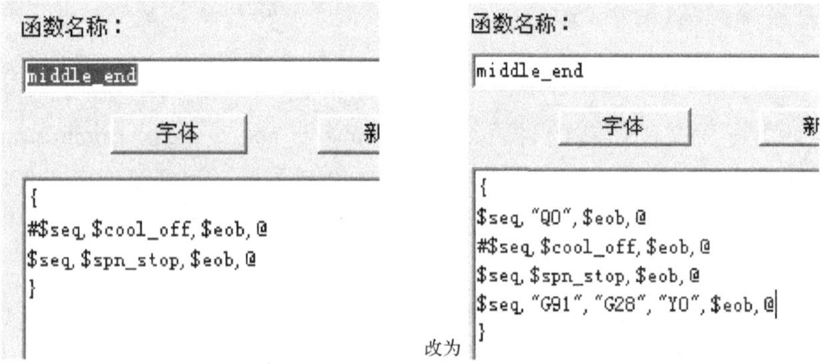

图 8-56　函数内容修改

更改完成置文件后另存为 1. mcf 文件到桌面。

接着按照制造工程师软件目录下的 post 文件路径 C：\ Documents and Settings \ Administrator \ Local Settings \ Application Data \ CAXA \ CAXACAM \ 11.1 \ post 搜索至该目录下，将 1.mcf 文件复制到这个目录下即可。

以后生成后置处理代码可直接选择该机床名（1.mcf）后处理文件来生成。

2. 步骤二：生成 G 代码文件

在“轨迹管理”树状菜单中选中需要加工的轨迹，单击鼠标右键选中“后置处理”→“生成 G 代码”文件，如图 8-57 所示，弹出“生成后置代码”对话框，选择数控系统代码文件“1.mcf”，如图 8-58 所示。

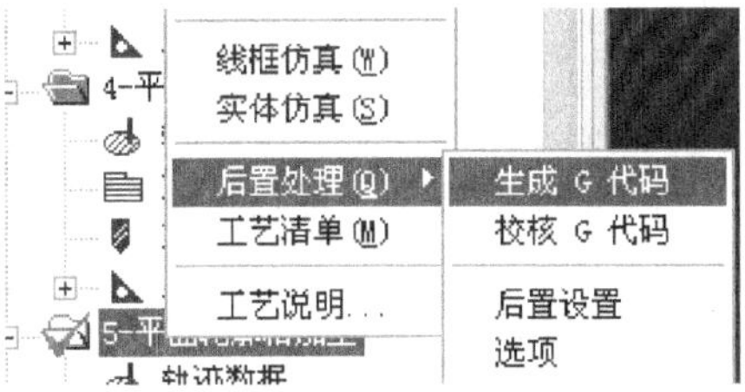

图 8-57　后置处理操作

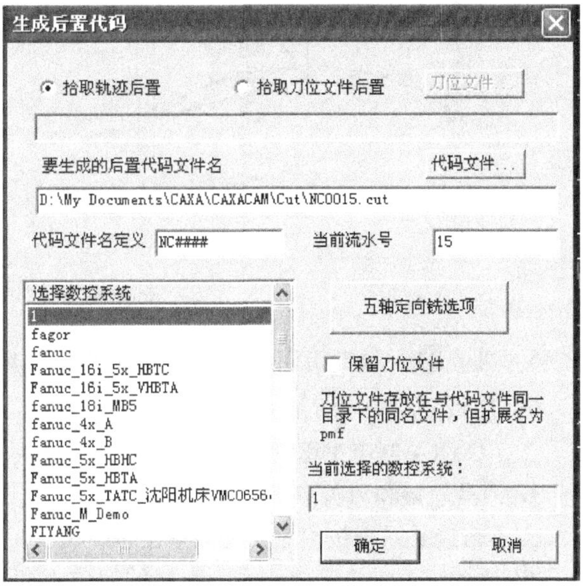

图 8-58　“生成后置代码”对话框

单击“确定”按钮，选择轨迹，用鼠标右键单击生成代码文件，如图 8-59 所示。

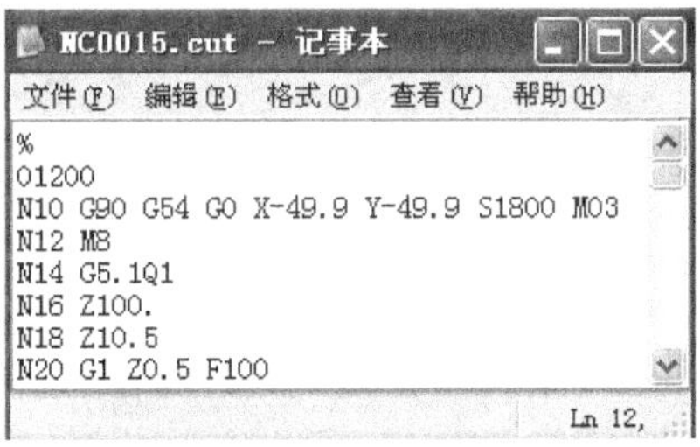

图 8-59　生成代码文件

知识拓展

一、实体特征的处理

1）过渡特征：是指以给定半径或半径规律在实体间作光滑过渡。

2）倒角特征：是指对实体的棱边进行光滑过渡。

3）孔特征：是指在平面上直接去除材料，生成各种类型的孔。

4）拔模：是指保持中性面与拔模面的交轴不变（即以此交轴为旋转轴），对拔模面进行相应拔模角度的旋转操作。

此功能用来对几何面的倾斜角进行修改。如图 8-60a 所示的某直孔，用户可通过拔模操作把其修改成带一定拔模角的斜孔，如图 8-60b 所示。

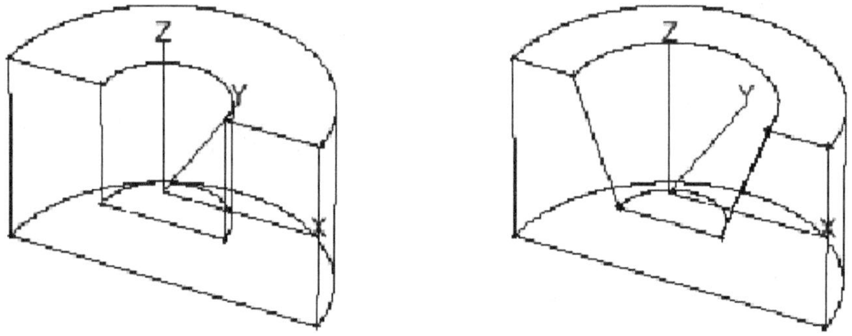

a)　　b)

图 8-60　拔模示例图

5）抽壳：根据指定壳体的厚度将实心物体抽成内空的薄壳体。

6）肋板：在指定位置增加加强肋。

二、CAXA 制造工程师的基本概念

1. 刀具轨迹和刀位点

刀具轨迹是系统按给定工艺要求生成的对给定加工图形进行切削时刀具行进的路线，如图 8-61 所示。刀具轨迹由一系列有序的刀位点和连接这些刀位点的直线（直线插补）或圆弧（圆弧插补）组成。CAXA 制造工程师系统的刀具轨迹是按刀尖位置来计算和显示的。

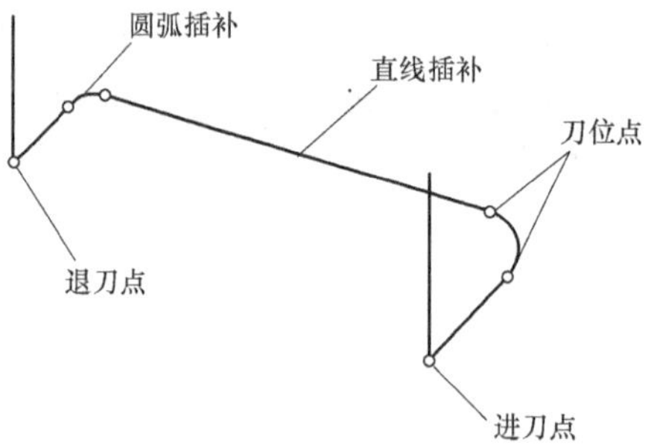

图 8-61　刀具轨迹和刀位点

2. 轮廓、区域和岛

轮廓是一系列首尾相接曲线的集合，如图 8-62 所示。在进行数控编程，交互指定待加工图形时，常需要指定图形的轮廓，用来界定被加工的区域或被加工的图形本身。如果轮廓是用来界定被加工区域的，则要求指定的轮廓是闭合的；倘若加工的是轮廓本身，则轮廓也可以不闭合。

由于 CAXA-ME 将指定的轮廓投影到当前坐标系的当前平面，故组成轮廓的曲线可以是

空间曲线，但要求指定的轮廓不应有自交点。

区域是指一个闭合轮廓围成的内部空间，其内部可以有“岛”。岛也是由闭合轮廓界定的。区域是指外轮廓和岛之间的部分。由外轮廓和岛共同指定待加工的区域，外轮廓用来界定加工区域的外部边界，岛用来屏蔽其内部不需加工或需保护的部分，如图 8-63 所示。

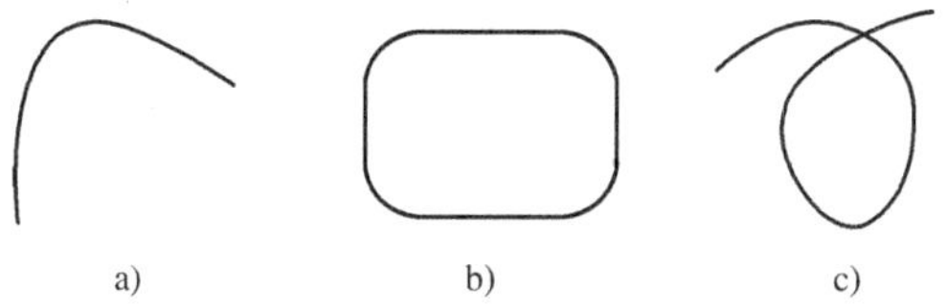

图 8-62　数控加工轮廓
a）开轮廓　b）闭轮廓　c）有自交点的轮廓

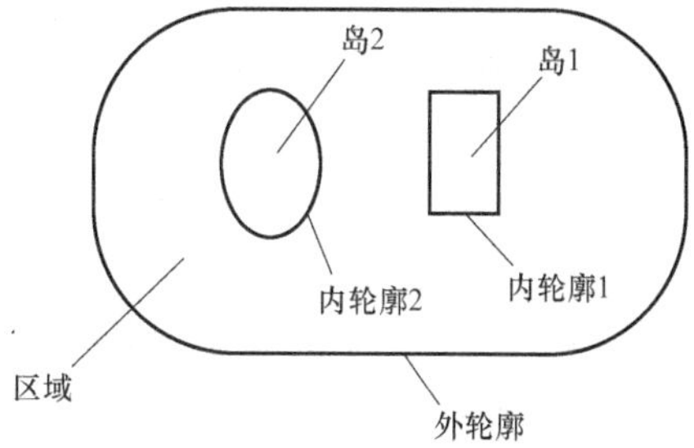

图 8-63　轮廓、区域和岛

3. 高度

安全高度：指保证在此高度以上可以快速走刀而不发生干涉的高度，应高于零件的最大高度。

起止高度：进退刀时刀具的初始高度。起止高度应大于安全高度，如图 8-64 所示。

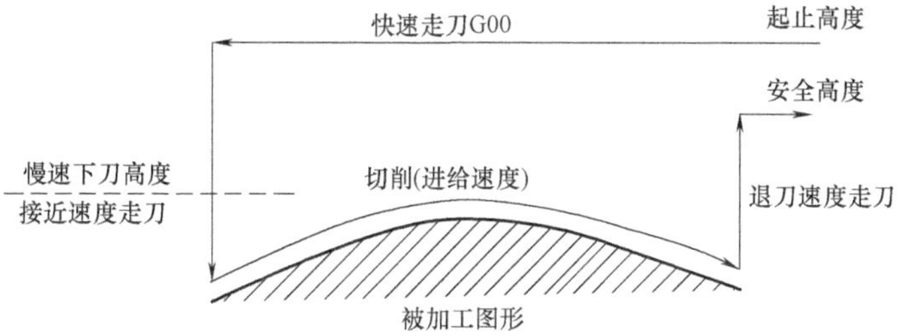

图 8-64　安全高度和起止高度

慢速下刀高度：由快进（G00）转为工进（G01）时的位置高度。

4. 加工余量、加工误差和步长

（1）加工余量　车、铣加工均是去除余量的过程，即从毛坯开始逐步去除多余的材料，以得到需要的零件。此过程一般由粗加工到精加工，必要时还需进行半精加工，即经过多道工序的加工。那么在前一道工序中，往往要给下一道工序留下一定的加工余量。

实际的加工模型是制订的加工模型按给定的加工余量进行等距的结果，如图 8-65 所示。

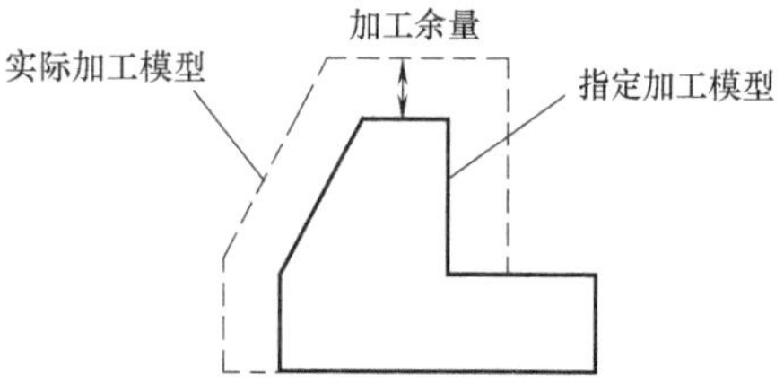

图 8-65　加工余量

（2）加工误差　刀具轨迹和实际加工模型之间的偏差就是加工误差。用户可以通过控制加工误差来提高加工精度。

用户给出的加工误差是刀具轨迹与加工模型之间的最大允差，系统保证两者之间的偏离不大于加工误差。

在创建刀具轨迹时，应根据实际工艺要求给定加工误差。如进行粗加工时，误差可以大些，以防加工效率的降低，但加工误差不要大于加工余量，否则可能造成过切；在进行精加工时，则应根据表面精度要求等设置加工误差。

在两轴联动控制中，对于直线和圆弧的加工不存在误差，加工误差是指对样条线进行加工时用折线段逼近样条线时的误差。加工精度越高，折线段越短，加工代码就越长。

在三轴联动控制中，可以按给定步长的方式控制加工误差。步长用来控制刀具步进方向上每两个刀位点之间的距离，系统按用户给定的步长计算刀具轨迹。与此同时，系统对生成的刀具轨迹进行优化处理，删除同一直线上的刀位点，在保证加工精度的前提下提高加工效率。因此，用户给定的是加工最小步长，实际生成的刀具轨迹中的步长可能大于用户给定的步长，如图 8-66 所示。

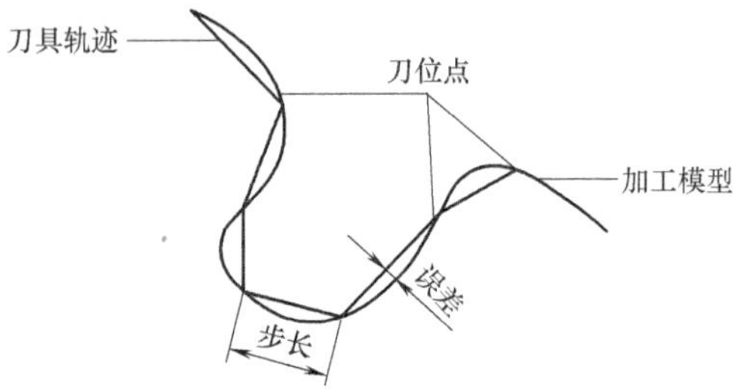

图 8-66　加工误差与步长

5. 干涉

在切削被加工表面时，倘若刀具切到了不应该切的部分，则称为出现干涉现象，或者称为过切。在 CAXA 制造工程师系统中，干涉分为两种情况。

（1）自身干涉　指被加工表面中存在刀具切削不到的部分时存在的过切现象，如图 8-67 所示。

（2）面间干涉　指在加工一个或系列表面时，可能对其他表面产生的过切现象，如图 8-68 所示。

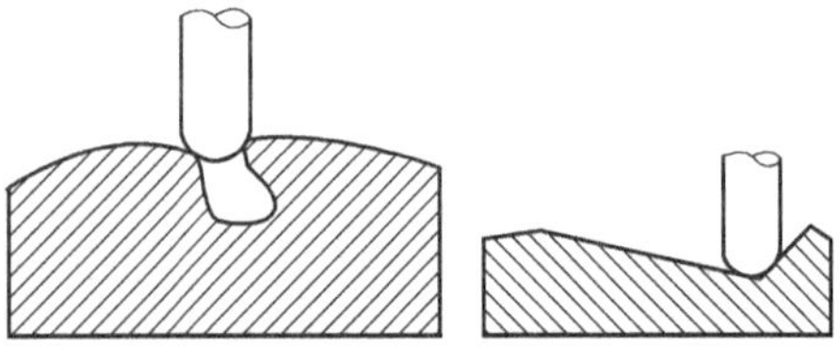
图 8-67　自身干涉

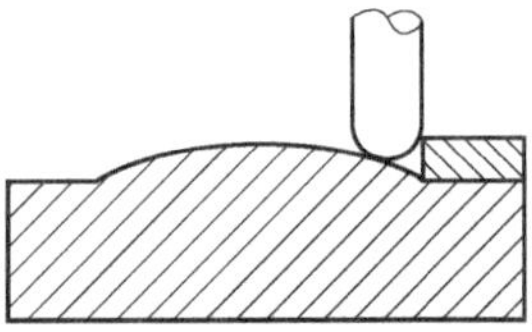
图 8-68　面间干涉

6. 模型

模型是指系统存在的所有曲面和实体的总和（包括隐藏的曲面或实体）。

一般地，三维造型的曲面是光滑连续（法矢连续）的，比如球面就是一个理想的光滑连续的面。这样理想的模型称为几何模型。然而完成这样一个理想的几何模型的加工却是不可能的。因此，我们会把一张曲面离散成一系列的三角片，那么以此构筑的模型称为加工模型。加工模型与几何模型之间的误差称为几何精度，如图 8-69 所示。

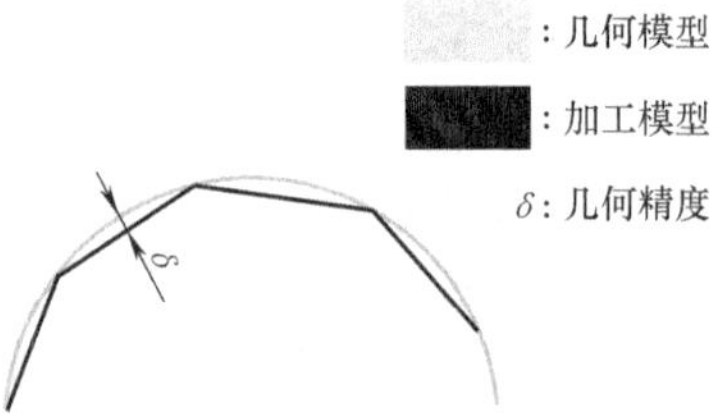

图 8-69　模型与精度

实际上，加工精度是按轨迹加工出来的零件与加工模型之间的误差。当加工精度趋近于 0 时，轨迹对应的被加工件的形状就是加工模型了（不计残留量）。

此外，由于系统中所有曲面及实体（隐藏或显示）的总和为模型，故增删曲面或实体时务必要小心。因为这些都意味着对模型的修改，也就意味着先前的轨迹可能不再适用于新的模型了，甚至会导致过切，此时应重置所有刀具轨迹。

三、CAXA 制造工程师的通用参数设置

1. 定义毛坯

单击“加工”菜单中的“定义毛坯”，启动“定义毛坯”对话框，如图 8-70 所示，其中各项的含义如下：

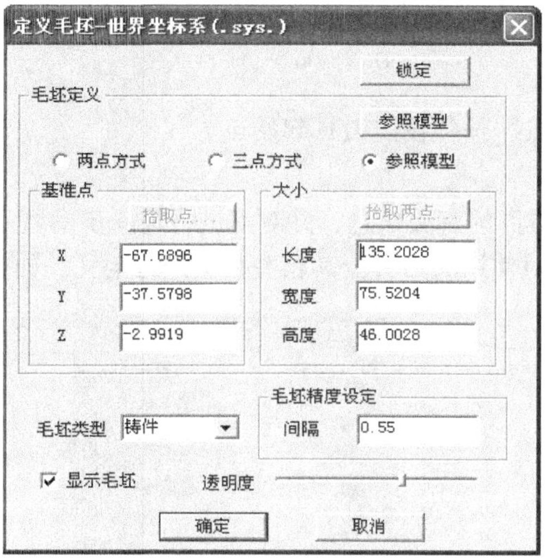

图 8-70　“定义毛坯”对话框

（1）锁定　使用户不能重设毛坯的基准点、毛坯大小及类型等，用以防止设定好的毛坯数据轻易被改变。

（2）毛坯定义　有以下三种方式。

1）两点方式。通过拾取毛坯空间的两个角点来定义毛坯。

2）三点方式。通过拾取基准点，拾取毛坯大小的两个角点来定义毛坯。

3）参照模型。系统自动计算并显示模型的包围盒，即作为毛坯。

（3）基准点　定义毛坯在默认世界坐标系中的左下角点。

（4）大小　长度、宽度、高度是毛坯大小在 X、Y、Z 三方向上的尺寸。

（5）毛坯类型　系统提供了诸如铸（锻）件、精铸（锻）件、棒料、冷作冲压件、标准件、外购件、外协件及其他毛坯等类型，以提供工艺清单之需。

（6）毛坯精度设定　给定毛坯的网格间距，主要是仿真加工时需要。

（7）显示毛坯　设定毛坯是否在工作区中显示。

（8）透明度　移动滚动杆可改变显示毛坯时的透明度，如图 8-71 所示。

2. 起始点

CAXA 制造工程师系统计算刀位轨迹是默认全局刀具起始点作为刀具初始点。双击“加工管理”中的“起始点”，便可以对刀轨初始点进行修改，如图 8-72 所示。

在弹出的“刀具起始点”对话框中（图 8-73）得知起始点所在的加工坐标系，可以通

a)　　b)

图 8-71　实体及透明毛坯

a）实体造型　b）毛坯生成

过输入或者单击“拾取点”按钮设定刀具起始点。

3. 刀具库

为方便用户调用刀具库的有关信息，并对其进行进一步的管理，可以双击“加工管理”中的“刀具库”图标，对使用的刀具极其相关数据进行定义，如图 8-74 所示。

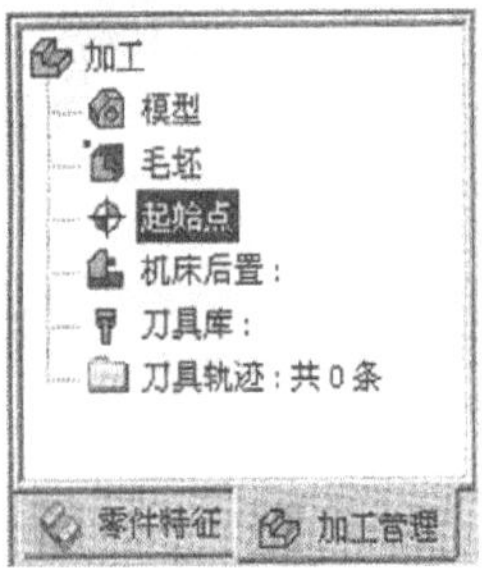

图 8-72　起始点

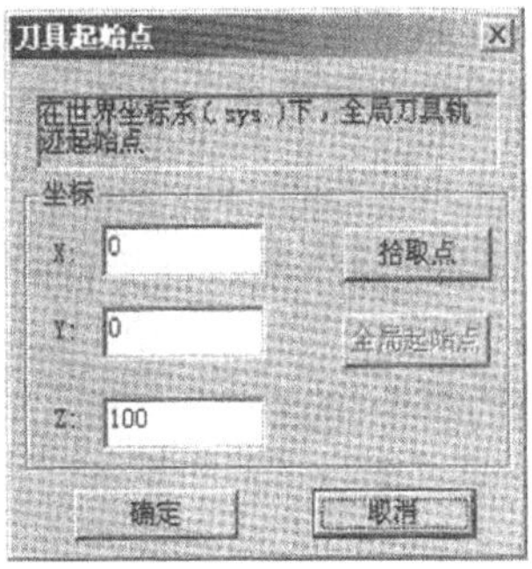

图 8-73　“刀具起始点”对话框

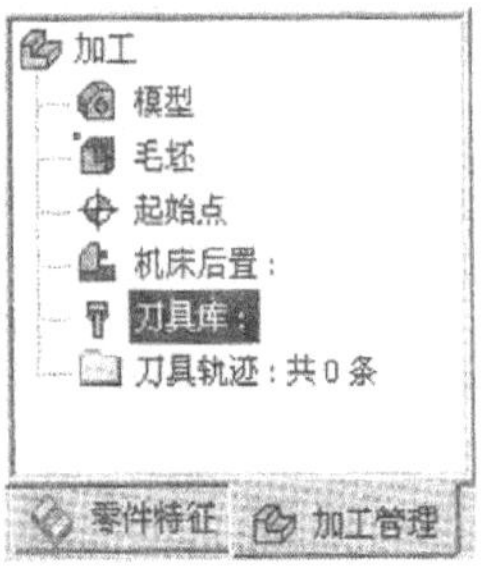

图 8-74　刀具库

在弹出的对话框中可以看到当前的刀具情况，如图 8-75 所示。

图 8-75　“刀具库管理”对话框

刀具库有两种类型，即系统刀库和机床刀库。

系统刀库与机床无关。用户可以把所有要用到的刀具参数全部建立在系统刀库中，然后利用这些刀具对各种机床进行编程。

机床刀库是与各种机床的控制系统相关联的刀具库。不同控制系统的机床均有自己的刀具库（自定义的机床类型亦然），还可以针对每一种机床建立该机床自己的刀具库。在软件系统中若改变机床，相应的刀具库也会自动切换到与该机床对应的刀具库位置，故这种刀具库可同时对多个加工中心编程。

刀具库管理的相关内容如下：

（1）基本操作

1）当前刀具库。设置当前系统的刀具库。

2）选择编辑刀具库。选择某一刀具库就可以进行增加刀具、清空刀库等编辑操作。

3）增加刀具。增加新的刀具到编辑刀具库。

4）清空刀库。删除编辑刀具库中的所有刀具。

5）编辑刀具。对编辑刀具库中选择的刀具参数进行修订。

6）删除刀具。删除编辑刀具库中选择的刀具。

（2）刀具列表　该表显示编辑刀具库中的所有刀具及其相关的主要参数。

（3）一般操作　即是对编辑刀具库中的所有刀具进行复制、剪切、粘贴和排序等。

（4）刀具示意　示意显示所选的刀具。

切记：刀具编辑没有取消功能，故删除刀具、删除刀库等处理操作要谨而慎之。

在每种加工方式的功能表中，都要进行刀具参数的设置，如图 8-76 所示。

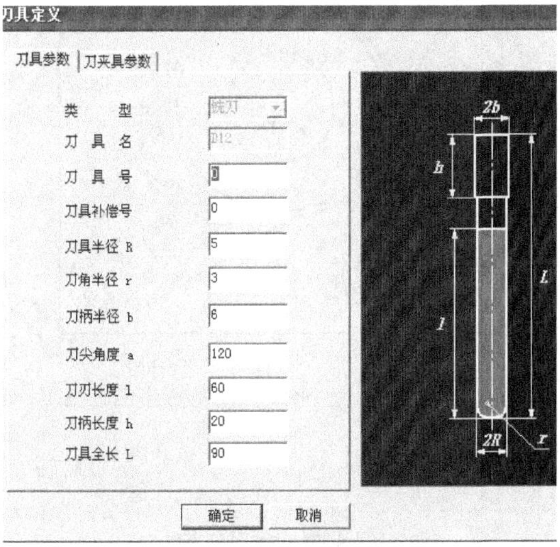

图 8-76　刀具参数对话框

参数线加工方式下的刀具库存放有用户定义的各种刀具，包括钻头、球头铣刀、牛鼻刀和面铣刀等系列刀具，用户可以很方便地从中取出所需刀具。

有关刀具各参数的意义及设置操作可见预览刀具。

想想练练

运用常用 CAXA 造型命令完成图 8-77 所示球形压板的造型，并用二维轮廓加工策略

（平面轮廓、平面区域、轮廓导动）完成加工。

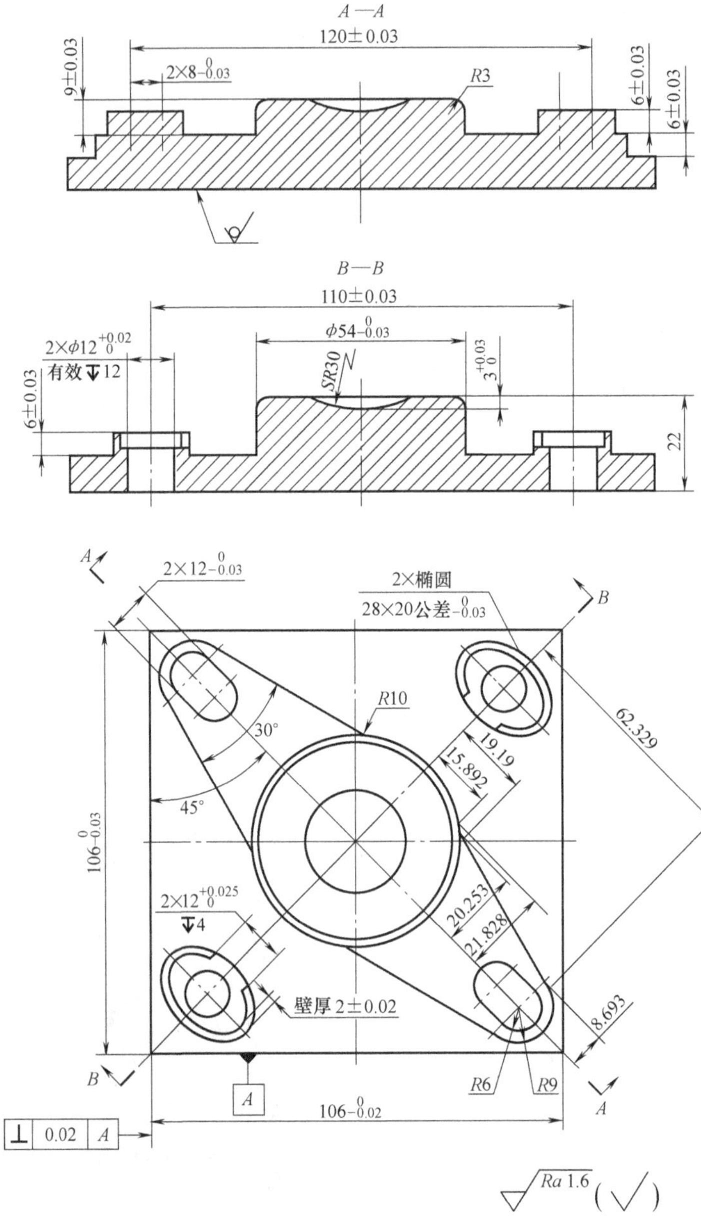

图 8-77　球形压板

任务二　旋钮的自动编程加工

任务描述

本任务为典型的三维零件加工，如图 8-78 所示。根据零件图样进行试样加工，分析零件图样的技术特点，要求采用 CAXA 制造工程师软件进行公式曲线绘制和曲面造型等，并设计

2.5 轴轮廓粗加工、曲面粗加工、三轴联动精加工刀具轨迹。选择正确的加工策略，合理选用数控刀具，并按要求操作数控机床，完成零件的工艺编制、代码生成和传输加工并进行检测。

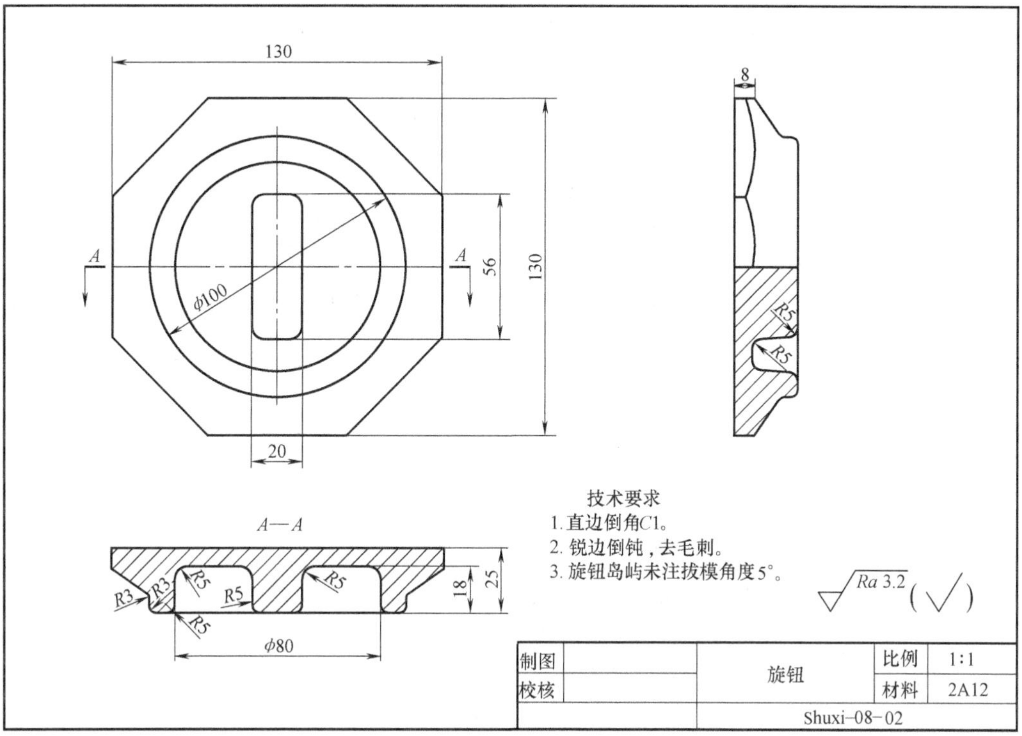

图 8-78　旋钮

1. 零件形状

图 8-78 所示为典型的三维铣削加工零件，具备圆台、八角台、圆锥台和旋钮岛屿等特征。

2. 尺寸精度

该零件的主要加工要素为旋钮的外部形状。轮廓曲面精度要求较高，但尺寸精度不作严格要求，这需要通过合理的工艺设计和正确的操作来保证。

3. 几何精度

曲面轮廓精度按行业标准执行，要求严格控制曲面加工精度。

4. 表面粗糙度

零件的侧平面和底平面的表面粗糙度值均为 *Ra*3.2μm。

5. 技术要求

直边倒角 *C*1，锐边倒钝，去毛刺；未注拔模角度为 5°。

任务实施

一、工、量、刃具选择

1. 材料准备

本任务所需材料见表 8-7。

表 8-7　材料准备

名　称	规　格	数　量	要　求
硬铝	140×140×30	各 1 块/每位学生	工场准备

2. 设备准备

本任务所需设备见表 8-1。

3. 工、量、刃具选择

本任务除需准备表 2-3 所列工、量、刃具外，还需准备 $S\phi6$mm 球头铣刀。

二、制订工序卡片、编写加工过程清单

本任务自动加工工件装夹方案和工件坐标系原点的设定见表 8-8，工件自动编程数控加工工艺卡片见表 8-9。

表 8-8　自动加工工件装夹方案和工件坐标系原点的设定

零件名称	旋钮	装夹方案和工件坐标系原点的设定	工序号	1
零件加工面			装夹次数	2
正面		用 0 级精度等高垫块定位工件平面，保证毛坯高出钳口 25mm 以上，用机用虎钳固定钳口定位侧面并夹紧。工件坐标系原点设定在工件中心上表面。加工正面轮廓	夹具	名称
			1	机用虎钳
反面		用 0 级精度等高垫块定位工件平面，用机用虎钳固定钳口定位六边形侧面并垫铜皮后夹紧，再用木锤敲实 Z 向定位面。工件坐标系原点设定在工件中心上表面。铣削平面保证厚度及工件平行度	2	等高垫块

表 8-9　工件自动编程数控加工工艺卡片

零件名称		单　件	零　件　号		加工部位		正　面
序号	程序号	加工内容	刀具规格/mm	主轴转速 /r·min⁻¹	进给量/ mm·min⁻¹	X、Y 方向加工余量 /mm	备注
1	0101	上表面	$\phi16$ 立铣刀	1000	600	0	粗铣
2	0102	八角外形	$\phi16$ 立铣刀	1000/ 1800	200/ 3600	0.5	粗铣 + 精铣
3	0103	等高线开粗	$\phi10$ 立铣刀	1500	600	0.5	粗铣
4	0104	等高线精加工	$S\phi6$ 球头铣刀	3000	800	0.2	半精铣
5	0105	参数线精加工	$S\phi6$ 球头铣刀	3000	800		精铣
6	0106	平面区域加工	$\phi16$ 立铣刀	1000	600	0	反面加工

任务评价

工件质量评价表见表 8-10。

表 8-10　工件质量评价表

工　种	数控铣工	图　号	Shuxi-08-02		得　分			
定额时间	3h	姓名		起始时间		结束时间		
考核项目	序号	考核内容及要求	分值		检测结果	扣分	得分	备注
			精度	表面粗糙度				
八角台	1	130mm	4 ×4	3				
	2	厚度 25mm	2					
	3	深 8mm	2	2				
圆锥台面	4	圆锥面	4	2				
	5	ϕ100mm	4	3				
	6	倒角曲面 *R*3mm	2 ×3					
圆孔型腔	7	ϕ80mm	12	3				
	8	*R*5mm	2 ×3					
	9	深 18mm	3	2				
孤岛	10	长 56mm	3	2				
	11	宽 20mm	2					
	12	*R*5mm（四处）	4					
其他	13	一般尺寸 IT12	7					
	14	工件完成情况	10					
文明生产	15	机床操作规范、正确，机床清洁，场地洁净	10					
合计								
监考记录员	（签字）			考评员	（签字）			

知识链接

一、曲面造型术语

1. 直纹面

直纹面是由一根直线两端点分别在两曲线上匀速运动而形成的轨迹曲面。

（1）曲线 + 曲线　用“曲线 + 曲线”生成直纹面，要注意拾取点的位置，应拾取曲线的同侧位置，如图 8-79 所示。若拾取失败，可在设置菜单的“拾取过滤设置”中的“图素元素类型”中选择“选中所有类型”。

图 8-79　曲线 + 曲线

（2）点 + 曲线　点 + 曲线是指在一个点和一条曲线之间生成直纹面，如图 8-80 所示。

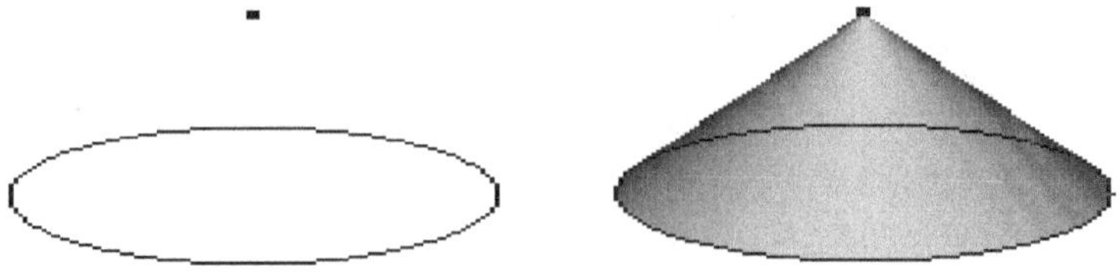

图 8-80　点 + 曲线

（3）曲线 + 曲面　曲线 + 曲面是指在一条曲线和一个曲面之间生成直纹面，如图 8-81 所示。

注意：要正确选择曲线在曲面上的投影方向。

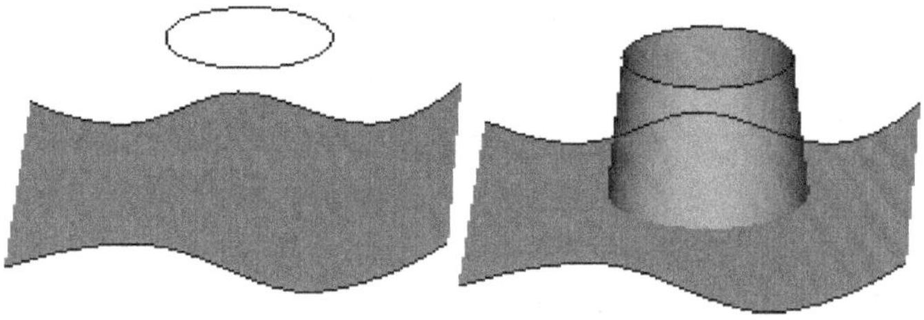

图 8-81　曲线 + 曲面

2. 旋转面

单击“造型”按钮，指向“曲面生成”，再单击“旋转面”，或者单击“”按钮，按给定的起始角度和终止角度将曲线绕一旋转轴旋转而生成的轨迹曲面，如图 8-82 所示。

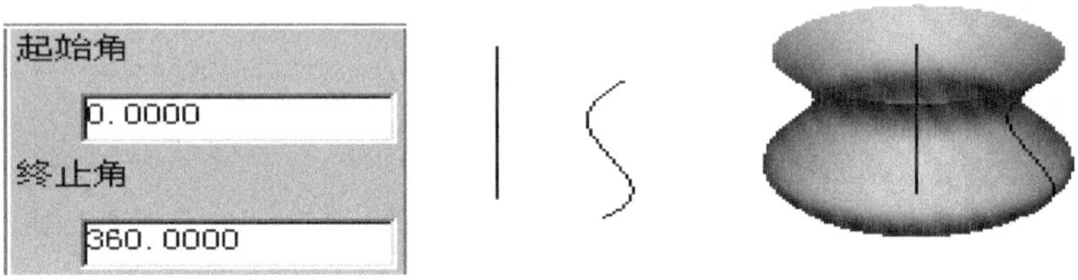

图 8-82　旋转面的生成

旋转面有以下注意事项。

1）旋转母线和旋转轴不要相交，选择方向的箭头与曲面旋转方向两者遵守右手螺旋法则。旋转时以母线的当前位置为 0 起始。

2）如果旋转生成的是球面，而且其上部分需要加工制造，那么要做成 1/4 的圆转 360°，否则法线方向不对，以后无法加工。

3. 平面、裁剪平面

平面、裁剪平面是由封闭内轮廓进行裁剪形成的有一个或多个边界的平面，如图 8-83 所示。

注意：轮廓线必须封闭。内轮廓线允许交叉。对于无内轮廓的封闭外轮廓，均可直接生成平面。

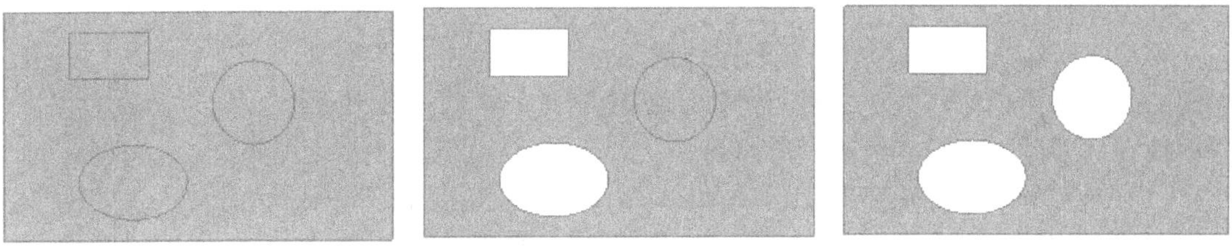

图 8-83　平面、裁剪平面

工具平面是给定长、宽的平面。工具平面有七种方式。工具平面中的坐标平面如图 8-84 所示。

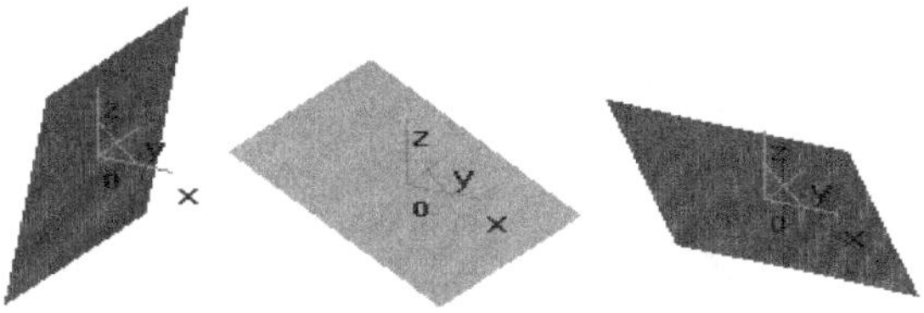

a)　　b)　　c)

图 8-84　工具平面中的坐标平面

a）YOZ 平面　b）XOY 平面　c）ZOX 平面

1）XOY 平面：绕 X 或 Y 轴旋转一定角度生成一个指定长度和宽度的平面。

2）YOZ 平面：绕 Y 或 Z 轴旋转一定角度生成一个指定长度和宽度的平面。

3）ZOX 平面：绕 Z 或 X 轴旋转一定角度生成一个指定长度和宽度的平面。

4）三点平面：按给定三点生成一个指定长度和宽度的平面，其中第一点为平面中点。

5）矢量平面：生成一个指定长度和宽度的平面，其法线的端点为给定的起点和终点。

6）曲线平面：在给定曲线的指定点上，生成一个指定长度和宽度的法平面或切平面。曲线平面有法平面和包络面两种方式。

7）平行平面：按指定距离，移动给定平面或生成一个复制平面（也可以是曲面）。

注意：平行平面功能与等距面功能相似，但等距面后的平面（曲面），不能再对其使用平行平面，只能使用等距面；而平行平面后的平面（曲面），可以再对其使用等距面或平行平面。

4. 放样面

以一组互不相交、方向相同、形状相似的特征线（或截面线）为骨架进行形状控制，过这些曲线一致方向生成的曲面称为放样曲面，如图 8-85 所示。放样曲面有截面曲线和曲面边界两种类型。生成放样面的步骤如下：

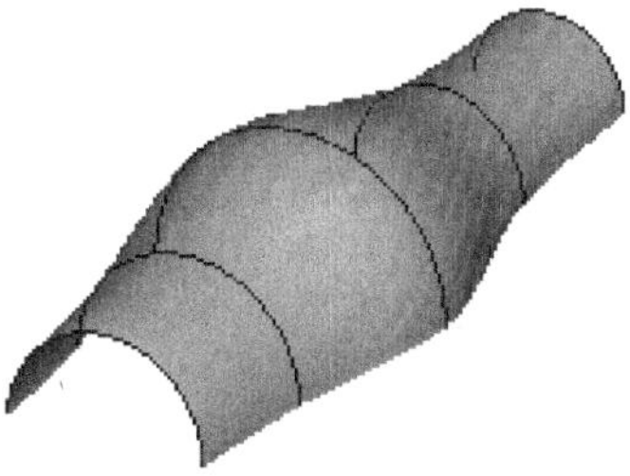

图 8-85　放样面

1）单击“应用”按钮，指向“曲面生成”，再单击“放样面”，或者单击“”按钮。

2）选择截面曲线或者曲面边界。

3）按状态栏提示，完成操作。

5. 导动面

导动面让特征截面线沿着特征轨迹线的某一方向扫动生成的曲面。导动面的生成有六种方式，即平行导动、固接导动、导动线 & 平面、导动线 & 边界线、双导动线和管道曲面。

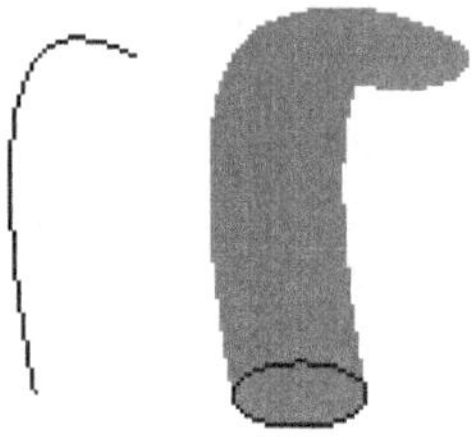

图 8-86　平行导动

（1）平行导动　如图 8-86 所示。

（2）固接导动　如图 8-87 所示。固接导动的生成步骤如下：

1）选择“固接导动”方式。

2）选择单截面线或者双截面线。

3）拾取导动线，并选择导动方向。

4）拾取截面线。如果是双截面线导动，应拾取两条截面线。

5）生成导动面。

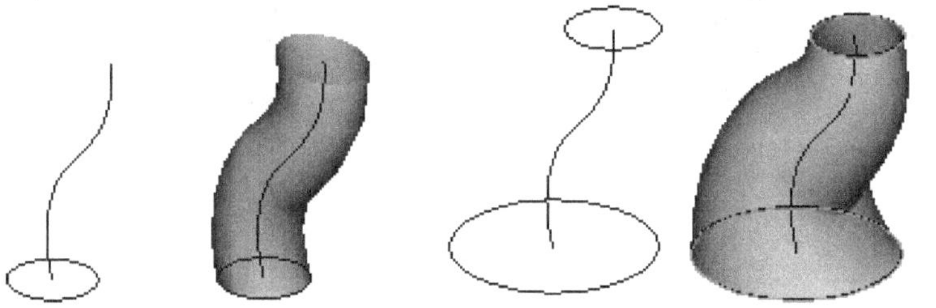

图 8-87　固接导动

（3）导动线 & 平面　有单截面线导动面和双截面线导动面，如图 8-88 所示。

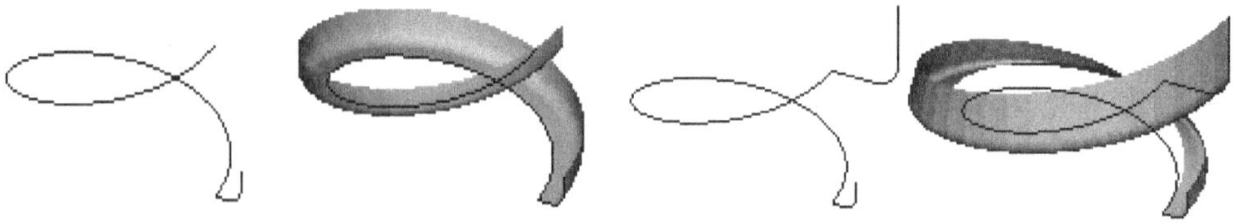

a)　　　　b)

图 8-88　导动线 & 平面

a）单截面线导动面　b）双截面线导动面

（4）导动线 & 边界线　双截面线等高导动，如图 8-89 所示。

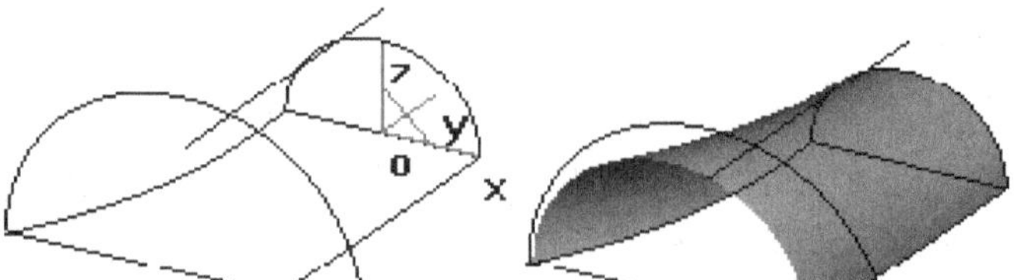

图 8-89　导动线 & 边界线

（5）双导动线

1）概念：将一条或两条截面线沿着两条导动线匀速地扫动生成的曲面。它可等高或变高导动。

2）注意事项：拾取截面线时，拾取点应在第一条导动线附近。

（6）管道曲面

1）概念：给定起始半径和终止半径的圆形截面沿指定的中心线扫动生成的曲面，如图 8-90 所示。

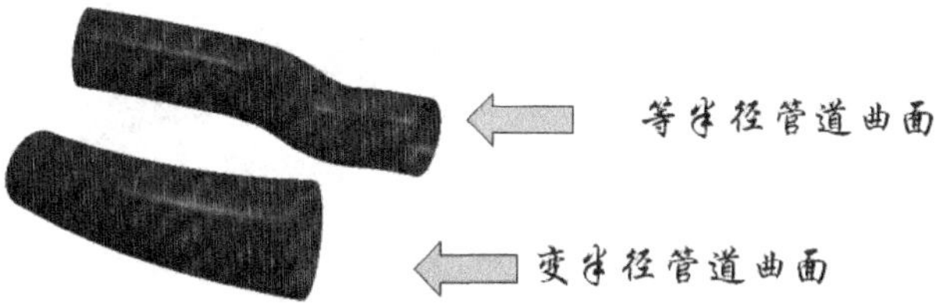

图 8-90　管道曲面

2）注意事项：截面线与导动线不能在同一个坐标平面内。

6. 等距面

按给定距离与等距方向生成与已知平面（曲面）等距的平面（曲面）。这个命令类似曲线中的“等距线”命令，不同的是“线”改成了“面”。

1）单击“应用”按钮，指向“曲面生成”，再单击“等距面”，或者单击“ ”按钮。

2）填入等距距离。

3）拾取平面，选择等距方向。

4）生成等距面，如图 8-91 所示。

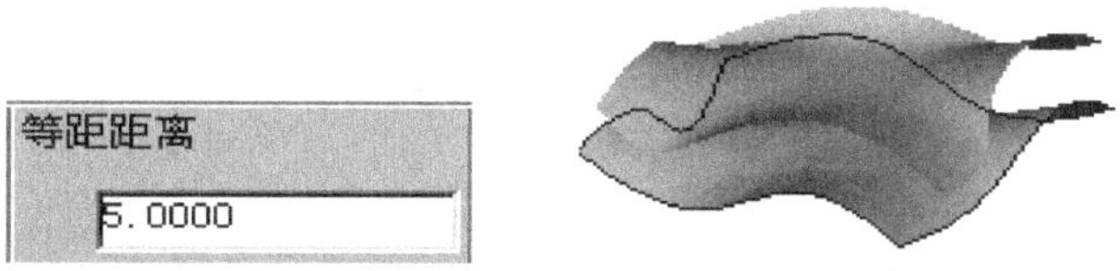

图 8-91　等距面

7. 边界面

边界面是在由已知曲线围成的边界区域上生成的曲面。边界面有两种形式，三边面和四边面。

1）单击“造型”按钮，指向“曲面生成”，再单击“边界面”，或者单击“ ”按钮。

2）选择四边面或三边面。

3）拾取空间曲线，生成边界面，如图 8-92 所示。

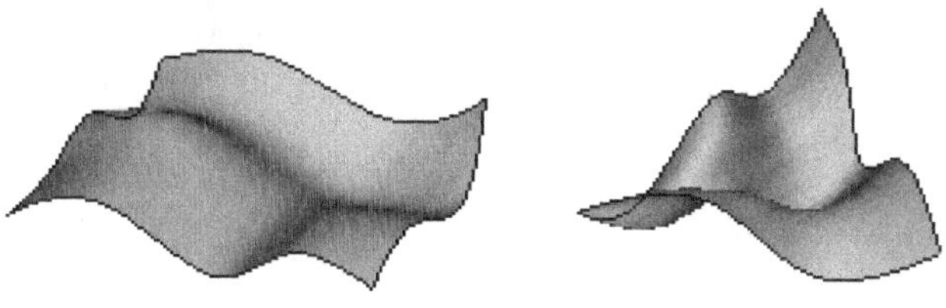

图 8-92　边界面

8. 扫描面

扫描面按照给定的起始位置和扫描距离将曲线沿指定方向以一定的锥度扫描生成的曲面，如图 8-93 所示。

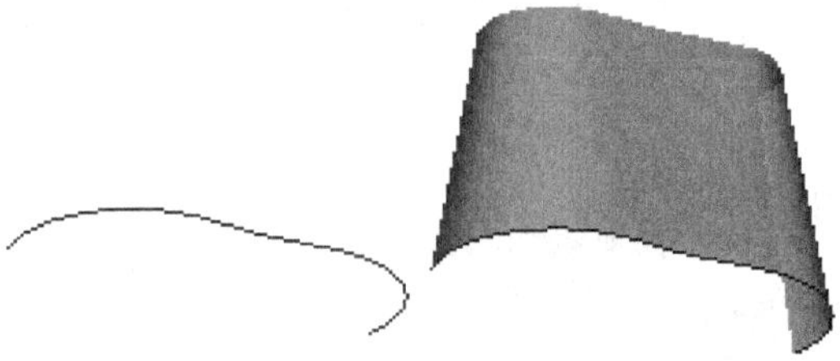

图 8-93　扫描面

注意：选择不同的扫描方向可以产生不同的效果。

9. 网格面

以网格曲线为骨架，蒙上自由曲面生成的曲面称为网格曲面，如图 8-94 所示。网格曲线是由特征线组成的横竖相交线。

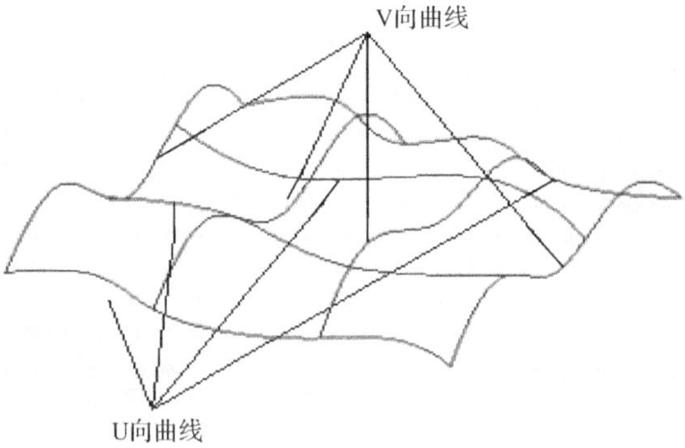

图 8-94　网格面

1）单击“造型”按钮，指向“曲面生成”，再单击“网格面”，或者单击“”按钮。

2）拾取空间曲线为 U 向截面线，单击鼠标右键结束。

3）拾取空间曲线为 V 向截面线，单击鼠标右键结束，生成网格面，如图 8-95 所示。

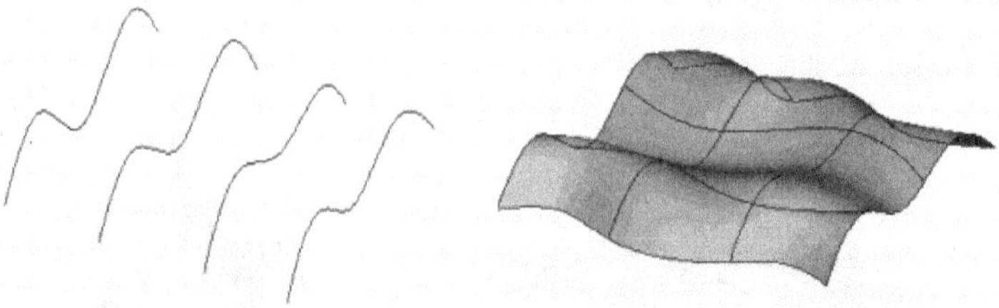

图 8-95　生成网格面

网格面有规则四边网格、不规则四边网格和不规则网格，如图 8-96 所示。

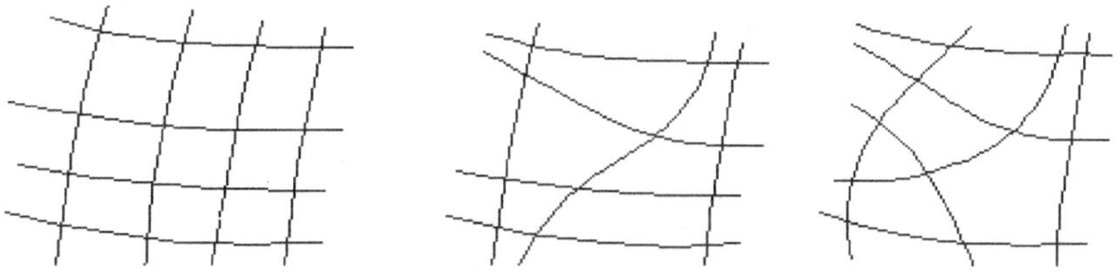

图 8-96　网格面的类型

a）规则四边网格　b）不规则四边网格　c）不规则网格

10. 实体表面

实体表面将通过特征生成的实体表面剥离出来而形成的一个独立的面，如图 8-97 所示。

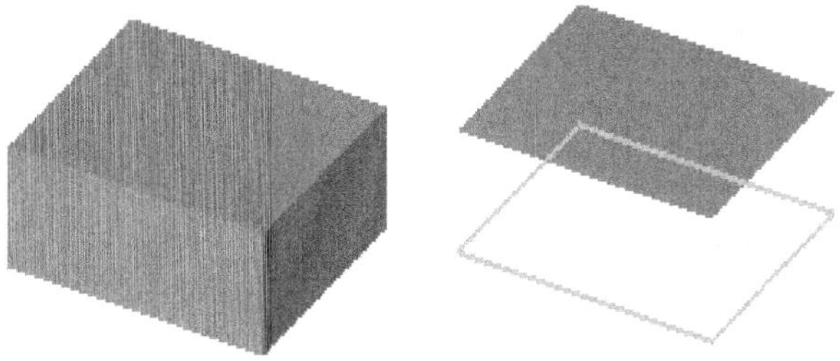

图 8-97　实体表面

11. 曲面裁剪

用生成的曲面对实体进行修剪，去掉不需要的部分称为曲面裁剪。

1）单击“造型”按钮，指向“特征生成”，再指向“除料”，然后单击“曲面裁剪”，或者直接单击“曲面裁剪”按钮，弹出“曲面裁剪”对话框，如图 8-98 所示。

2）拾取曲面，确定是否进行除料方向选择，单击“确定”按钮，完成曲面裁剪操作。

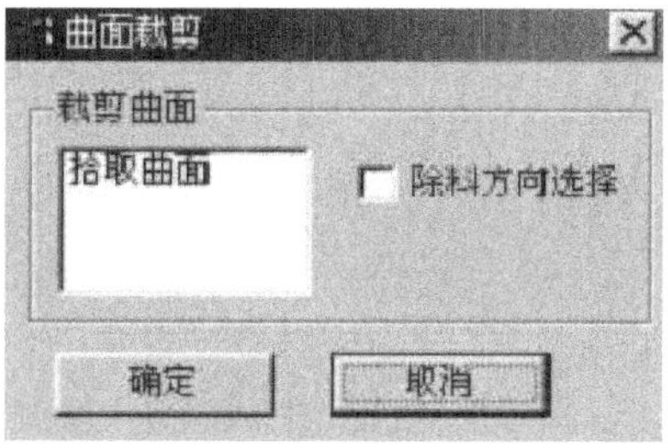

图 8-98　“曲面裁剪”对话框

（1）曲面裁剪的参数

1）裁剪曲面：是指对实体进行裁剪的曲面。参与裁剪的曲面可以是多张边界相连的曲面。

2）除料方向选择：是指除去哪一部分实体的选择，分别按照不同方向生成实体，如图 8-99 和图 8-100 所示。

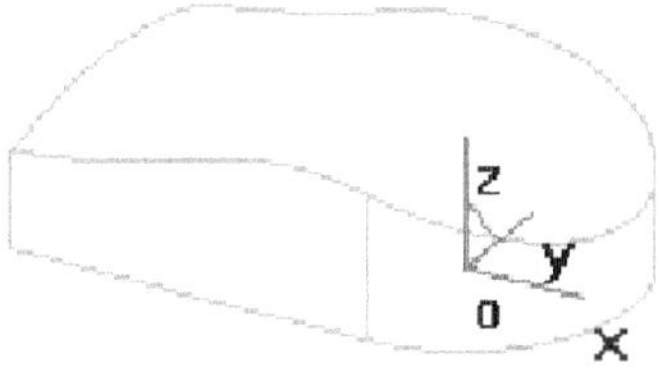

图 8-99　选择除料方向（一）

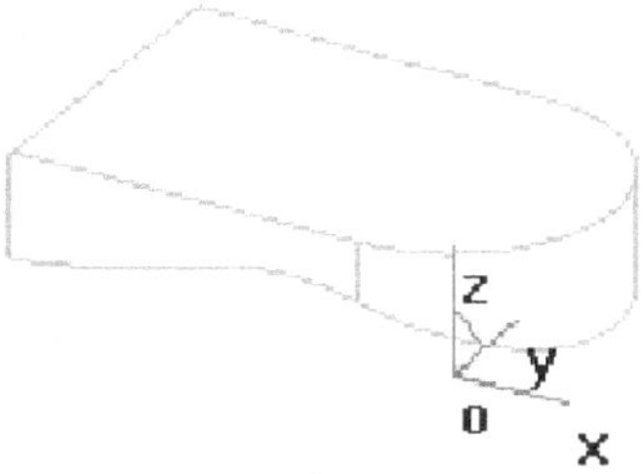

图 8-100　选择除料方向（二）

（2）曲面裁剪的注意事项　在特征树中，右键单击“曲面裁剪”后选择“修改特征”，弹出图 8-101 所示的对话框，其中增加了“重新拾取曲面”按钮，可以以此来重新选择裁剪所用的曲面。

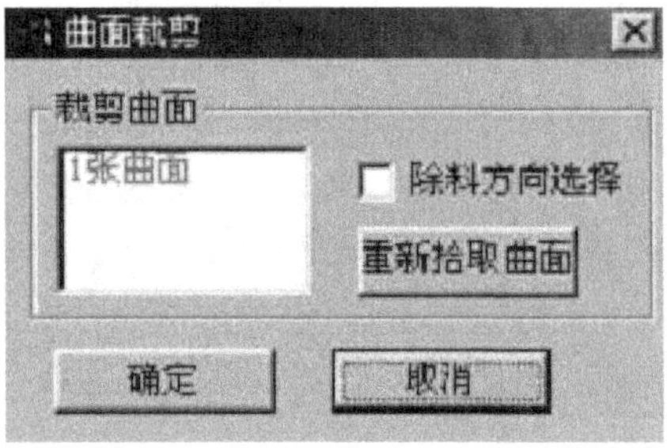

图 8-101　“修改特征”对话框

二、加工策略及术语

1. 曲面轮廓精加工

（1）功能　生成沿一个轮廓线加工曲面的刀具轨迹。

（2）举例　曲面轮廓线加工的操作步骤如下：

1）在 XOY 平面作出一条样条线 A，在 YOZ 平面上作出一条样条线 B，在轴测图上的效果如图 8-102 所示。

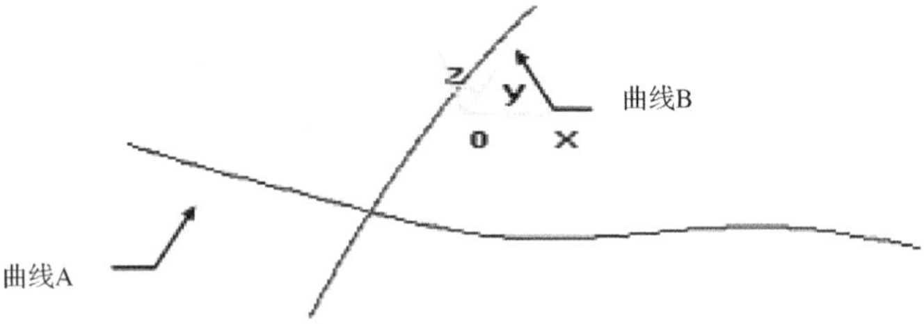

图 8-102　用于导动的曲线

2）拾取曲面生成中的“导动”功能，选取导动方式为“平行导动”，以曲线 A 为导动线，以曲线 B 为截面线，生成如图 8-103 所示的样条导动面。

图 8-103　平行导动生成曲面

3）选取“曲线生成”方式中的“曲面相关线”，作出曲面的四条边界线。

4）选取“曲面轮廓加工”方式，按照以上的步骤就可以生成刀具轨迹，如图 8-104 所示。

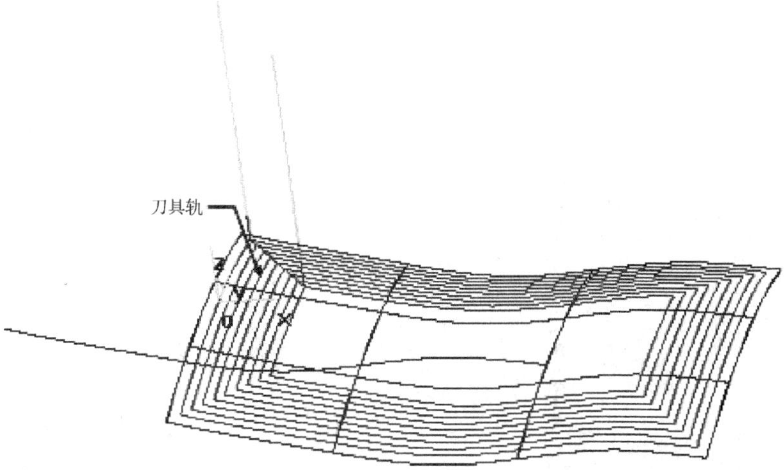

图 8-104　曲面轮廓刀具轨迹示意图

2. 曲面区域精加工

（1）功能　生成加工曲面上的封闭区域的刀具轨迹。

（2）具体操作步骤

1）填写参数表。

2）拾取曲面。填写完参数表后，拾取确认键，系统给出提示："拾取曲面"，提示用户选择被加工曲面，单击鼠标右键结束曲面的拾取。

3）拾取轮廓线及轮廓线走向。拾取完曲面后，系统提示："拾取轮廓"。轮廓线的拾取可以采用矢量工具菜单。用单个拾取方式时，拾取到一条轮廓线后，系统给出表示轮廓线拾取方向的双箭头，要求用户选择拾取方向，可按照箭头方向的指示选取轮廓线，在拾取轮廓线的过程中，系统自动判断轮廓线的封闭性。

4）岛的拾取。轮廓完全封闭后，系统接着提示："拾取第 1 个岛"。拾取到一个岛后，系统会提示拾取第 2 个岛，第 3 个岛等。单击鼠标右键结束岛的拾取。

5）生成刀具轨迹。上述操作完成后，系统生成刀具轨迹，如图 8-105 所示。

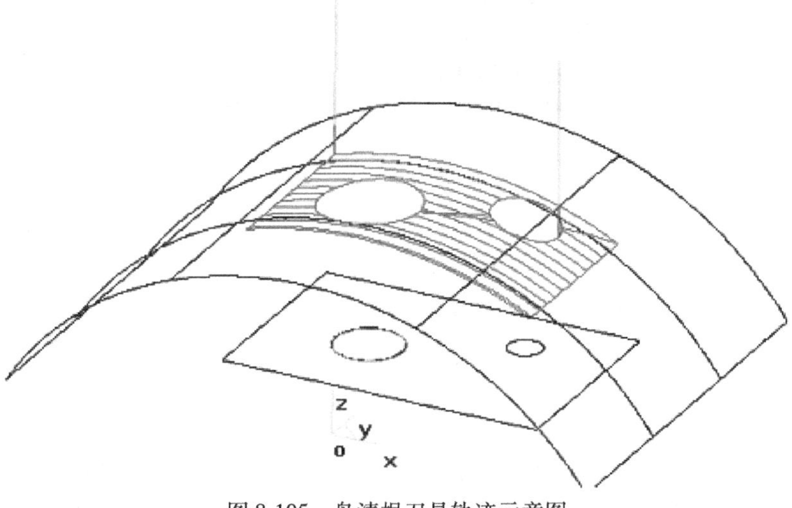

图 8-105　岛清根刀具轨迹示意图

3. 参数线精加工

（1）功能　生成沿参数线的加工轨迹。

（2）用途　是针对面的一种加工方式。平行走刀时，走刀的方向与面的参数线方向有关，如图 8-106 所示。

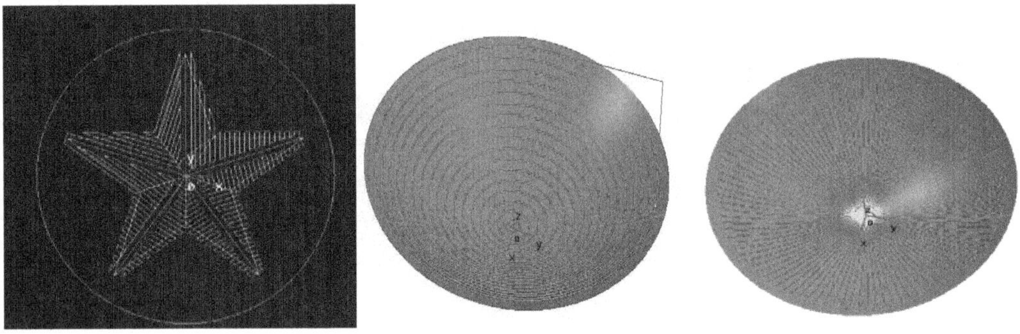

图 8-106　参数线精加工功能的运用

4. 扫描线精加工

（1）功能　平行走刀的一种加工方式。该功能增加了自动识别竖直面并进行补加工的功能，同时可以在轨迹尖角处增加圆弧过渡，适用于高速加工。图 8-107 所示为扫描线精加工功能的运用。

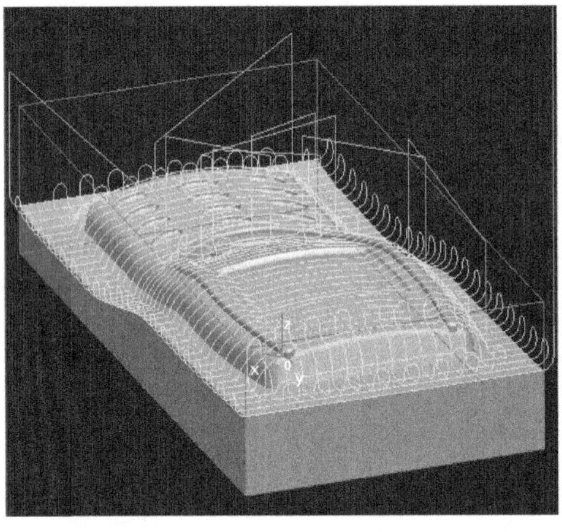

图 8-107　扫描线精加工功能的运用

（2）参数表说明　点取“加工”下拉菜单中的“常用加工”→“多轴扫描线精加工”菜单项，弹出如图 8-108 所示的“扫描线精加工”对话框。对话框的内容包括：扫描线精加工参数、区域参数、连接参数、切削用量、刀具参数和几何等项。

任务解析

一、旋钮零件的造型

能用 CAXA 制造工程师 2013r2 软件熟练进行基本实体特征造型，如拉伸、扫描、旋转、打孔和阵列等，而且能结合曲面造型，完成零件的造型。零件三维造型如图 8-109 所示。

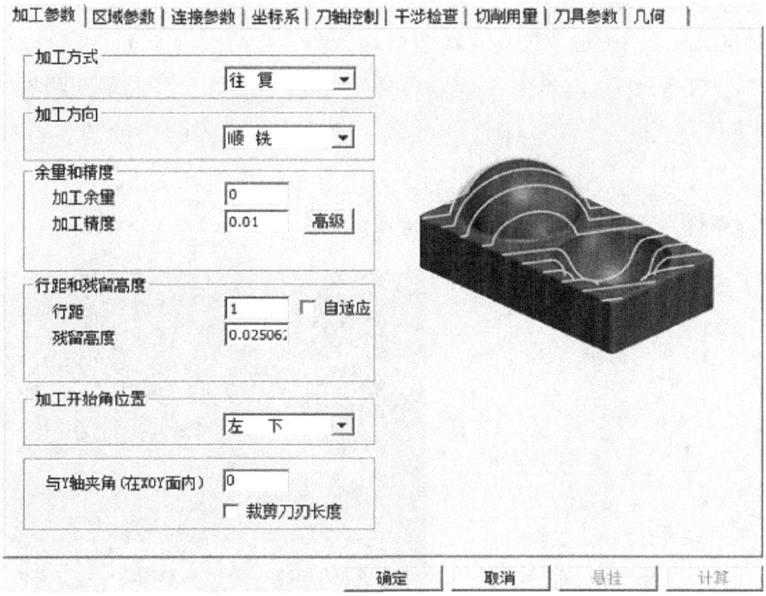

图 8-108　扫描线精加工的加工参数设置

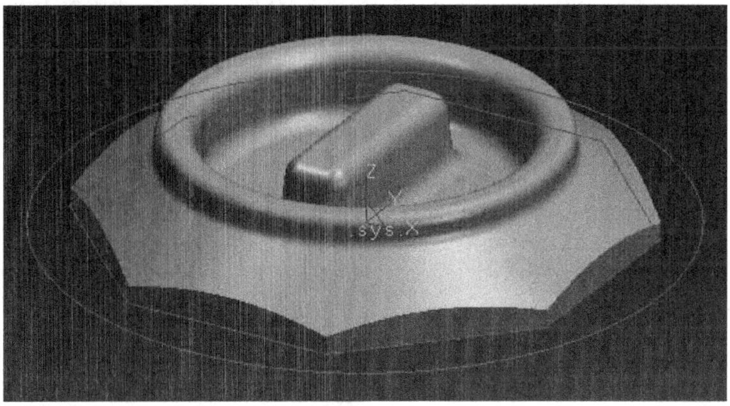

图 8-109　旋钮造型图

由工程图（图 8-78）可以看出，该零件主要由以下几部分组成。

1）130mm × 130mm × 25mm 的八角台。

2）圆锥台面。

3）ϕ80mm 型腔孔。

4）带拔模角度的 56mm × 20mm 岛屿。

5）R3mm 及 R5mm 倒角。

双击桌面上的图标“■”，进入 CAXA 制造工程师 2013r2 版操作界面。移动光标至特征树栏左下角，通过选择“零件管理”选项卡，显示零件特征栏，进入造型界面。

步骤一：创建 130mm × 130mm × 25mm 的八角台

（1）创建新文件　单击“文件”下拉菜单中的“新建”按钮，或单击工具条中的新建图标“”，可创建一个新的文件。

（2）创建 130mm × 130mm × 25mm 八角台

1）单击“平面XY”，再单击“绘制草图”按钮“”，进入草图状态。

2）单击“圆”按钮，以坐标原点为圆心绘制 ϕ130mm 的辅助圆，再单击“多边形”按钮，选择外切于圆，其操作方法如图 8-110 所示。删除辅助圆，其结果如图 8-111 所示。单击“绘制草图”按钮，退出草图状态。

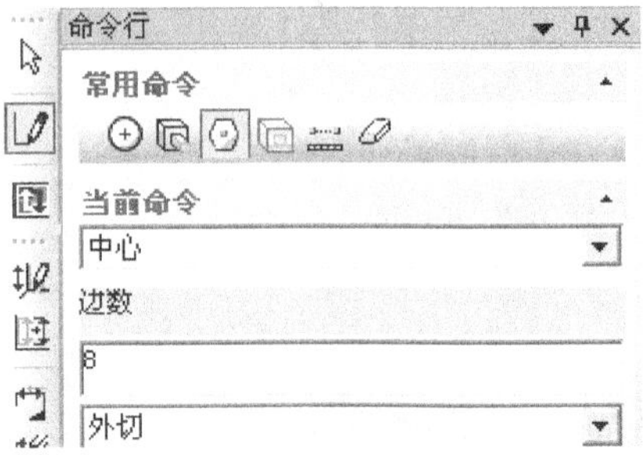

图 8-110　创建新文件操作

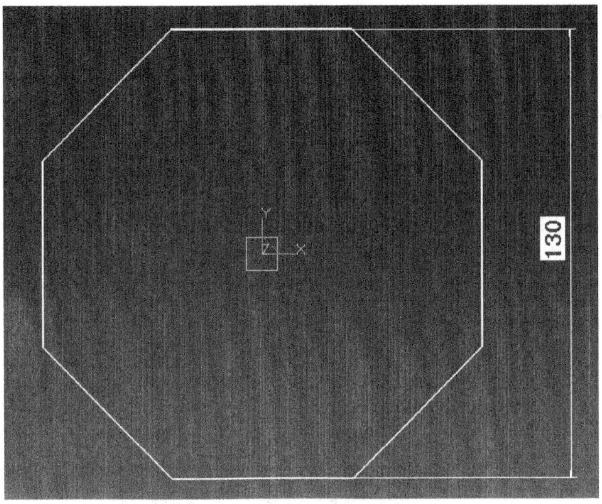

图 8-111　删除辅助圆

3）单击“拉伸增料”按钮，在弹出的对话框中给定实体拉伸的高度，具体参数如图 8-112 所示。

4）单击“确定”按钮，即完成八角台的绘制，如图 8-113 所示。

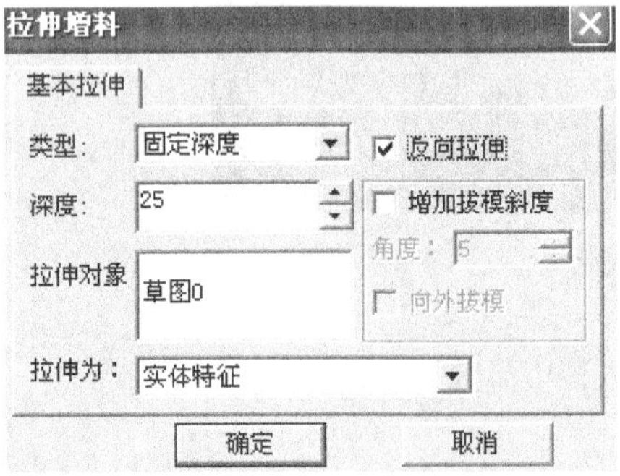

图 8-112　拉伸增料参数设置

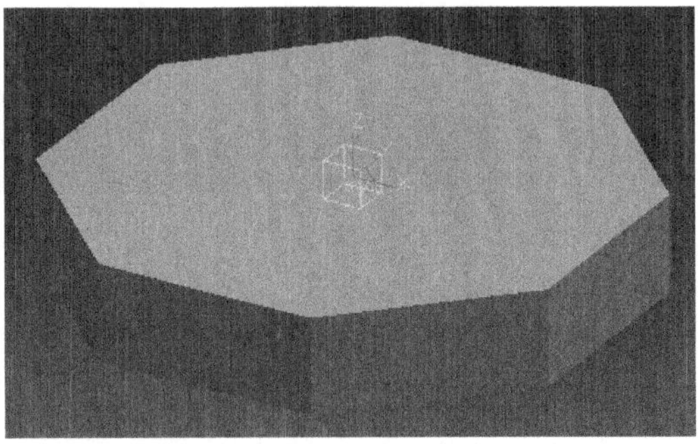

图 8-113　完成八角台的绘制

步骤二：创建圆锥台面

1）用键盘敲击“F9”功能键，将构图面切换至 XZ 平面，再敲击“F7”功能键，进入 XZ 视角图面。单击“直线”（）命令，绘制一条过坐标原点的水平线，再用“偏移”（）命令将该线偏置 17mm，以满足 8mm 的距离。在用“相关线”（）命令，用实体边界的方法，求取一条线与该线相交，求出圆锥母线的一点。再用“偏移”（）命令，偏置出 ϕ100mm 的母线，其结果如图 8-114 所示，黄色线就是所求线（绘制直线时必须确定是在“正交”模式还是在“非正交”模式，斜线在“非正交”模式）。

2）用“曲面旋转”（ ）命令，选取红色线为轴线，黄色线为旋转截线，单击确定按钮，结果如图 8-115 所示。

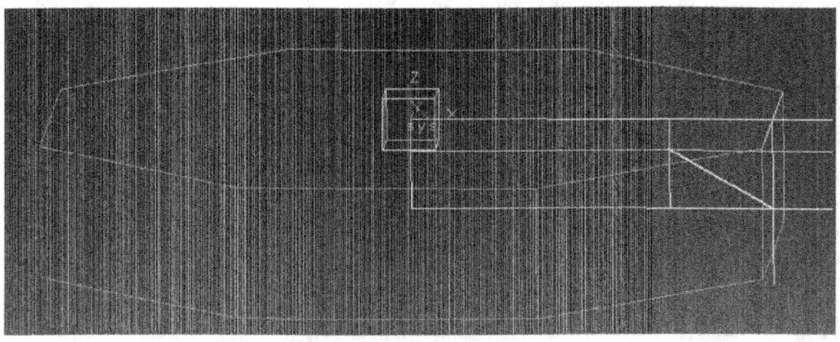

图 8-114　创建圆锥台母线

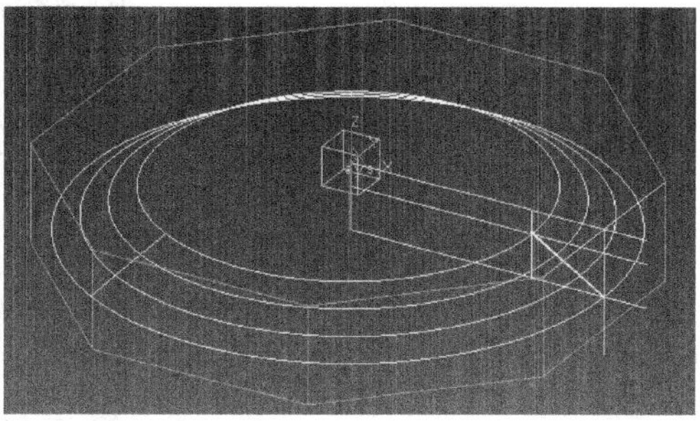

图 8-115　曲面旋转的结果

3）接着用“相关线”（ ）命令，按如图 8-116 所示进行操作，选择曲面边界线，用鼠标拾取锥面小径处，红色显示出圆。单击“扫描面”（ ）命令，按如图 8-117 所示进行操作，将扫描长度设置为 10mm，扫描方向为 Z 正方向，扫描截面选为红色圆。单击“确定”按钮后，结果如图 8-118 所示。

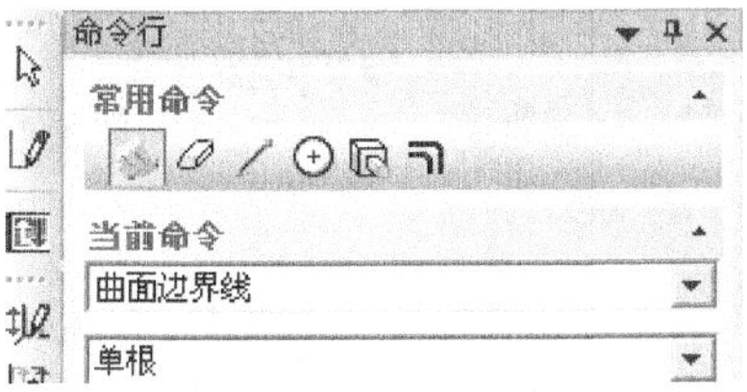

图 8-116　选择曲面边界线

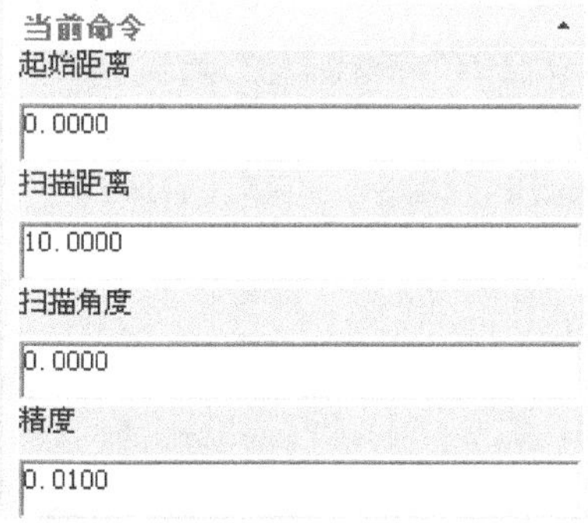

图 8-117　扫描操作

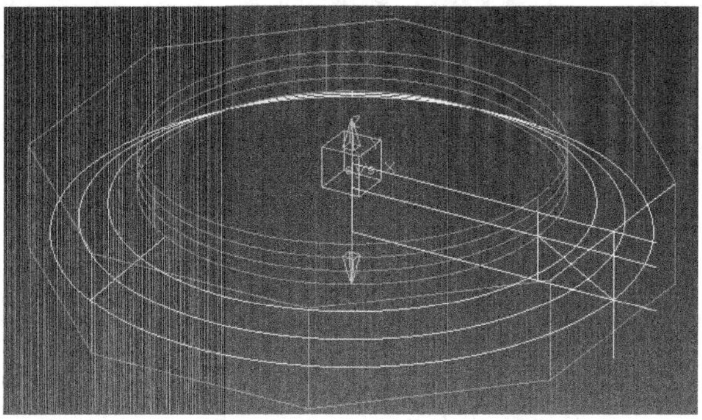

图 8-118　扫描面结果

4）单击“曲面延伸”（ ）命令，设置如图 8-119 所示参数，将锥面大径处延伸至实体外。再单击“曲面裁剪”（ ）命令，设置如图 8-120 所示参数，选取已经生成的两个曲面，选取截去的实体方向，单击“确定”按钮，生成所需曲面。

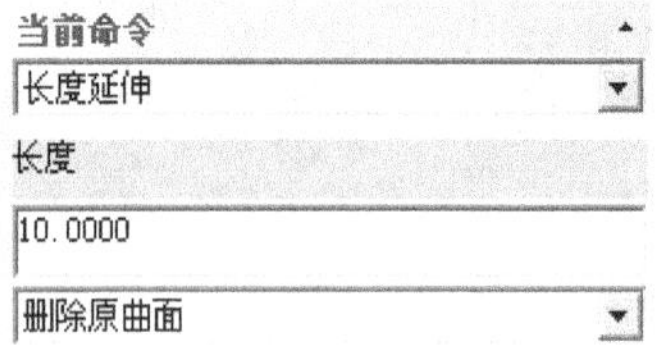

图 8-119　曲面延伸操作

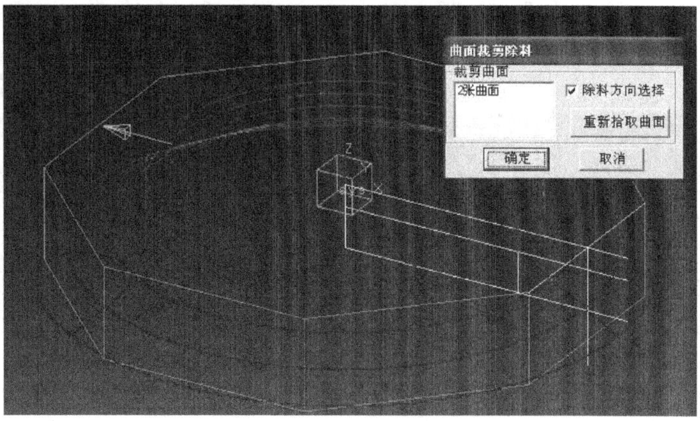

图 8-120　曲面裁剪操作

5）单击“拾取过滤设置”（ ）命令，弹出“拾取过滤器”对话框，选择“清除所有类型”，勾选“空间曲面”和“空间直线”，单击“确定”按钮，再单击“显示”选择菜单栏，选取“隐藏”命令，框选视图区域，隐藏其线和曲面，得到如图 8-121 所示造型。

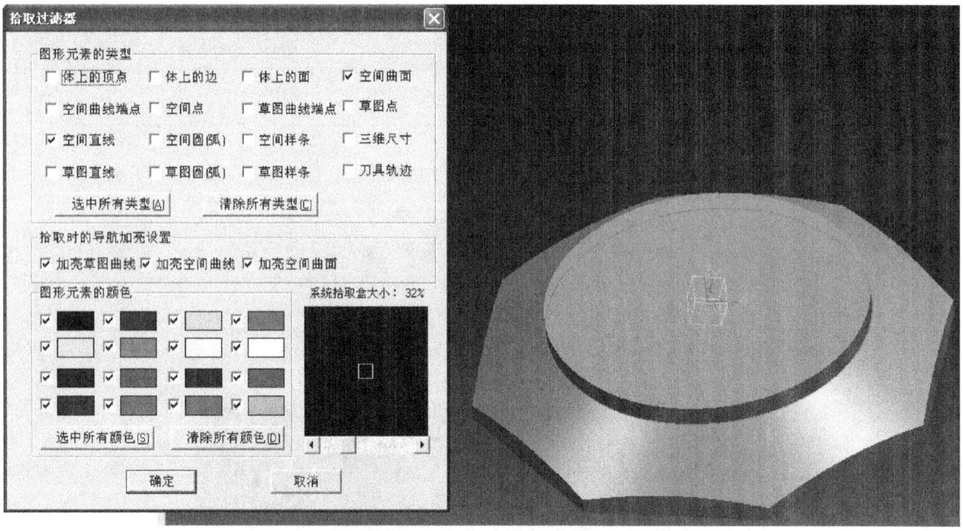

图 8-121　八角台造型图

步骤三：创建 ϕ80mm 型腔孔

1）单击“拾取过滤设置”（ ）命令，弹出“拾取过滤器”对话框，选择“选中所有类型”，然后选择实体上表面，再单击“绘制草图”按钮，进入草图状态。

2）单击“圆”按钮，以坐标原点为圆心绘制 ϕ80mm 的圆。

3）单击“拉伸除料”按钮，在弹出的对话框中给定实体拉伸的深度，具体参数如图 8-122 所示。

4）单击“确定”按钮，即完成 ϕ80mm 型腔孔的绘制，如图 8-123 所示。

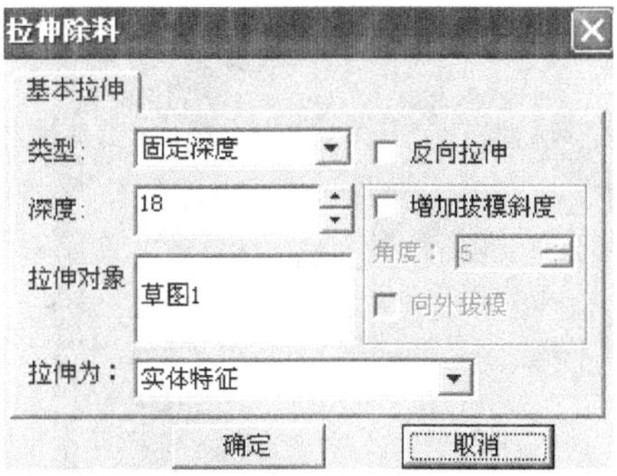

图 8-122　拉伸除料参数

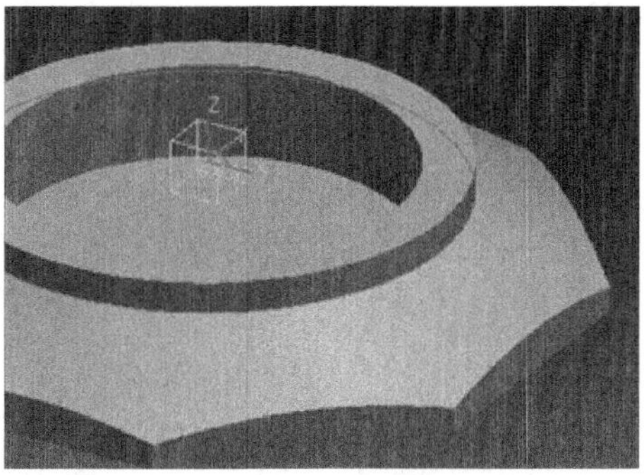

图 8-123　型腔孔完成

步骤四：创建带拔模角度的 56mm × 20mm 岛屿

1）选取 ϕ80mm 型腔孔底面，单击“绘制草图”按钮，进入草图状态。

2）单击“矩形”按钮，以坐标原点为矩形的中心绘制 20mm × 56mm 的矩形，再单击“绘制草图”按钮，退出草图状态。

3）单击“拉伸增料”按钮，在弹出的对话框中给定实体拉伸的高度 18mm，拔模角度为 5°，具体参数如图 8-124 所示。

4）单击“确定”按钮，即完成八角台的绘制，如图 8-124 所示。

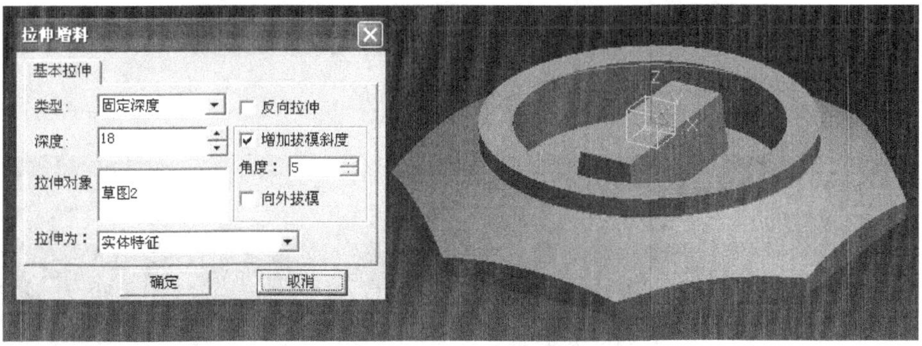

图 8-124　八角台绘制完成

步骤五：创建 *R*3mm 及 *R*5mm 倒角

单击“倒圆角”（）命令，*R*3mm 倒角边选择 1、2 边；*R*5mm 倒角边选择腔体其余的边，操作方法如图 8-125 所示，完成后如图 8-126 所示。

二、三维零件的加工策略与实体仿真

能用“轨迹管理”树形菜单，对零件进行加工工艺编制并生成加工轨迹，并进行仿真干涉检查，最终生成的零件加工轨迹图形如图 8-127 所示，其具体步骤包括以下 6 步。

1）铣平面。

2）粗、精铣八边形凸台。

3）整体等高开粗。

4）等高半精加工曲面。

5）用曲面区域精加工方式加工其底面余量。

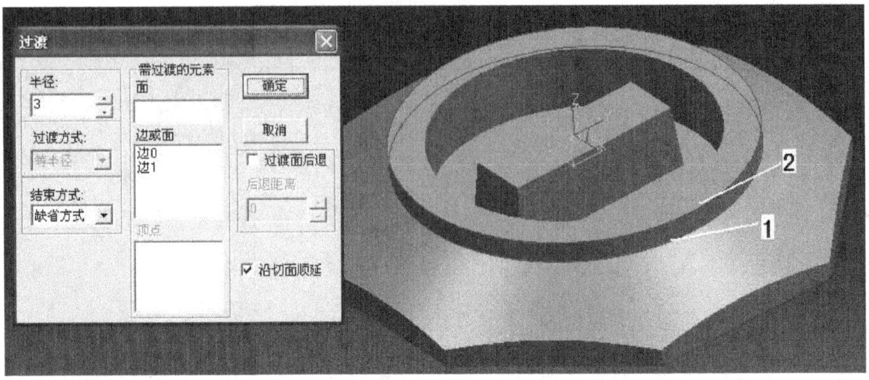

图 8-125　倒圆角的操作

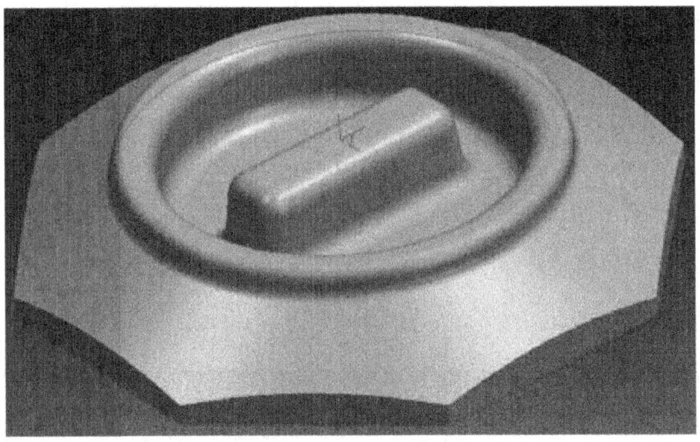

图 8-126　倒圆角完成

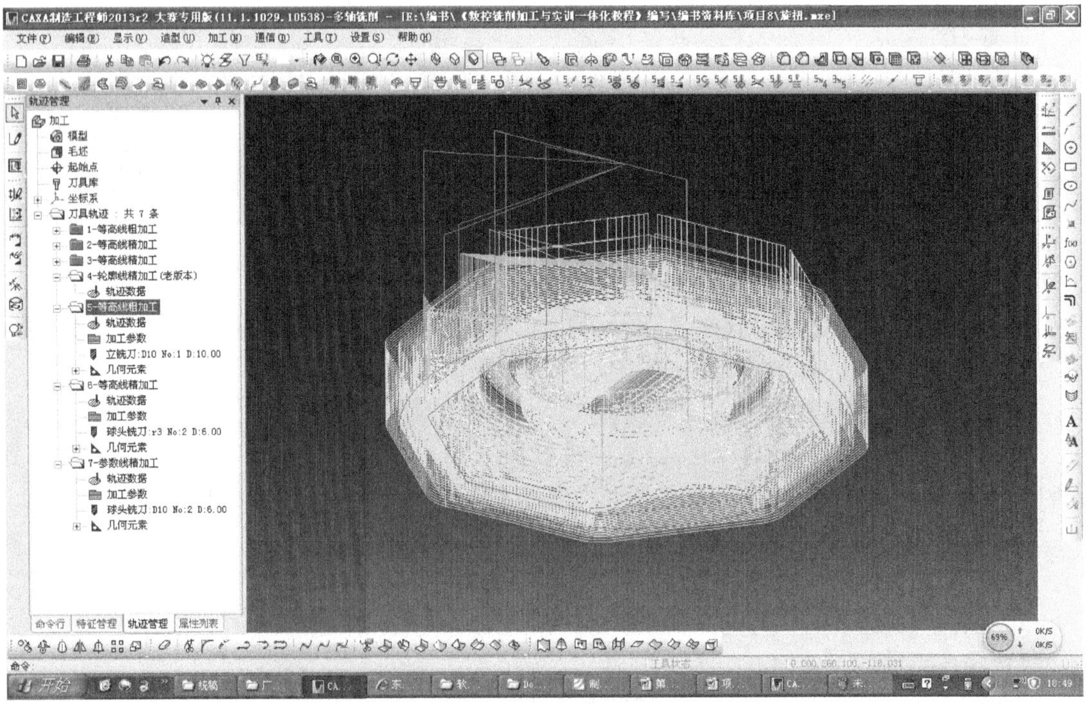

图 8-127　旋钮加工轨迹图

6）参数线精加工锥台曲面。

7）反面加工保厚度。

步骤一：铣平面

采用“平面区域粗加工”方式铣平面，刀具参数如图 8-128 所示。

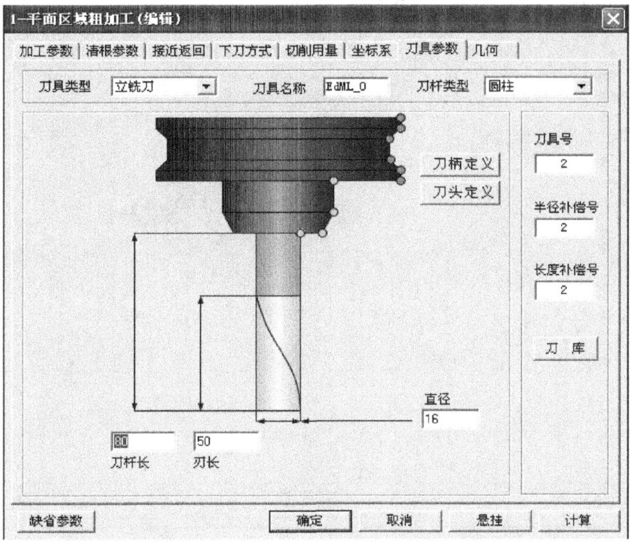

图 8-128　铣削平面的刀具参数

在加工参数选项卡中，选择走刀方式为“平行往复加工”；为保证平面铣削有粗、精铣加工，将“顶层高度”中设置为 2mm，底层高度设置为 0，每层下降深度设置为 1.5mm，这样可保证最后平面精加工时的背吃刀量为 0.5mm，如图 8-129 所示。

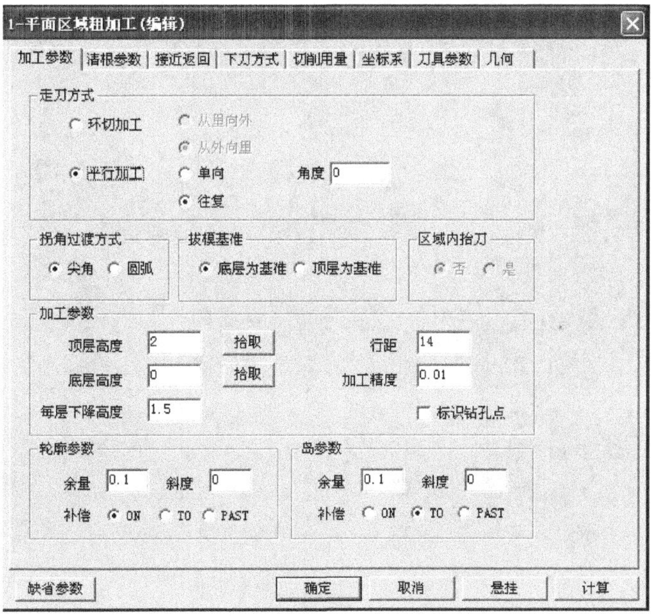

图 8-129　铣削平面加工参数的设置

切削用量参数的设置如图 8-130 所示。

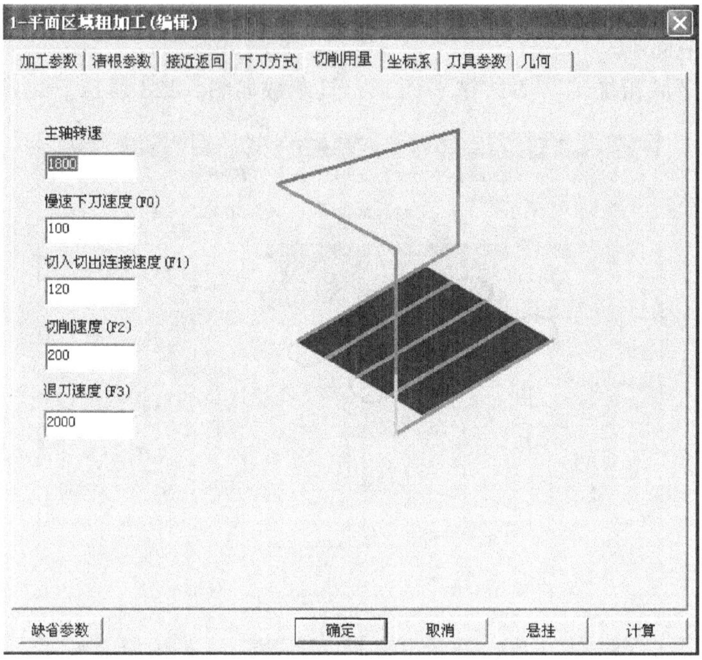

图 8-130　刀具切削用量参数的设置

拾取加工区域前，先要绘制出加工区域线。绘制 140mm × 140mm 的正方形，该区域比工件轮廓要大一个刀具半径值，这样可使刀具加工时能将整个面切出。具体轮廓如图 8-131 所示，刀具轨迹如图 8-132 所示。

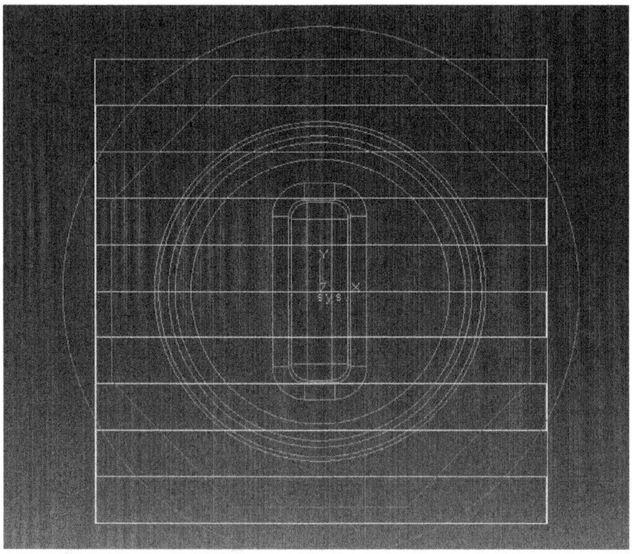

图 8-131　加工区域线设置

生成轨迹后，在“轨迹管理”树选项卡的“平面区域粗加工”项上单击右键，弹出右键菜单，选择其中的实体仿真，其效果如图 8-133 所示。

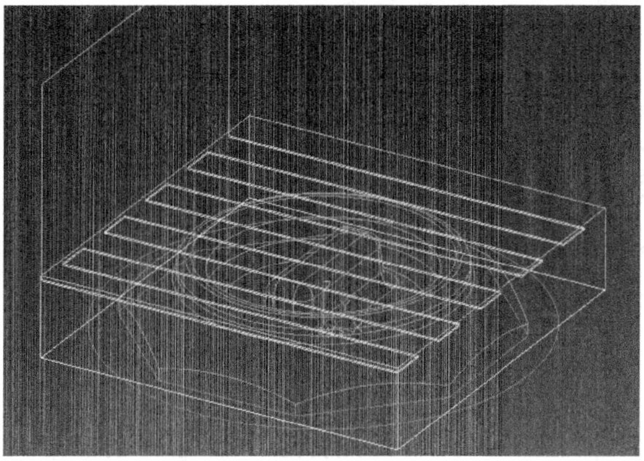

图 8-132　铣平面刀具轨迹

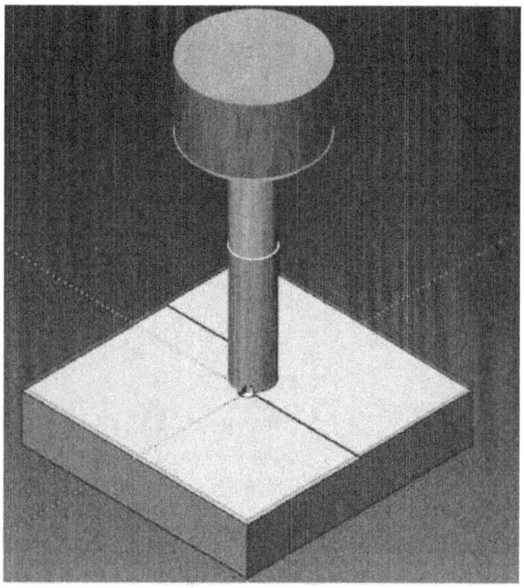

图 8-133　铣平面仿真效果

步骤二：八角外形的加工

这里的粗加工用“平面轮廓精加工”方式来代替，采用径向分层和深度分层来解决粗加工的刀路模式。这种方法主要针对没有岛屿的单一轮廓或轮廓岛屿间加工余量较均匀的场合。

先设置加工轮廓，通过对实体边界进行拾取的方式，将加工轮廓拾取出来，或直接绘制出来也可。具体操作步骤：点选相关线“ ”按钮，弹出如图 8-134a 所示的下拉菜单，选取实体边界，选取轮廓边界，转化为轮廓曲线，如图 8-134b 所示。

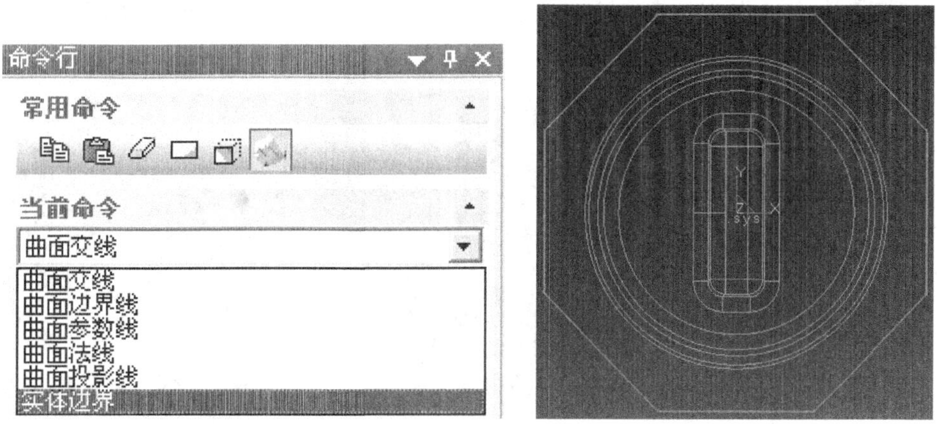

a)　　　　b)

图 8-134　设置加工轮廓

刀具参数设为 ϕ12mm 的立铣刀，切削用量参数按图 8-130 设置。

按图 8-135 所示设置加工参数，粗加工时其加工精度可以设置为 0.1mm，这样能提高程序效率及降低程序容量，特别是螺旋加工方式；顶层高度和底层高度规定了轮廓的 Z 向加工范围，这里设置成 0 和 –25mm；每层下降高度除了 Z 向每层走刀深度外，还可以用来控制 Z 向端面精加工的余量；拐角过渡方式在螺旋加工方式时，选择圆弧过渡好些，这样优化了过渡过程中速率突然转向产生的方向惯量；走刀方式设置为单向。

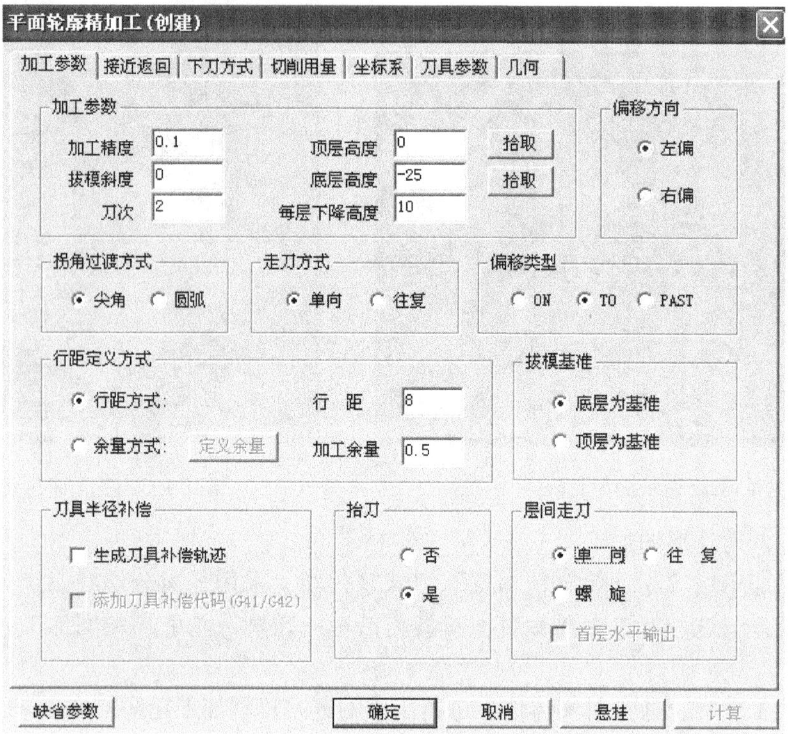

图 8-135　平面轮廓精加工的加工参数

“平面轮廓精加工”对话框中所有选项卡的参数设定完成后，单击“确定”按钮，拾取轮廓方向为顺时针方向，生成如图 8-136a 所示的加工轨迹。

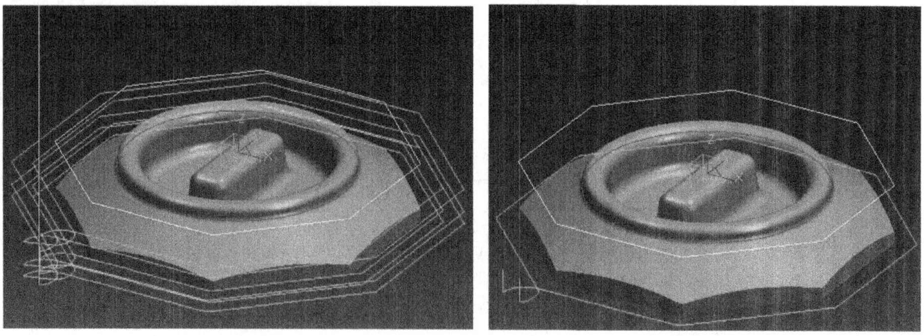

a)　　　　b)

图 8-136　加工轨迹

a）平面轮廓精加工层铣开粗　b）八角台精加工

采用与上述相同的加工策略，在图 8-135 所示的平面轮廓精加工的加工参数中，根据测量值更改加工余量为 $0 \pm \Delta$（Δ 为修正值），更改加工精度为 0.01mm，更改刀次为 1，顶层

高度为 -25mm，生成如图 8-136b 所示的加工轨迹，由此生成的实体仿真如图 8-137 所示。

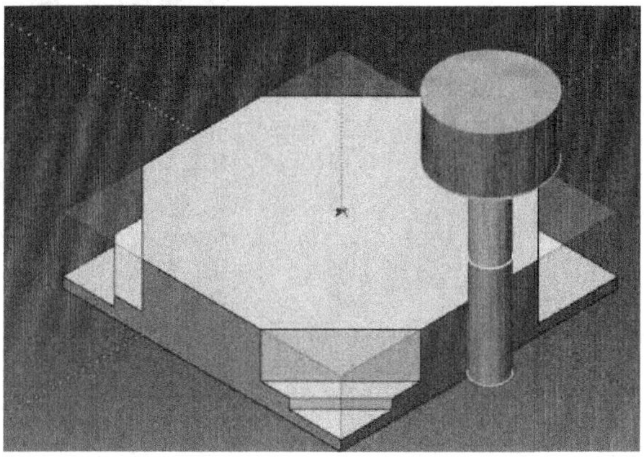

图 8-137　实体仿真

步骤三：换 ϕ10mm 铣刀开粗

采用的加工策略为等高线粗加工，对零件整体进行开粗。其加工参数如图 8-138 所示。

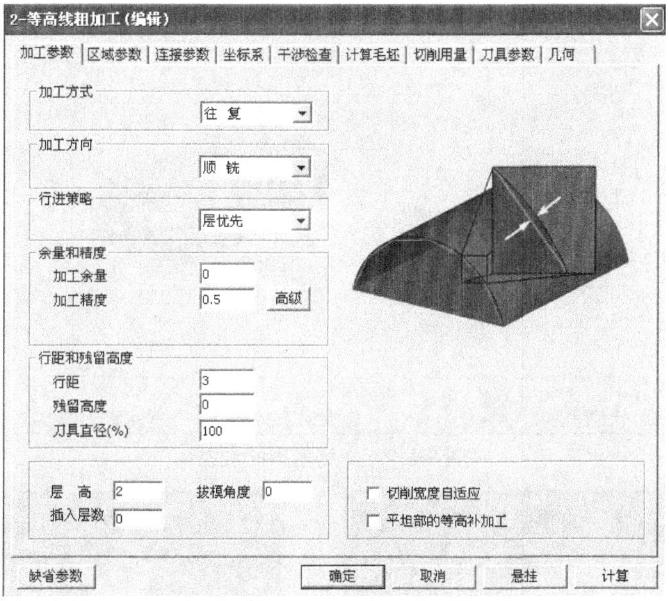

图 8-138　等高线粗加工的加工参数

值得注意的是，选取八角凸台轮廓作为加工边界时，用“相关线”命令拾取“红色”实体边界，并选取刀路轨迹在加工边界上，如图 8-139 所示。

再次修改刀具参数为 ϕ10mm，修改底层深度为 -22mm，如图 8-140 所示，这里的顶层高度选择 -0.01mm，主要是避开铣削顶面。切削参数参照表 8-9 设定。单击“确定”按钮，生成轮廓加工轨迹，如图 8-141a 所示，仿真图如图 8-141b 所示。

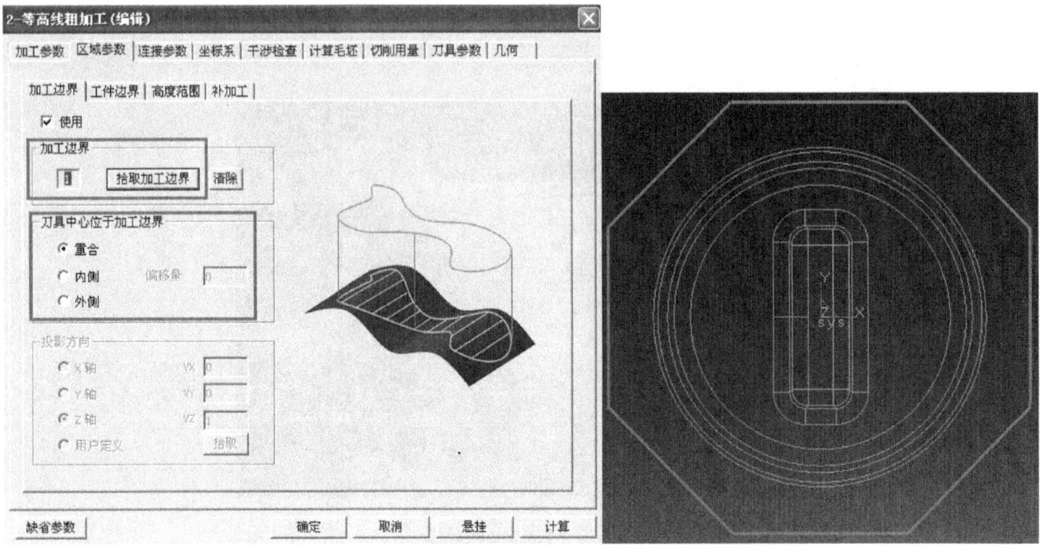

图 8-139　加工边界的设置

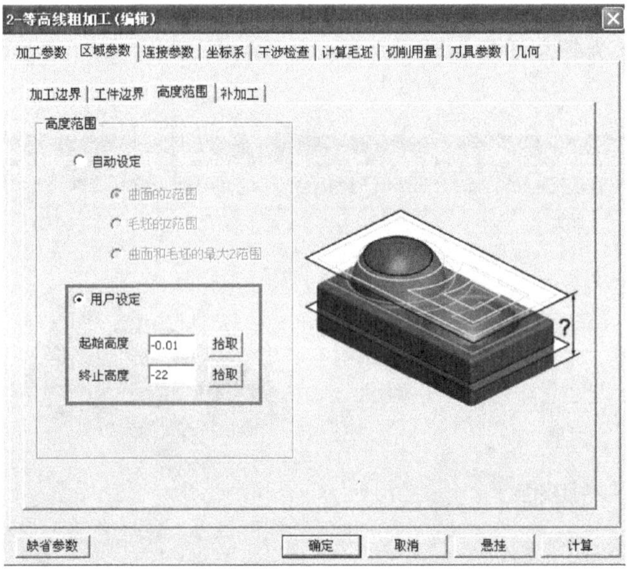

图 8-140　高度范围的设置

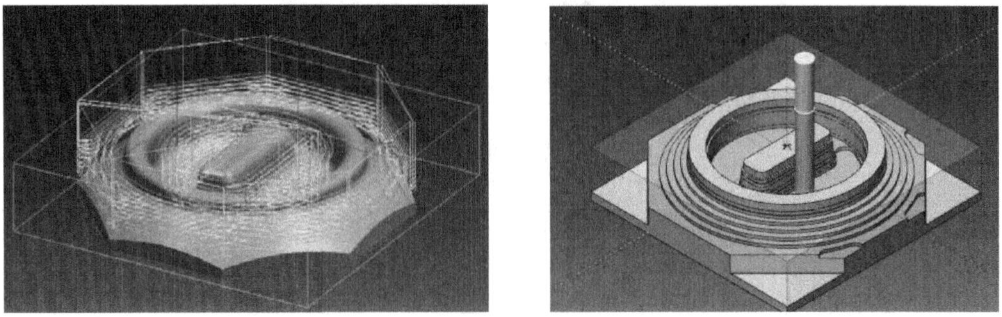

a)　　b)

图 8-141　加工轨迹与仿真

a）整体开粗轨迹　b）实体仿真

步骤四：整体曲面半精加工

整体曲面半精加工策略是用等高线精加工。这种方法需要有实体造型或曲面造型存在，然后限定其轨迹生成的深度范围。用等高线精加工，首先要对加工的区域作一个约束，即限定"加工边界"和"高度范围"，具体操作如下：

1）绘制加工边界。绘制一个比八边形区域大一个刀具半径值的圆，作为加工边界。

2）打开"等高线精加工"对话框，选择加工参数选项卡，修改加工方式为"单向"，如图 8-142 所示。这里需要注意：倒角加工要注重加工质量，如果采用"往复"方式，加工时刀具逆时走刀为顺铣，顺时走刀为逆铣，会使表面质量很差，而且有停刀痕。

图 8-142 选择加工方式

3）点选"区域参数"选项卡，弹出参数表，如图 8-143 所示，在这里设置"加工边

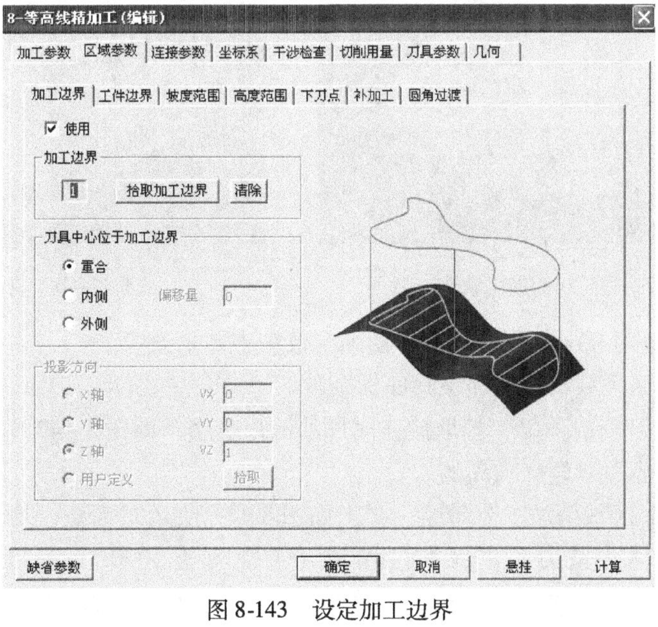

图 8-143 设定加工边界

界”和“高度范围”两个参数。点选“拾取加工边界”，拾取之前已经创建的 ϕ160mm 整圆边界。

如图 8-144 所示，高度范围设置选择为“自动设定”（曲面的 Z 范围）。这样生成的刀具轨迹如图 8-145 所示，最后的仿真效果如图 8-146 所示。

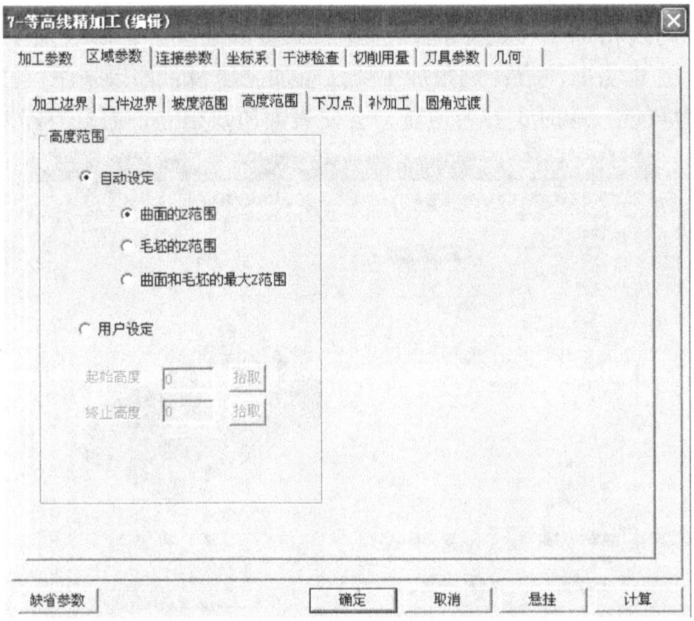

图 8-144　设定高度范围

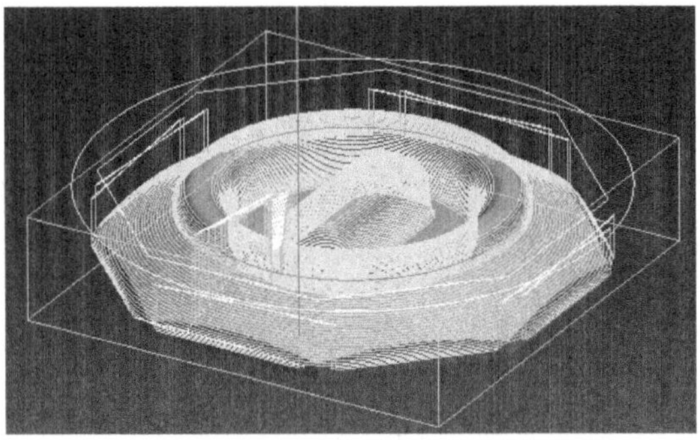

图 8-145　等高线精加工轨迹

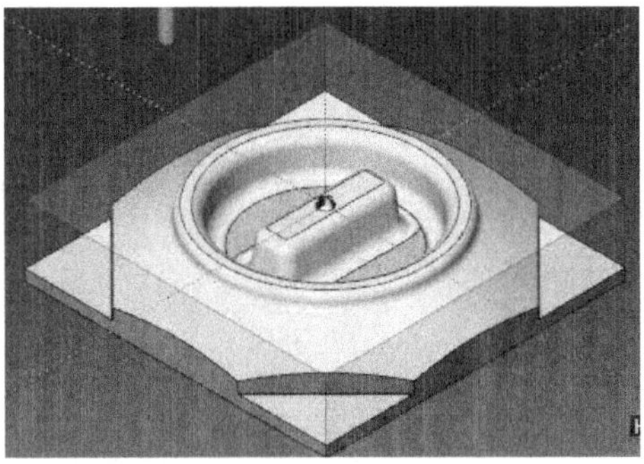

图 8-146　模拟仿真

4）刀具参数选用 R3mm 球头铣刀，切削参数按表 8-4 设置。

步骤五：用曲面区域精加工加工其底面余量

1）用“相关线”命令，拾取旋钮底部的倒角边线，即图 8-147 中的白线作为曲面区域精加工的加工边界——轮廓和岛屿。

2）点选“曲面区域精加工”策略，弹出如图 8-148 所示对话框，填写相应加工参数和刀具参数（ϕ6mm 球头铣刀）以及切削用量（主轴转速 3000r/min；切削速度 1500mm/min）。单击“确定”按钮后，生成如图 8-149 所示加工轨迹。其仿真效果如图 8-150 所示。

图 8-147　轮廓（圆形白线）和岛屿（长方形白线）

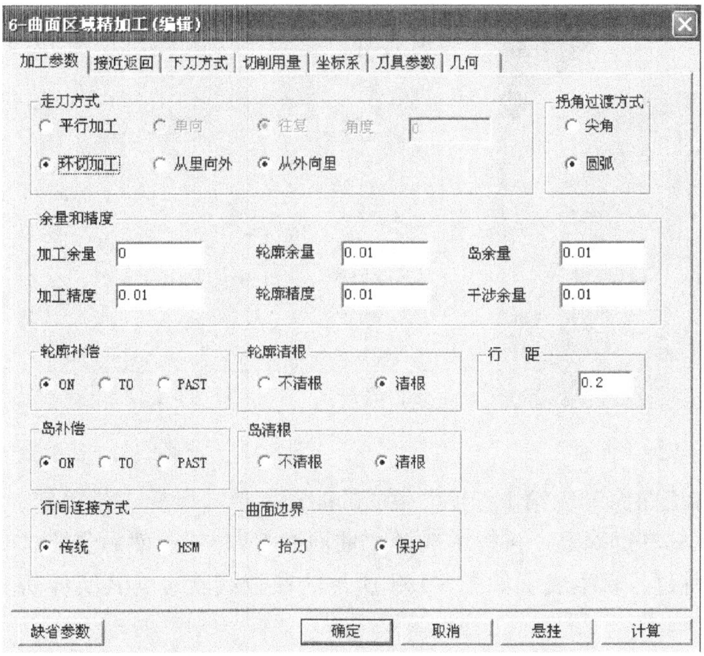

图 8-148　“曲面区域精加工”对话框

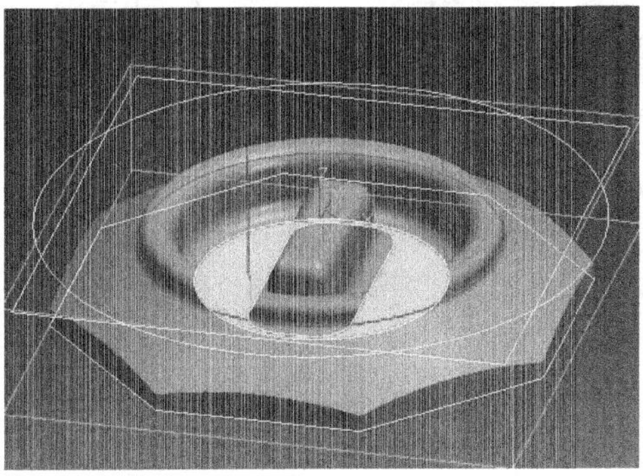

图 8-149　曲面区域精加工轨迹

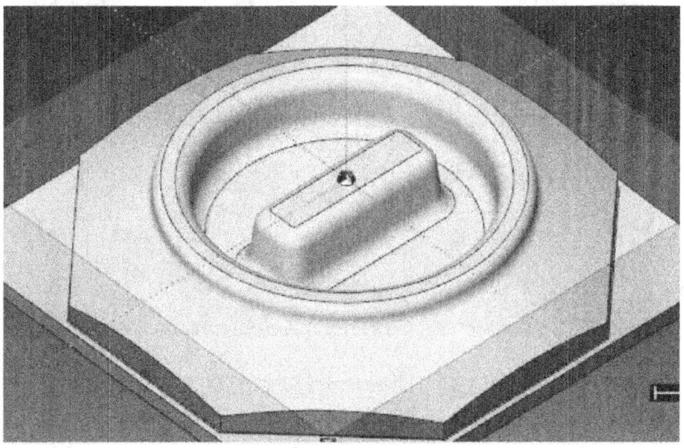

图 8-150　仿真效果

步骤六：参数线精加工圆锥面

1）首先，将需要精加工的圆锥面生成为面。具体操作为点选“实体表面”按钮，然后用鼠标在实体表面处点选，单击鼠标右键生成曲面，如图 8-151 所示。

2）单击“参数线精加工”选项，弹出“加工参数”选项卡。设置如图 8-152 所示参数，行距设置为 0.2mm，加工余量为 0；采用环切清根方式。刀具参数选用 ϕ6mm 球头铣刀、主轴转速设置为 3000r/min，切削速度设置为 1500mm/min，然后单击“确定”按钮。

图 8-151　拾取加工曲面

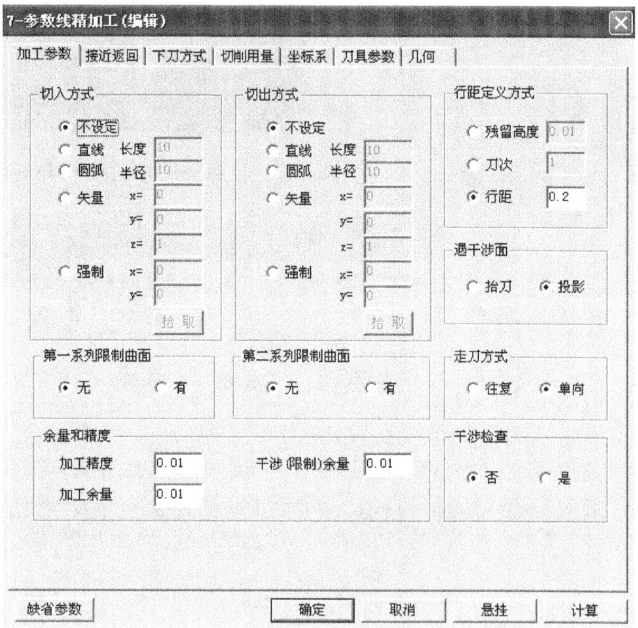

图 8-152　参数线精加工参数的设置

3）选择“加工曲面”为第 1）步中生成的曲面，单击鼠标右键确定，提示选择“曲面加工侧”，单击鼠标右键确定，再提示选择“曲面加工方向”。然后忽略“干涉面”的选择，即单击鼠标右键跳过，就生成了如图 8-153 所示的参数线轨迹，其实体仿真效果如图 8-154 所示。

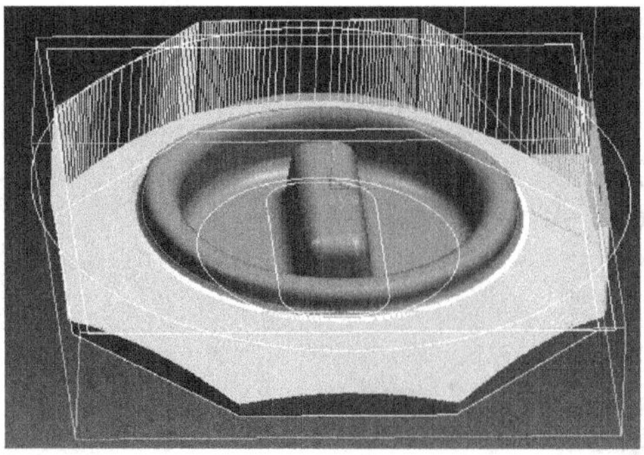

图 8-153　参数线精加工轨迹

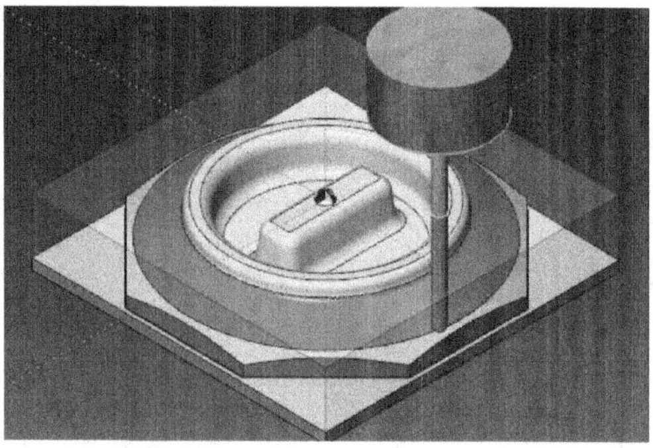

图 8-154　实体仿真效果图

步骤七：反面加工保厚度

这里主要是反面装夹找正问题，主要是要用到百分表来拉平行度，加工时通过测量来保证厚度尺寸 25mm。

三、机床后置处理及传输软件参数设置与在线加工

此部分操作与项目八任务一中相应部分的操作完全相同，这里不再赘述。

知识拓展

一、曲面编辑

1. 曲面过渡

曲面过渡就是用截面是圆弧的曲面将两张曲面光滑地连接起来，过渡面不一定过原曲面的边界，如图 8-155 和图 8-156 所示。

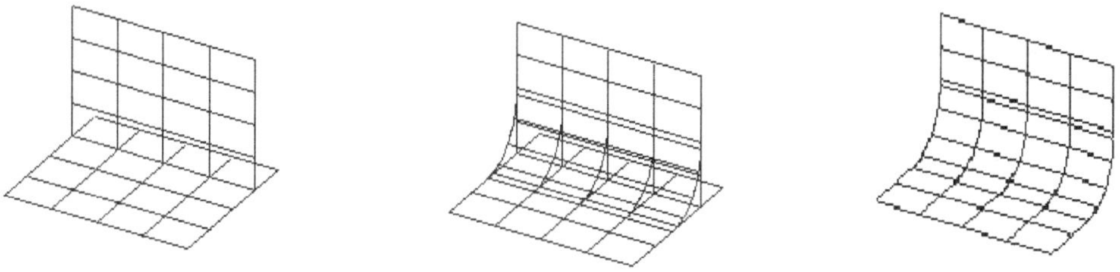

a) b) c)

图 8-155 曲面过渡

a）过渡的两张曲面 b）不进行裁剪的过渡 c）进行裁剪的过渡

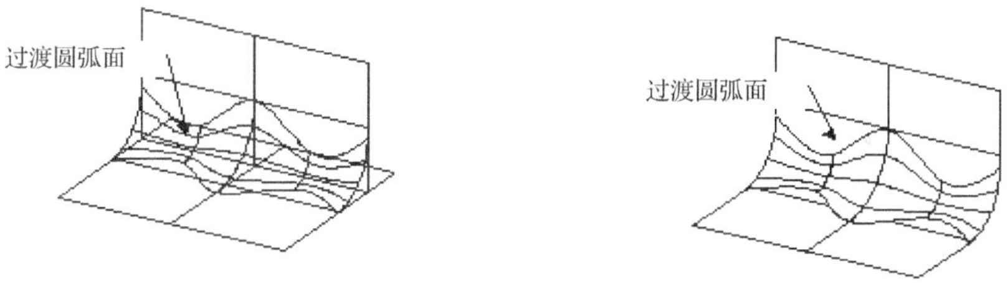

a) b)

图 8-156 变半径两面的过渡

a）不进行裁剪的过渡 b）进行裁剪的过渡

2. 曲面裁剪

曲面裁剪是对生成的曲面进行修剪，去掉不需要的部分。它有五种方式，如图 8-157 所示。

图 8-157 曲面裁剪

（1）投影线裁剪 是将空间曲线沿给定的固定方向投影到曲面上，形成剪刀线来裁剪曲面。

（2）等参线裁剪 是以曲面上给定的等参线为剪刀线来裁剪曲面，有裁剪和分裂两种方式。

（3）线裁剪 曲面上的曲线沿曲面法矢方向投影到曲面上，形成剪刀线来裁剪曲面。

（4）面裁剪 剪刀曲面和被裁剪曲面求交线，用求得的交线作为剪刀线来裁剪曲面，如图 8-158 所示。面裁剪时，两曲面必须有交线。

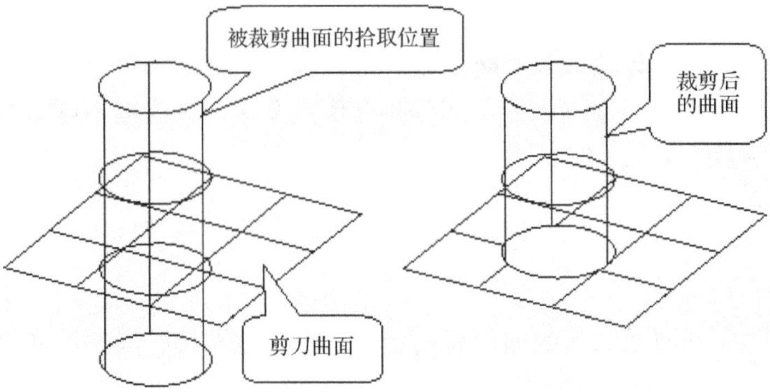

图 8-158 面裁剪示意图

3. 曲面缝合

曲面缝合是指将两张曲面光滑地连接为一张曲面，如图 8-159 所示。它有两种方式，即通过曲面切矢和通过两曲面的平均切矢。

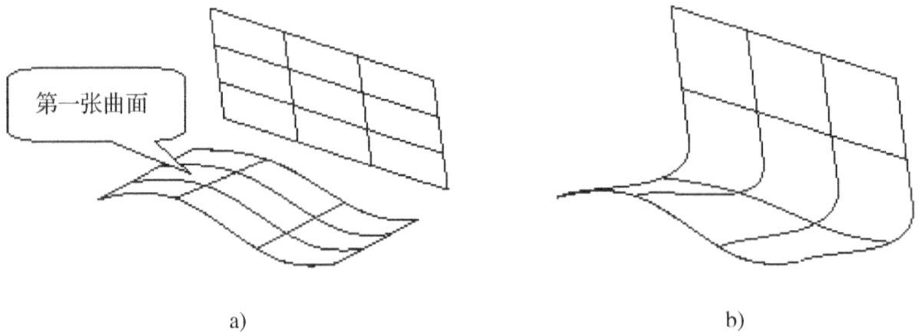

图 8-159 曲面缝合

a）待缝合的两曲面 b）缝合结果

注意：曲面缝合命令不支持已裁剪过的曲面。

4. 曲面拼接

曲面拼接是曲面光滑连接的一种方式，它可以通过多个曲面的对应边界生成一张曲面，与这些曲面光滑相接。曲面拼接共有三种方式，两面拼接、三面拼接和四面拼接。

在许多物体的造型中，通过曲面生成、曲面过渡和曲面裁剪等工具生成物体的型面后，总会在一些区域留下一片空缺，我们称之为“洞”。曲面拼接就可以对这种情形进行“补洞”处理，如图 8-160 所示。

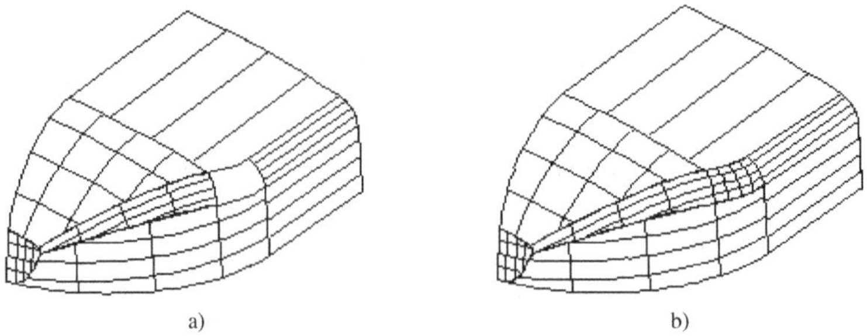

图 8-160 洞和补洞

a）造型后留下一个“洞” b）通过曲面拼接进行“补洞”

图 8-161 所示为两张曲面和一条边界曲线的拼接，图 8-162 所示为三张曲面的拼接。

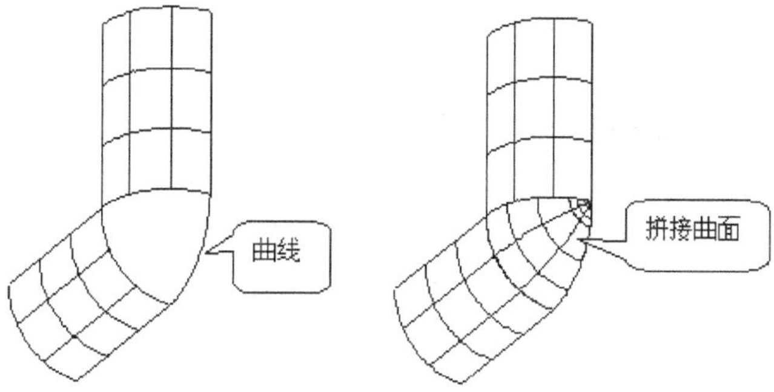

a)　　b)

图 8-161

a）需拼接的两张曲面和一条边界曲线　b）拼接结果

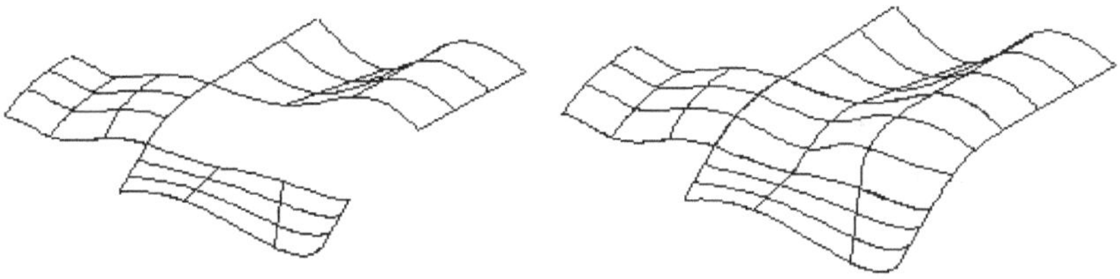

a)　　b)

图 8-162

a）需拼接的三张曲面　b）拼接结果

注：在选择曲线前，要先单击鼠标右键，才出现选择曲线的提示。

5. 曲面延伸

曲面延伸是将原曲面按所给长度沿相切的方向延伸出去，扩大曲面，如图 8-163 所示。它有两种方式，长度延伸和比例延伸。其操作命令为：菜单中的“造型”→“曲面编辑”→“曲面延伸”。

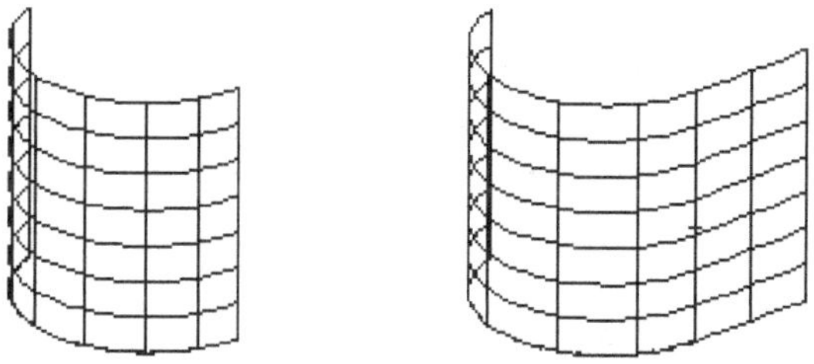

a)　　b)

图 8-163　曲面延伸

a）待延伸曲面　b）延伸结果

注意：不能延伸裁剪曲面。

6. 曲面优化

1）功能。在给定的精度范围内，尽量去掉多余的控制顶点，使曲面的运算效率大大提高。

2）命令：菜单中的“造型”→“曲面编辑”→“曲面优化”。

3）工具栏：线面编辑工具栏中的 。

注意：曲面优化功能不支持裁剪曲面。

7. 曲面重拟合

曲面重拟合是将 NURBS 曲面（控制点的权因子全为 1 或者有重节点）在给定的精度条件下拟合为 B 样条曲面（没有重节点，控制顶点权因子全部是 1）。

1）命令：菜单中的“造型”→“曲面编辑”→“曲面重拟合”。

2）工具栏：线面编辑工具栏中的。

注意：曲面优化功能不支持裁剪曲面。

二、曲面特殊加工策略的运用

1. 投影线精加工

（1）功能　将已有的刀具轨迹投影到曲面上而生成刀具轨迹。

（2）操作说明　单击“加工” - > “常用加工” - > “投影线精加工”菜单项，弹出如图 8-164 所示的对话框。

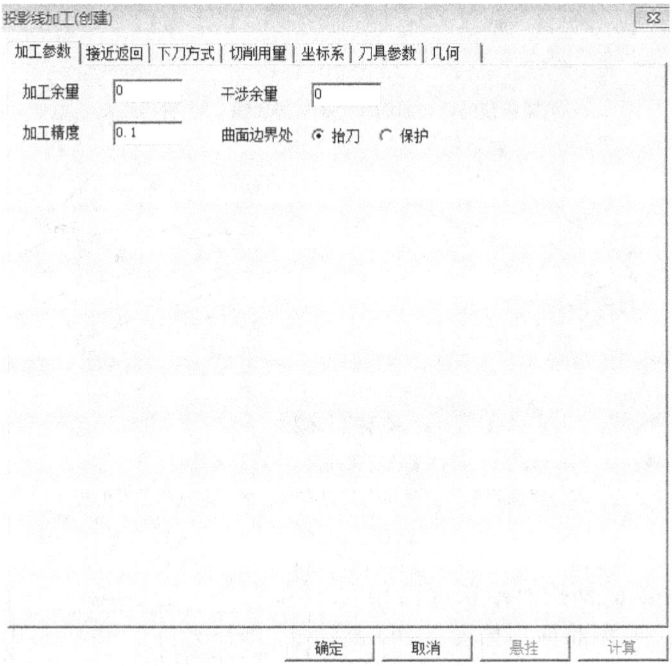

图 8-164　投影线加工参数表

（3）具体操作说明

1）拾取刀具轨迹。一次只能拾取一个刀具轨迹。拾取的轨迹可以是 2D 轨迹，也可以是 3D 轨迹。

2）拾取加工面，允许拾取多个曲面。

3）拾取干涉曲面。干涉曲面也允许拾取多个，也可以不拾取。可单击鼠标右键中断拾取。

【例】　首先生成直纹面，然后用参数线加工方式加工此直纹面，生成轨迹。

其步骤如下：

1）选择投影精加工，填写参数表，单击“确定”按钮。

2）根据系统提示拾取轨迹，拾取已有轨迹。

3）提示拾取曲面，选取下面待加工曲面（注：可拾取多个曲面）。

4）拾取干涉曲面，如无，单击鼠标右键确认。

5）单击鼠标右键，系统生成轨迹，如图 8-165 所示。

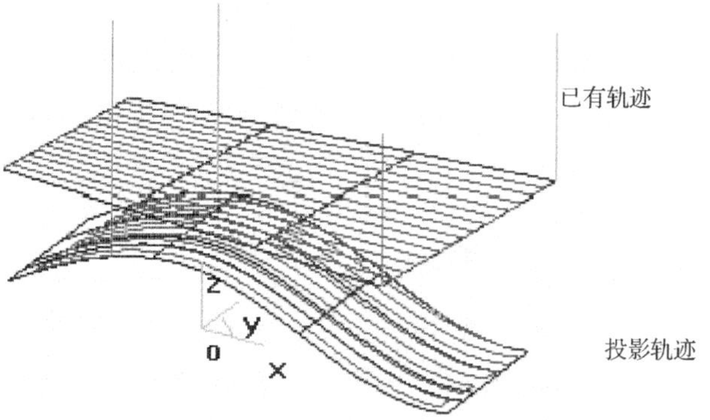

图 8-165　投影线加工

2. 三维偏置精加工

生成在三维空间等间距的刀具轨迹，保证加工结果有相同的残留高度，如图 8-166 所示。

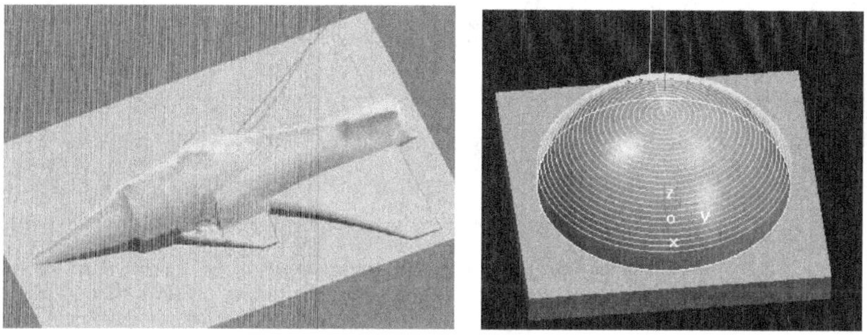

图 8-166　三维偏置精加工

想想练练

以图 8-167 为例，用三维偏置精加工方法将其加工出来。

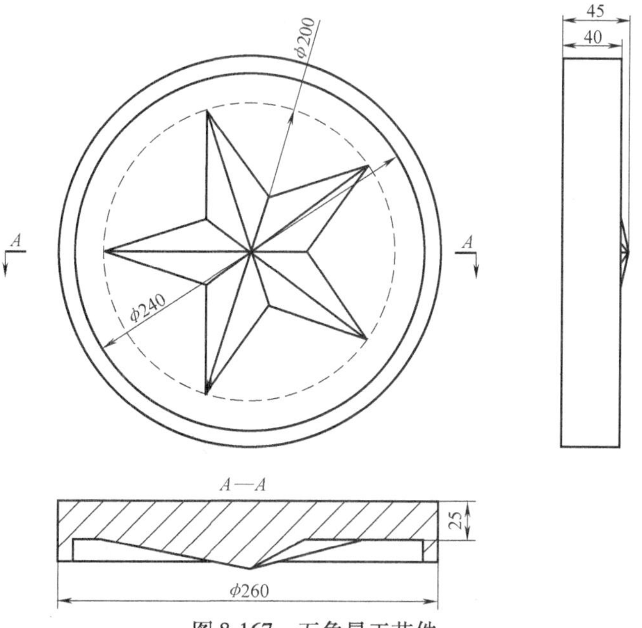

图 8-167　五角星工艺件

附录　切削用量的选择

加工材料		硬度 HBW	背吃刀量 a_p /mm	高速钢刀具 切削速度 v/m·min^{-1}	高速钢刀具 每转进给量 f/m·r^{-1}	硬质合金刀具 未涂层 切削速度 v/m·min^{-1} 焊接式	硬质合金刀具 未涂层 切削速度 v/m·min^{-1} 可转位	硬质合金刀具 未涂层 每转进给量 f/m·r^{-1}	硬质合金刀具 未涂层 材料	硬质合金刀具 涂层 切削速度 v/m·min^{-1}	硬质合金刀具 涂层 每转进给量 f/m·r^{-1}	陶瓷超硬材料刀具 切削速度 v/m·min^{-1}	陶瓷超硬材料刀具 每转进给量 f/m·r^{-1}	说明
易切材料	低碳	100~200	1	55~90	0.18~0.20	185~240	220~275	0.18	YT15	320~410	0.18	550~700	0.13	
			4	41~70	0.40	135~185	160~215	0.50	YT14	215~275	0.40	425~580	0.25	
			8	34~55	0.50	110~145	130~170	0.75	YT5	170~220	0.50	335~490	0.40	
	中碳	175~225	1	52	0.20	165	200	0.18	YT15	305	0.18	520	0.13	
			4	40	0.40	125	150	0.50	TY14	200	0.40	395	0.25	
			8	30	0.50	100	120	0.75	YT5	160	0.50	305	0.40	
碳钢	低碳	125~225	1	43~46	0.18	140~150	170~195	0.18	YT15	260~290	0.18	520~580	0.13	切削条件较好时，可用冷压 Al_2O_3 陶瓷；切削条件较差时，宜用 $Al_2O_3+T_iC$ 热压混合陶瓷
			4	34~38	0.40	115~125	135~150	0.50	TY14	170~190	0.40	365~425	0.25	
			8	27~30	0.50	88~100	105~120	0.75	YT5	135~150	0.50	275~365	0.40	
	中碳	175~275	1	34~40	0.18	115~130	150~160	0.18	YT15	220~240	0.18	460~520	0.13	
			4	23~30	0.40	90~100	115~125	0.50	TY14	145~160	0.40	290~350	0.25	
			8	20~26	0.50	70~78	90~100	0.75	YT5	115~125	0.50	200~260	0.40	
	高碳	175~275	1	30~37	0.18	115~130	140~155	0.18	YT15	215~230	0.18	460~520	0.13	
			4	24~27	0.40	88~95	105~120	0.50	TY14	145~150	0.40	275~335	0.25	
			8	18~21	0.50	69~76	84~95	0.75	YT5	115~120	0.50	185~245	0.40	
合金钢	低碳	125~225	1	41~46	0.18	135~150	170~185	0.18	YT15	220~235	0.18	520~580	0.13	
			4	32~37	0.40	105~120	135~145	0.50	TY14	175~190	0.40	365~395	0.25	
			8	24~27	0.50	84~95	105~115	0.75	YT5	135~145	0.50	275~335	0.40	

（续）

加工材料		硬度 HBW	背吃刀量 a_p /mm	高速钢刀具		硬质合金刀具						陶瓷超硬材料刀具		
						未涂层				涂层				
				切削速度 v/m·min^{-1}	每转进给量 f/m·r^{-1}	切削速度 v/m·min^{-1} 焊接式	切削速度 v/m·min^{-1} 可转位	每转进给量 f/m·r^{-1}	材料	切削速度 v/m·min^{-1}	每转进给量 f/m·r^{-1}	切削速度 v/m·min^{-1}	每转进给量 f/m·r^{-1}	说明
合金钢	中碳	175~225	1 4 8	34~41 26~32 20~24	0.18 0.40 0.50	105~115 85~90 67~78	130~150 105~120 82~95	0.18 0.40~0.50 0.50~0.75	YT15 TY14 YT5	175~200 135~160 84~120	0.18 0.40 0.50	460~520 280~360 220~265	0.13 0.25 0.40	切削条件较好时，可用冷压 Al_2O_3 陶瓷；切削条件较差时宜用 Al_2O_3 + T_iC 热压混合陶瓷
	高碳	175~275	1 4 8	30~37 24~27 18~21	0.18 0.40 0.50	105~115 84~90 66~72	135~145 105~115 82~90	0.18 0.50 0.75	YT15 TY14 YT5	175~190 135~150 105~120	0.18 0.40 0.50	460~520 275~335 215~245	0.13 0.25 0.40	
高强度钢		225~350	1 4 8	20~26 15~20 12~15	0.18 0.40 0.50	90~105 69~84 53~66	115~135 90~105 69~84	0.18 0.50 0.75	YT15 TY14 YT5	150~185 120~135 90~105	0.18 0.40 0.50	380~440 205~265 145~205	0.13 0.25 0.40	HBW > 300 时，选用 W12Cr4V5Co5 以及 W2Mo9-Cr4VCo8
高速钢		200~275	1 4 8	15~24 12~20 9~15	0.13~0.18 0.25~0.40 0.40~0.50	76~105 60~84 46~64	95~125 60~100 53~76	0.18 0.50 0.75	YW1 YW2 YW3	115~160 90~130 69~100	0.18 0.40 0.50	420~460 250~275 190~215	0.13 0.25 0.40	加工 W12-Cr4V5Co5 用 W12Cr4-VCo3 及 W2-Mo9Cr4VCo3
灰铸铁		160~260	1 4 8	26~43 17~27 14~23	0.18 0.40 0.50	84~135 69~110 60~90	100~165 81~125 66~100	0.18~0.25 0.40~0.50 0.50~0.75	YG8 或者 YW2	130~190 105~160 84~130	0.18 0.40 0.50	395~550 245~365 185~275	0.13~0.25 0.25~0.40 0.40~0.50	

（续）

加工材料		硬度 HBW	背吃刀量 a_p /mm	高速钢刀具		硬质合金刀具						陶瓷超硬材料刀具		说明
						未涂层				涂层				
				切削速度 v/m·min^{-1}	每转进给量 f/m·r^{-1}	切削速度 v/m·min^{-1} 焊接式	切削速度 v/m·min^{-1} 可转位	每转进给量 f/m·r^{-1}	材料	切削速度 v/m·min^{-1}	每转进给量 f/m·r^{-1}	切削速度 v/m·min^{-1}	每转进给量 f/m·r^{-1}	
不锈钢	奥氏体	135～275	1 4 8	18～34 15～27 12～21	0.18 0.40 0.50	58～105 49～100 38～76	67～120 58～105 46～84	0.18 0.40 0.50	YG3. YW1 YG6. YW1 YG6. YW1	84～160 76～135 60～105	0.18 0.40 0.50	275～425 150～275 90～185	0.13 0.25 0.4	
	马氏体	175～325	1 4 8	20～44 15～35 12～27	0.18 0.40 0.50	87～140 69～115 55～90	95～175 75～135 58～105	0.18 0.40 0.50～0.75	YW1. YT16 YW1. YT15 YW2. YT14	120～260 100～170 76～135	0.18 0.40 0.50	350～490 185～335 120～245	0.13 0.25 0.4	HBW＞250时，选用W12-Cr4V5Co5以及W2Mo9Cr4VCo8
可锻铸铁		160～240	1 4 8	30～40 23～30 18～24	0.18 0.40 0.50	120～160 90～120 76～100	135～185 105～135 85～115	0.25 0.50 0.75	YT15. TW1 YT15. TW1 YT14. TW2	185～235 135～185 105～145	0.25 0.40 0.50	305～365 230～290 150～230	0.13～0.25 0.25～0.40 0.40～0.50	
铝合金		30～150	1 4 8	～～～		～～～						～～～	～～～	表面精加工时，采用金刚石刀具
铜合金			1 4 8	～～～		～～～						～～～	～～～	
钛合金		300～350	1 4 8	～～～		～～～	～～～							高速钢采用W12Cr4V5Co5及W2Mo9Cr4VCo8
高温合金		200～475		～～		～～～	～～～							立方氮化硼刀具

参考文献

［1］浙江省教育厅职成教教研室．数控铣床编程与加工技术［M］．北京：高等教育出版社，2010.

［2］叶海见，何财林，金维法．华中数控系统典型零件数控加工案例集［M］．北京：机械工业出版社，2012.

［3］张方阳．数控铣床编程与竞技［M］．武汉：华中科技大学出版社，2011.